U0101964

卓越工程师培养计划

■ EDA ■

http://www.phei.com.cn

冯新宇　管殿柱　编著

PADS Logic
& Layout
高速电路板设计
与仿真

电子工业出版社

Publishing House of Electronics Industry

北京·BEIJING

内 容 简 介

本书由浅入深地介绍了设计高速 PCB 的软件平台 PADS9.5 的使用方法和技巧，详细介绍了原理图设计、元器件库、PCB 元器件的布局 / 布线、高速 PCB 的设计与仿真等内容。另外，还着重介绍了使用 PADS 软件进行完整信号分析和仿真分析的方法。通过本书的学习，读者可以掌握使用 PADS 设计高速 PCB 的方法。

本书结合实例讲解软件使用方法和电路设计的基本流程，同时各章都配备了习题，通过学与练结合的方式，加深读者对知识的学习和运用能力。

本书既适合初学 PCB 设计的读者学习使用，也适合有一定 PCB 设计基础的初次学习 PADS 的读者，还可作为高等院校相关专业学生的教学用书。

图书在版编目（CIP）数据

PADS Logic & Layout 高速电路板设计与仿真 / 冯新宇，管殿柱编著. —北京：电子工业出版社，2014.8
（卓越工程师培养计划）
ISBN 978-7-121-24102-4

Ⅰ．①P… Ⅱ．①冯… ②管… Ⅲ．①印刷电路-计算机辅助设计-仿真设计 Ⅳ．①TN410.2

中国版本图书馆 CIP 数据核字（2014）第 188913 号

策划编辑：张 剑（zhang@phei.com.cn）
责任编辑：徐 萍
印　　刷：三河市双峰印刷装订有限公司
装　　订：三河市双峰印刷装订有限公司
出版发行：电子工业出版社
　　　　　北京市海淀区万寿路 173 信箱　邮编　100036
开　　本：787×1092　1/16　印张：17.5　字数：448 千字
版　　次：2014 年 8 月第 1 版
印　　次：2014 年 8 月第 1 次印刷
印　　数：3 000 册　　定价：49.80 元

凡所购买电子工业出版社图书有缺损问题，请向购买书店调换。若书店售缺，请与本社发行部联系，联系及邮购电话：(010) 88254888。

质量投诉请发邮件至 zlts@phei.com.cn，盗版侵权举报请发邮件至 dbqq@phei.com.cn。

服务热线：(010) 88258888。

前　言

电子技术的飞速发展使得产品的 PCB 设计越来越复杂，布线层数增加、高密度互连和高速信号处理等问题已直接影响到产品的可靠性、研发成本及上市时间。Mentor Graphics 公司的 PADS Layout/Router 环境作为业界主流的 PCB 设计平台，以其强大的交互式布局、布线功能和易学易用等特点，在通信、半导体、消费电子、医疗电子等当前最活跃的工业领域得到了广泛的应用。PADS Layout/Router 支持完整的 PCB 设计流程，涵盖了从原理图网络表导入，规则驱动下的交互式布局、布线，DRC/DFT/DFM 校验与分析，直到最后的生产文件（Gerber）、装配文件及物料清单（BOM）输出等全方位的功能需求，确保 PCB 设计工程师高效率地完成设计任务。

PADS9.5 是美国 Mentor Graphics 公司推出的制版软件的最新版本，从应用的角度看 PADS9.5 与 PADS9.0 相比并没有质的变化，但是对于广大的初学者，尤其是中国的初学者却是一个福音，就是 PADS9.5 推出了简体中文版，使操作更简便、快捷。汉化版的 PADS 软件有部分菜单没有实现汉化，有些汉化菜单需要进一步修改，特别是涉及单位如 mil 等，在单位转换上没有实现统一，使用过英文版 PADS 软件的读者可以参考着修改，因为看惯了英文的单位符号，对于中文可能反而陌生了。这些看似瑕疵，但不能抹杀该软件的强大功能。软件的使用过程基本与中文版软件保持了一致，对于初学者而言可以较快上手，但是真正掌握 PCB 设计的精髓，还需要大量的训练和参考其他电路、信号处理类的教程，本版教程希望能为初学者带来方便的体验和感受。

本书分为两部分：第一部分以 PADS Logic/DxDesigner 为主，介绍原理图设计的基本操作方法和技巧；第二部分以 PADS Layout/Router/HyperLynx 为主，介绍 PCB 设计的基本操作方法、技巧和规范，以及布线仿真分析等。本书结合作者多年的实际设计经验和体会，采用理论讲解与实例演示相结合的讲述方法，简明清晰、重点突出。

读者对象

本书面向的是电子电路工业领域的学生和工程技术人员，本书可作为：

- 初、中级的 PADS 用户的入门教材，对高级用户也有一定的指导借鉴作用；
- 广大电路设计工程师的工具书或者培训教材；
- 高等学校相关专业的参考书。

为了方便读者的学习，关于 PCB 设计的精华很多不能大篇幅地在书中阐明，读者可以联系作者索取。

本书由冯新宇、管殿柱编著。全书共分 15 章，其中第 1 章由青岛大学管殿柱编写，第 2 章到第 5 章由黑龙江科技大学冯新宇编写，第 6 章到第 9 章由黑龙江科技大学蒋洪波编写，第 10 章到第 14 章由哈尔滨石油学院张春志编写，第 15 章由黑龙江科技大学梁亮编写。全书由冯新宇统稿，温良杰同学完成了部分章节的英文资料翻译工作。另外，参加本书编写的还有康辉、刘远义、刘福刚、李文秋、宋一兵、王献红、张轩、田东、张洪信和付本国。

感谢您选择了本书，希望我们的努力对您的工作和学习有所帮助。由于 PADS9.5 功能强大，内容丰富，加之作者水平有限，时间仓促，故不足之处恳请广大读者批评指正。

编著者

目　　录

第1章 概　　述

本章概要地介绍了 PADS 软件的发展历程，指出 PADS9.5 的一些新功能和特点，以及 PADS9.5 的安装方法。

1.1　PADS 的发展

PADS 软件是 Mentor Graphics 公司的电路原理图和 PCB 设计工具软件。目前该软件是国内从事电路设计的工程师和技术人员主要使用的电路设计软件之一，是 PCB 设计高端用户最常用的工具软件。按时间先后排列为：powerpcb2005→powerpcbS2007→PADS9.0→PADS9.1→PADS9.2→PADS9.3→PADS9.4→PADS9.5，没有 PADS2009。

2012 年 10 月 18 日发布了 PADS9.5。

Mentor Graphics 公司的 PADS Layout/Router 环境作为业界主流的 PCB 设计平台，以其强大的交互式布局布线功能和易学易用等特点，在通信、半导体、消费电子、医疗电子等当前最活跃的工业领域得到了广泛的应用。PADS Layout/Router 支持完整的 PCB 设计流程，涵盖了从原理图网表导入，规则驱动下的交互式布局、布线，DRC/DFT/DFM 校验与分析，直到最后的生产文件（Gerber）、装配文件及物料清单（BOM）输出等全方位的功能需求，确保 PCB 工程师高效率地完成设计任务。

PADS2005sp2：稳定性比较好，但是很多新功能都没有。

PADS2007：相比 PADS2005 增加了一些功能，如能够在 PCB 中显示器件的引脚号，操作习惯也发生了一些变化；而且 PADS2007 套装软体目前共有三个版本，分别为 PADS PE、PADS XE 及 PADS SE，随着不同的版本而有更强大的功能，可适应各种不同的设计需求。

PADS SE 的功能包括设计定义、版本配置及自动电路设计能力。PADS XE 套装软件则增加了类比模拟及信号整合分析功能。如果使用者需要的是最高级和高速的功能，则 PADS SE 是最佳选择。　PADS 套装软件还包括一个参数资料的资料库，让使用者可以安装该产品，并且快速开始设计，而不需要花时间及成本在资料库的开发上。Mentor Graphics 正和事业伙伴共同努力，以确保该资料库的高品质，并且能有大量的支援元件，时时更新。

PADS9.0：基于 Windows 平台的 PCB 设计环境，操作界面（GUI）简便直观、容易上手；兼容 Protel/P-CAD/CADStar/Expedition 设计；支持设计复用；优秀的 RF 设计功能；基于形状的无网格布线器，支持人机交互式布线功能；支持层次式规则及高速设计规则定义；规则驱动布线与 DRC 检验；智能自动布线；支持生产（Gerber）、自动装配及物料清单（BOM）文件输出。

PADS9.2：相比以前的版本增加了一些比较重要的功能，如能在 PCB 中显示 Pad、Trace 和 Via 的网络名，能够在 Layout 和 Router 之间快速切换等，非常好用。还有，最重要的一点是支持 Windows 7 系统。目前大多数工程师使用的是 PADS2007，同时 Pads 实现了从高版本向低版本的兼容，例如，PADS2005 能打开 PADS2007 的工程文件。

PADS9.5 加入了简体中文，其中 PADS Layout、Router、Logic 和 DxDesigner 支持简体中文，所有菜单和对话框都汉化了。另外，还增加了虚拟引脚、底层视图（翻板）等功能。

1.2　PADS9.5 主要的功能及特点

PADS9.5 的问世，标志着下一代 PADS 流程技术的诞生。这一版本带来了显著的技术突破，实现了众多全新的功能，拥有了更高的可扩展性和集成度，从而使设计者能够结合 Mentor Graphics 众多独特的创新技术，实现设计、分析、制造和多平台的协作。

1．PADS Logic

PADS Logic 的增强包括从库中更新和比较元器件。设计人员总是希望确保他们使用的符号和元器件信息与库中的最新信息保持一致，现在 PADS Logic 就能够将当前设计中的符号和元器件与库中的相应元器件进行比较，报告所有的差异点，然后可以选择哪些需要更新。

2．PADS Layout/Router

PADS Layout 现在已经得到了较多的增强和改善，主要集中于与 Mentor Graphics 旗下的其他产品的集成。

1）PADS Layout/Router 集成　现在，在 Layout 和 Router 之间的切换将变得非常简单。在 PADS Layout 和 PADS Router 中均在工具条上增加了一个新的图标按钮，使得设计文件在两个设计环境中的切换变得快捷和简单，大大提高了工程师的工作效率。如从 PADS Layout 到 PADS Router，可以单击【切换到布线】按钮，PADS Layout 保存设计文件并在 Layout 中关闭文件；然后，自动开启 PADS Router 并打开设计文件，同时 PADS Layout 程序保持运行。

2）差分布线功能增强　在 PADS9.5 中增强了几处针对差分布线的功能。首先，在焊盘的出/入口计算上，允许差分对以更短的路径布出更加对称的布线，这样就使得差分对更短、更流畅、布线高效率，从而获得更好的电气性能。其次，增强了差分对的微调功能。通过菜单【工具】|【选项】进行设置，这个新的参数使得修正折叠布线不会出现在 gap 区域，以及只有差分对的长度差超过匹配容差长度时，才会进行折叠布线修正。

3）蛇形布线禁止区　在 PADS9.5 中，可以选择在调整时添加差分对更正蛇形走线，可以选择不在间隙部分创建更正蛇形走线或者仅当长度差异大于与之匹配的长度容差时创建更正蛇形走线。此时可以创建一个围绕元器件的蛇形布线禁止区，Router 将被迫继续正常布线直至穿过禁止区到元器件外面，这样就减少了阻塞布线通道的风险以提高布通率。

4）圆弧拐角的蛇形布线　对于高速信号布线，圆弧拐角的蛇形布线显得至关重要。为了符合高速信号布线的要求，在自动布线或交互式布线时，PADS9.5 增强了对于蛇形布线时圆弧拐角的支持。菜单【工具】|【选项】|【调整】下，增加了一个【在倒角中使用圆弧】选项，通过倾角比率设置控制圆弧的半径，此设置在自动布线和交互式布线下均有效。

5）平滑处理时保护圆弧　另外增加的一个选项位于菜单【选项】|【布线】对话框中，

即【平滑时保留圆弧】，这个选项可以在平滑处理时，保护之前完成的圆弧布线部分。

6）Miters 自动布线进程 现在可以通过菜单【选项】|【布线】|【倾角】设置自动布线时自动创建圆弧导角。HCR 设置在菜单【选项】|【常规】|【显示设置】下，一个新的 HCR 设置能让用户很容易地识别到有元器件规则关联的布线。

7）新的布线调整参数 在菜单【选项】|【布线】|【调整】下，新增加的调整参数有：最大幅度和最大层次化级别；同一个表项下，另外一个新的设置用于控制添加的额外长度相对于匹配长度组容差的百分比数，这个设置应用于所有的匹配长度的组，包括差分对和单端布线。

8）支持输出 IPC-D-356 格式网络表 现在可以从 PADS Layout 中直接输出 IPC-D-356 和 IPC-D-356A 格式的网络表，这些文件可以被用于校验 Gerber 文件的正确性。

9）支持 Flat DXF 格式输出 PADS Layout 现在支持一种新的 DXF 文件格式：Flat DXF，这种方式允许用户选择指定的输出数据，之前的 Hierarchical 文件格式仍然被支持。Flat DXF 文件结果更小，而且被选的输出数据更易于管理。另外，Flat DXF 文件格式更易于与机械工具软件的集成。

10）支持圆角和斜角的焊盘形状 焊盘现在可以被定义为圆角或斜角。拐角类型现在可以被定义为 90°、斜角或圆角，以及自定义的圆弧角半径，同时这项功能也是为了符合 RoHS 的设计要求。

11）单面板的 DRC 校验 对于非金属化通孔的单面板，现在可以在设计校验中被正确地识别。如果设置了单面板属性，连通性检查规则将不再报告元器件引脚的非金属化钻孔引起的连通性错误，金属化钻孔的元器件引脚在 CAM 中将被视为非金属化钻孔。

12）Automation 多项自动对象和方法被添加到 PADS Layout、Router 和 Logic 中，更详细的描述请参考在线帮助。

13）3D 浏览器 PADS9.5 增加了 3D 浏览器，如果 Geometry.Height 属性有对应的值，3D 浏览器将可见，它可以以 3D 形式显示过孔和布线，浏览器提供了缩放和旋转控制。可选的升级模式增加了额外的功能，包括机械元件及外围更精确的浏览检查，以便于观察是否有任何结构上的干涉。

3．支持制造流程

PADS9.5 增加了支持制造流程的产品，包括 Mentor Graphics visECAD、visEDOC 和 CAMCAD 产品，这些工具作为可选的插件与 PADS 流程集成。

1）visECAD 这个工具作为协作浏览和标注工具，在软件里面所做的任何标注，都可以导回 PADS Layout 中。

2）CAMCAD Professional CAMCAD 接口允许通过一键转换，将 PADS Layout 中的设计转换到 CAMCAD 中。CAMCAD Professional 提供了在设计和制造流程中的一个链接，可以对 PCB Layout 中的数据进行 DFM 和 DFT 检查分析，它也可以针对不同的制造设备，被用于创建装配文档、测试文档和检视文档。

4．DxDesigner

在 PADS9.5 发布包中的 DxDesigner 软件也得到了许多功能上的增加和改善，主要增强点如下所述。

1）Navigator：单击　现在，Navigator 中只要一个简单的单击操作就可以打开页面，或者编辑窗口中的相关目标内部互连表（ICT）。在 Navigator 中选择多个目标时，将根据被选目标打开多个页面或者 ICTs，越多目标被选中，将花费更长的时间打开所有的窗口。

Navigator 的某些操作不需要打开窗口（如 Copy），现在一个单击操作既不会触发编辑器中的交叉探测，也不会打开一个新窗口；双击目标将打开编辑窗口。

2）Navigator：拖拉页面　如果需要在 Navigator 中改变页面的顺序，可以选择一个页面，然后单击鼠标右键，通过右键菜单中的【上一图页】选项或【下一图页】选项上、下移动页面；也可以使用鼠标直接拖拉的方式进行重新排序。

3）传播层次化的属性　现在可以在 Block 上设置一个属性，然后它将自动地传播到下级的所有元器件中。属性值并不是强制的，在下面的层次图上可以手动进行修改。

4）Selection by Overlap　现在增加了一种新的"Selection by Overlap"模式，这种模式可以通过菜单命令【设置】|【设置】|【高级】进行设置。若"Selection by Overlap"被选中，当通过鼠标框选目标时，只要框选区域包含部分被选目标，那么目标将被选中，而不需要将整个目标完整地包括在选框区域内。

5）Ripped Net Spacing　当需要截断总线位时，用户可以动态地通过按〈Shift+Ctrl〉组合键和鼠标滚轮来改变位间隔。

6）DxDataBook 配置文件　DxDataBook 配置文件现在可以被引用为项目设置并保存在项目数据中（在.prj 文件中的 KEY DBCFile），可以通过【设置】对话框中的【项目】部分进行设置。配置文件被写成 ASCII（XML 格式），并可以作为 scripting 脚本文件，文件可以被任何网页浏览器打开，仍然支持二进制文件并可以在项目文件中应用。

7）窗口管理　有时在 DxDesigner 中管理多个窗口会比较困难，特别是在只有单显示器的环境下。定位或可移动窗口的方式给用户提供了一种方便的排布窗口的方法。但是，当定位了许多窗口在主窗口周围时，编辑主窗口的可用空间将被大大压缩。为了保持最大的编辑主窗口的空间，一种办法是将多个窗口组织到一起形成一个窗口组。在 PADS9.5 中，用户现在可以拖动一个窗口到另外一个窗口中的小方形指示框中，系统将自动创建一个窗口组，并在底部显示各个窗口的表，这样就可以很方便地选择显示需要的窗口。这种机制不仅限于两个窗口，并且底部的窗口表位也可以很方便地通过鼠标拖拉的方式重新排序。

8）增加的校验检查项目　校验设计中增加了超过 30 项新的检查项目，以防止出现设计上的错误风险，包括更多的连通性检查、电源和地的检查、元器件规范检查等，检查项目已经被重新排序和分类。

> **注意：**序号、分类甚至描述项都可以通过 VerifyDefaults.ini 文件（.xml 文件）的编辑来更改，在文件中定义的分类可以在校验工具条上看到。一个【检查所有】选项也被添加到菜单中。在校验规则窗口的底部增加了一条描述项，用于显示每个校验项目的详细信息。

9）ICT 浏览器中的复制/粘贴　现在可以复制和粘贴 ICT 浏览器窗口中的部分或全部的网络属性和符号属性到微软的 Excel 中，用户可以选择行或列。如果列被选中，那么所有行的内容将被复制。

10）QCV 功能增强　Quick Connection View（QCV）在以下三方面得到增强。

（1）电源和地（P&G）网络现在可以被分开显示，这可以让用户快速地预览电源设计并检测电源问题。增加的一个新的选项，可以分别列出隐性的和显性的电源和地（P&G）网络。显性的 P&G 通常通过 P&G 符号手工添加到设计中，它们携带着全局信号名的常规属性，属性值决定了 P&G 网络的名称；隐性的 P&G 在器件编辑器中通过 Supply 和 NC 表来定义，而这些信息不会明了地显示在编辑器中，必须从器件数据库中提取出来。

（2）Flat 网络选项显示哪些层次化的网络属于哪一个 Flat 网络，Flat 网络显示于 Layout 工具中，压缩模式选项移除了任何层次参考并列出了实际连接元器件关系。

（3）第三个选项列出了设置了网络类 Net Class 的网络列表，因为 Net Classes 只能在 Flat 网络中显示，因此必须将 Flat 网络选项打开才可以看到它们。

11）复制/替换页面　复制或粘贴一个或多个页面的功能在前几个版本中已经发布了，被粘贴的页面被增加到列表底部，并自动增加它的序号，页面可以通过 Navigator 的右键菜单上下调整位置。但是，用户有时想要通过粘贴来替换 Block 的一页或多页页面，为考虑目标 Block 中的被选页面，粘贴法则已经被做了些修改。如果在目标 Block 中的一个或多个页面被选择，粘贴命令将删除它们并用复制的页面替换它们，删除被选页面后，在粘贴过程中将检测是否有任何名称冲突并矫正名称（如加后缀）等，以避免设计数据的冲突和丢失。

12）ICE：导入/导出 ASCII 文件　InterConnectivity Editor（ICE）提供了一种真正针对连接器和背板设计连接的方法，现在 PADS9.5 中可以导入描述标准连接器或背板连接性的 ASCII 文件，该 ASCII 文件是由用于识别元器件 PIN/NET 连接性的一些关键字组成的连接性描述。

另外，也可以在 ICE 导出全部或部分连接性（根据被选目标）到 ASCII 文件或剪贴板中，剪贴板中复制的可以被粘贴到电子表格中，如微软的 Excel 表格中。

13）ICE：全局信号的快速连接　在 InterConnectivity Editor 中，全局信号网络的利用做了重大的功能增强，使用【Add Power】或【Add Ground】命令创建一个全局网络已经变得很简单。现在，"Power"图标和"Ground"图标可以在 ICE 中很容易地识别出来。在【Advanced Connect】对话框页面，也增强了连接到电源和地的功能，设计中的全局网络携带了"Power Supply Net"属性。另外，在 New Symbol Editor（NSE）中，过滤器还扩展到支持对 Power 和 Ground 引脚类型的过滤。

14）设计诊断　DxDesigner 内建了一个设计诊断的功能，当用户退出 DxDesigner 或关闭 CES 时，诊断程序将检测由用户操作引起的未预期的任何小问题（例如，用户从 Windows 的任务管理器中强行关闭了服务），并识别和自动修复而不影响设计数据。诊断程序并不是默认的自动运行，可以通过菜单命令【Setup】|【Settings】|【Design Integrity Checker】设置是否运行。当一个设计升级到下一个版本时，DxDesigner 总是执行诊断程序，如果发现问题将在输出窗口中显示并提示用户自动修复问题。

5. HyperLynx8.2

集成的 HyperLynx8.2 提供了针对信号完整性（SI）和电源完整性（PI）的快速、准确的分析工具。新版本的 HyperLynx8.2 增强了向导功能，对于配置和执行仿真分析节省了时间并提高了仿真的精确度。另外，增强了原信号完整性分析工具，并新增了电源完整性分析工具。

1）HyperLynx PI　HyperLynx PI 提供了一种快速得到精确结果的全新的电源完整性分析工具。针对设计中的电源平面层碎片区域电源、多电源 PCB、小的噪声裕量等问题，如果还使用传统的"设计经验"去处理来得到一个干净的电源，已经不太可能了！由于电源完整性分析的复杂性，HyperLynx PI 提供了一个易用的向导环境（从设置到运行分析的整个流程），使仿真变得非常简单。分析可以针对前仿真和后仿真，大大缩减了产品设计的时间和资金。

HyperLynx PI 分析包括压降分析（Voltage Drop Analysis）、电流密度分析（Current Density Analysis）和电源分布噪声分析（Power Distribution Noise Analysis）。Decoupling Wizard 提供了快速分析确定退耦和滤波电容的数量、尺寸、位置等功能，这使得设计时间达到最小化。

2）HyperLynx SI 增强的信号完整性分析工具包括了新的向导，支持高级存储器件，包括 DDR2 和 DDR3，这项 Memory 的支持功能使得通过向导分析只需要数分钟的时间就可以完成。SI 工具也可以与 PI 工具结合仿真进行完整的信号和电源分析。其他方面的增强包括 Touchstone Transformer、传输线模型和耦合，以及快速眼图（Fast Eye）功能。

3）其他方面的增强

☺ 扫描分析，中心扫描管理器（Central Sweep Manager）可以很方便地全局浏览和控制扫描参数。

☺ 可以使用针对每个网络或引脚的激励，这是一个查找定位窜扰问题的完美解决方案。

☺ 其他增强方面，如集成性，允许更有效地使用所有的工具。

☺ DxDesigner to LineSim 功能允许从 DxDesigner 中提取网络到 LineSim 中仿真。

6．HyperLynx Analog

PADS9.5 版本增强了板级仿真的可用性，从源的定义到符号的映射。

1）【Add Source】对话框 【Add Source】对话框增加了更多灵活的实用性功能。可以通过电子表格界面编辑源的定义，通过简单的下拉列表选择列出的所有设计中的网络，或者直接输入直流电压。新增的左边列的选择框允许选择或不选择独立的源，以进行指定的仿真分析。可以指定一个源的范围，测试设计操作的不同结果。

2）引脚映射 在 PADS2007.3 版本时，已经支持将元器件引脚 Spice 模型与符号上的元器件引脚创建映射的功能。在 PADS9.5 中，支持的模型扩展到 VHDL 模型。可以通过简单的 GUI 界面将符号与 VHDL 模型关联并映射它们的引脚。符号引脚列在左边，然后可以通过下拉列表选择模型引脚，这大大加快了处理过程。

3）蒙特卡罗分析 作为统计分析的一部分，HyperLynx Analog 提供了蒙特卡罗分析仿真，可以通过菜单命令【Setup】|【Simulation】进行设置，可以对设计中的无源元器件进行分配，在以前的版本中，分配信息被附加到【Value】属性下。在 PADS9.5 版本中，分配信息被存储为一个新的独立的属性——Distribution，这为原理图和仿真过程提供了更加清楚的方法。

4）HyperLynx BoardSim 和 LineSim 集成的 HyperLynx BoardSim 提供了重要的板级分析工具，可以直接通过 PADS Layout 输出到 HyperLynx BoardSim 仿真一些关键的信号或所有的信号。解决信号完整性、窜扰或时序问题。或者将网络提取到的 HyperLynx LineSim 进行强大的验证分析，LineSim 被用于设计早期对关键信号的分析并制定下一步的布线约束规则。

HyperLynx 对问题进行了预分析和仿真，这大大节省了经费及 PCB 的反复试验，并且缩短了研发周期。

5）HyperLynx Thermal 集成的 HyperLynx Thermal 提供了快速、简单地对 PCB 的热参数分析。可以直接在 PADS Layout 中将设计导入到 HyperLynx Thermal 中，可立即得到 PCB 和元器件的相关参数。HyperLynx Thermal 可以识别超过限值的元器件和 PCB 温度，以及使用直观的颜色表示的温度梯度图。通过热分析，可以很容易地找到热的区域，然后可以通过增加铜皮、更换元器件、增加散热片等方法来解决热问题。在设计的早期阶段，通过 HyperLynx Thermal 解决产品的热问题，将有助于提高设计系统长期稳定的可靠性能。

 # 1.3　PADS9.5 软件的安装

1．安装前准备

为了使 PADS9.5 高效运行，推荐使用计算机的配置如下所述（近 3 年购置的主流计算机配置均可）。

CPU 为 Pentium4 2.0GHz 以上。

☺ 内存　　　　512MB 或更大
☺ 磁盘空间　　1GB 以上
☺ 显示器　　　1 280×1 024，256 色彩色显示器
☺ 鼠标　　　　3D 光电鼠标
☺ 光驱　　　　CD-ROM
☺ 操作系统　　Windows XP 、Windows 7 或 Windows 8

> **注意：**软件运行的速度不仅与计算机配置有关，而且与设计的复杂程度有关。

2．软件安装说明

从 Mentor 官方网站申请 PADS9.5 Evaluation Software 及 Activation Code。网址为 http://www.pads.com/downloads/pads-download-evaluation。PADS9.5 软件安装和一般软件的安装无异。按提示执行"下一步"操作，详细步骤不在本书中复述，具体安装步骤另附文档，读者可到 http://yydz.phei.com.cn 网站的"资源下载"栏目下载。

第2章 PADS Logic 图形用户界面

本章主要介绍 PADS Logic 中的交互操作过程，工作空间的使用，菜单及工具栏的使用，常用的快捷键，常用参数的设置等，为原理图设计做好准备。

2.1 PADS Logic 交互操作过程

1．初始界面

启动 PADS Logic，开始一个新的设计有两种方法：一是直接双击桌面上的 PADS Logic 图标；二是在开始菜单中，执行菜单命令【程序】|【Mentor Graphics SDD】|【PADS9.5】|【Design Entry】|【PADS Logic】。这两种操作都会弹出如图 2-1 所示的 PADS Logic 开始界面。

图 2-1　PADS Logic 开始界面

PADS Logic 使用标准 Windows 风格的菜单（Menu）命令方式，窗口中的各部分说明如下。

1）标题栏　位于窗口的最上方，设计时用于显示文件存储路径及文件名。

2）菜单栏（Menu Bar）　包括文件（F）、编辑（E）、查看（V）、设置（S）、工具（T）和帮助（H）等命令，如图 2-2 所示。

图 2-2　菜单栏

3）标准工具栏　其中提供常用的工具按钮，如图 2-3 所示。

图 2-3　标准工具栏

4）选择筛选条件工具栏　提供各种对象的选取按钮。在 PADS Logic 中，选取对象必须使用对象的选取按钮，无法直接选取，这是比较特殊的操作方式。选择过滤工具栏如图 2-4 所示。

图 2-4　选择过滤工具栏

5）原理图编辑工具栏　提供主要的绘图与编辑工具按钮，如图 2-5 所示。

图 2-5　原理图编辑工具栏

6）项目浏览器　以树形结构列出了项目文件列表，可从该窗口中打开文件，如图 2-6 所示。

7）输出窗口　其中包括两个选项卡，"状态卡"为程序操作记录选项卡，用于记录程序动作的状态；"宏"选项卡用于与宏有关的操作。输出窗口如图 2-7 所示。

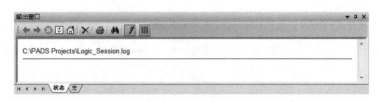

图 2-6　项目浏览器窗口　　　　　　　　　　图 2-7　输出窗口

8）编辑区　窗口中间为编辑区，启动 PADS Logic 后该区域为欢迎界面。可分为任务区、开始使用区、帮助 3 个部分，如图 2-8 所示。其中，"任务"区中可以选择"开始新设计"和"打开设计"；"快速启动教程"为 PADS Logic 初学者提供快速入门的通道，"教程"则为初学者提供自学方案快速设计向导手册，提供操作方法和流程；通过"帮助"可以获取完整的帮助信息。若将"□启动时不显示欢迎屏"复选框选中，则下次启动 PADS Logic 时，编辑区里不会出现此欢迎界面。

9）状态栏　位于开始界面的最下方，显示了当前所设置的线宽、网格间距，以及光标所在的位置坐标。

图 2-8　编辑区

2．自定义 PADS Logic 默认设置

一些设置被用于定义 PADS Logic 操作的默认参数值，可以通过修改这些系统设置来自定义用户界面。

（1）执行菜单命令【工具】|【选项】，里面有"常规"、"设计"、"文本"、"线宽"4 个选项。

（2）通过"常规"标签可以更改栅格、备份、光标样式等信息，如图 2-9 所示，完成后单击"确定"按钮退出。

图 2-9　栅格自动备份设置

3．鼠标操作

对于两键鼠标操作，PADS Logic 遵循 Windows 的约定。同样，PADS Logic 也支持三键鼠标的使用，此时中键（包括滚轮）提供了取景和缩放的快捷方式。

1）左键选择　选择和编辑的大部分操作都要用到鼠标左键，左键操作包括如下 3 个方面。

☺ 选择：可以通过单击鼠标左键来选择目标，若要扩展选择可同时按住〈Ctrl〉键或〈Shift〉键。

☺ 拖曳：要移动选中的目标时，可以按住鼠标左键不放同时移动鼠标。

☺ 双击：在目标上双击鼠标左键可以打开属性对话框。

2）右键操作　在已选择的目标上单击鼠标右键，可以打开编辑命令的弹出菜单，移动光标选择一个命令后，菜单自动关闭。

3）中键缩放与取景

☺ 在不改变尺寸的情况下，可以通过中键来取景，即从一侧到另一侧，或者从上到下移动视图区。在工作区中的某点单击中键，视图区就会以此点为中心重新显示。

☺ 要放大一个特殊区域，可以按住中键不放，同时斜向上移动，将放大显示框选的矩形区域；相反，斜向下移动则缩小显示框选的矩形区域。

☺ 滚轮上下滚动，窗口上下平移；按住〈Shift〉键的同时滚动滚轮，窗口左右平移。

4．无模命令

所谓的无模命令，就是通过命令的编码（输入新值并确认），随时设置或改变一些设置和功能。

无模命令通常应用在设计过程中频繁改变的数值变化中。例如，用无模命令"G"来改变设计栅格的大小。按〈G〉键，打开如图 2-10 所示的对话框。

图 2-10　无模命令对话框

直接输入数值后，即可把设计栅格改为设定值。9.5 版的 PADS Logic 提供了很多方便实用的无模命令，在此不一一列举，读者可以通过帮助菜单获取详细介绍。

> **提示：**可以在 PADS Logic 运行中，按〈?〉键并按〈Enter〉键确认，即可进入无模命令的帮助菜单，获取关于无模命令的详细介绍。

5．快捷键

对于无鼠标操作，可以使用快捷键启动选择的项目并改变系统设置，表 2-1 是 PADS Logic 常用快捷键列表。

表 2-1　PADS Logic 常用快捷键列表

快 捷 键	功 能 描 述	快 捷 键	功 能 描 述
Ctrl+N	新建文件	Ctrl+Z	取消
Ctrl+O	打开文件	Ctrl+Y	重做
Ctrl+E	移动选择的目标	Ctrl+〈drag〉	复制
Ctrl+C	复制	Ctrl+B	显示整张图纸
Ctrl+X	剪切	Ctrl+Q	查询/修改
Ctrl+V	粘贴	Ctrl+R	逆时针旋转90°
Ctrl+F	水平镜像	Ctrl+W	视图缩放模式
Shift+Ctrl+F	垂直镜像	Shift+Ctrl+A	选择全部原理图
Ctrl+D	重画	Ctrl+S	保存
Ctrl+A	选择图纸的全部	Ctrl+P	打印

关于快捷键更多详细的介绍，请读者查找帮助菜单。

6. 使用数字键盘控制视图

可以使用扩展的键盘或数字键盘控制视图，各键的使用说明见表 2-2。

表 2-2　数字键控制功能列表

数字键盘	操作说明
Home	显示整张图纸
End	刷新当前视图
Arrows	数字键盘开时，沿箭头方向移动一半的屏幕宽度 数字键盘关时，光标移动一个栅格单元
5	数字键盘开时，矩形缩放
Pg Up	以光标位置为中心放大
Pg Dn	以光标位置为中心缩小
Ins	视图以当前光标位置为中心，但不缩放

2.2　PADS Logic 用户界面

项目浏览器用于显示设计对象的层次结构，通过它可以方便地访问对象和规则。当更新设计时，层次结构也随着自动更新。

> **注意：** 层次结构仅在打开一个设计时可用，项目浏览器在元器件编辑中不可用。

1. 项目浏览器

1）对象类型　项目浏览器如图 2-11 所示。

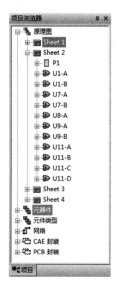

图 2-11　项目浏览器

其中，对象位于对象组内。对象组分为两种类型，即初级和次级，见表 2-3。

表 2-3　项目浏览器中的对象类型表

初 级 组	可用产品类型	次 级 组	描 述
原理图	PADS Logic	图纸名	列出图纸上的所有元器件
层	PADS Layout PADS Router	电气层	列出所有电气层，包括平面层和布线层
		常规层	列出除电气层之外的所有其他层
元器件	PADS Logic PADS Layout PADS Router		列出所有元器件和引脚对
元件类型	PADS Router		列出设计中的所有元器件封装或使用选择的封装类型的所有元器件
网络	PADS Logic PADS Layout		列出设计中的所有网络
网络对象	PADS Router	网络类	列出属于网络类的所有网络
		匹配长度的网络组	列出所有匹配长度的网络组
		关联的网络	列出所有相关联的网络
		网络	列出设计中的所有网络
		匹配长度的引脚对组	列出所有匹配长度的引脚对组
		引脚对组	列出属于引脚对组的所有网络（包括引脚对规则）
		条件规则	列出有条件规则的所有网络
		差分对	列出所有不同的对
过孔类型	PADS Router		列出设计中使用的过孔类型
CAE 封装	PADS Logic		列出设计中使用的 CAE 封装
PCB 封装	PADS Logic PADS Layout		列出设计中使用的 PCB 封装

> **注意**：不能删除或重命名初级对象组；次级组项目的修改仅在 PADS Router 中可用。

2）在项目浏览器中选择对象　在项目浏览器中的任意位置单击鼠标右键，选中【允许选择】选项，如图 2-12 所示，就可以在项目浏览器中选择一个对象，并且在工作空间中该对象自动地处于被选择状态。

3）缩放选择的项目　在图 2-12 中选择【缩放到选定对象】选项，就可以在项目浏览器中缩放一个选择的项目。

2. 控制视图

图 2-12　选中【允许选择】选项

可以使用滚动条或视图菜单中的如下命令来控制视图。

（1）执行菜单命令【查看】|【缩放】或单击工具条上的按钮🔍，可以进入缩放模式。

☺ 单击鼠标左键，以光标所在位置为中心放大显示。

☺ 单击鼠标右键，则以光标为中心缩小显示。

☺ 按住鼠标左键，拖出一个矩形区域，可以特殊显示该区域，该操作与鼠标中键的缩放功能相同。

（2）执行菜单命令【查看】|【重画】或单击工具条上的按钮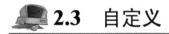，可以刷新当前视图。

（3）执行菜单命令【查看】|【图页】或单击工具条上的按钮，可以显示整张图纸。

（4）执行菜单命令【查看】|【全局显示】可以调整视图，以显示设计中的所有对象。

（5）可以通过滚动条取景。

> **注意**：通过鼠标中键及数字键盘进行视图控制的方法前文已经介绍过，这里不再赘述。

3．保存与恢复视图

为了便于恢复，可以通过如下操作把指定的工作区域保存起来。

（1）执行菜单命令【查看】|【保存视图】，打开如图 2-13 所示的保存视图对话框。该对话框中的预览视窗可以显示并调整选择的工作区域。

（2）单击"捕获"按钮，打开如图 2-14 所示的捕捉新视图对话框，输入新视图名，单击"确定"按钮即可，同时这个新视图名被列于视图名列表中。

图 2-13　保存视图对话框　　　　　　　　　图 2-14　捕捉新视图对话框

> **提示**：可以创建多达 9 次视图，视图名称出现在视图菜单的底部。

（3）从视图名列表中选择一个名称，然后单击"应用"按钮，可以把选定的视图应用于工作区当中。

（4）当应用一个视图时，以前的视图自动保存。选择查看菜单中的【上一视图】选项就可以恢复。

（5）从视图名列表中选择一个名称，然后单击"删除"按钮，可以删除该视图。

> **提示**：捕捉视图在元器件编辑器当中不可用。

2.3　自定义

PADS Logic 中可以自定义工具条、菜单、快捷键，以及界面的显示方式。

1．自定义 PADS 界面

可以根据工作类型及设计任务来自定义合适的 PADS 界面。可以根据需要决定显示哪个工具条；向工具条和菜单中添加项目；创建自定义工具条、菜单及快捷键。进行自定义时，需使用自定义对话框。可以通过如下两种方式调用自定义对话框。

☺ 在 PADS 界面中执行菜单命令【工具】|【自定义】进行自定义，自定义窗口如图 2-15
所示，所有的自定义项目都将应用于 PADS 工具的主视图中。

☺ 在 PADS 界面的一个窗口中（如输出窗口），单击鼠标右键并选择【Customize】选
项，也可以进行自定义，但该自定义项目仅应用于该窗口，如图 2-16 所示。

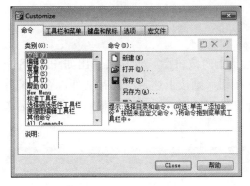　　　

图 2-15　自定义窗口　　　　　　　　图 2-16　自定义项目窗口

2．管理窗口

首次启动应用程序时，PADS 界面会显示多个窗口。可以切换选择【查看】菜单中的窗口
名来显示或隐藏相应窗口，也可以通过各窗口中的按钮 ▼ 设置窗口的显示方式；按钮 ⋢ 用于设
置自动隐藏；按钮 ✕ 用于关闭窗口。具体方法同 Windows 中的其他软件，这里不再赘述。

2.4　PADS Logic 文件操作

1．文件的保存

执行菜单命令【文件】|【保存】或【保存为】，或者单击工具条上的按钮 ▦，会打开
如图 2-17 所示的文件保存对话框，输入存储路径和文件名，然后单击 保存(S) 按钮，即可
保存或另存当前文件。

图 2-17　文件保存对话框

2．创建新文件

执行菜单命令【文件】|【新建】或单击工具条上的按钮 ，会打开如图 2-18 所示的窗口，询问是否保存旧文件，单击"是"按钮，则按上述方法保存文件，否则清除当前的原理图，并开始一个新的原理图。

3．打开一个文件

执行菜单命令【文件】|【打开】或单击工具条上的按钮 ，同样会弹出如图 2-18 所示的询问窗口，询问是否保存旧文件，单击"是"按钮，则按上述方法保存文件，否则清除当前的原理图。然后会打开如图 2-19 所示的打开文件对话框，输入路径和文件名，然后单击"打开"按钮即可打开一个设计文件。

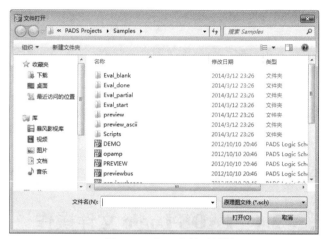

图 2-18　询问窗口　　　　　　　图 2-19　打开文件对话框

4．导入与导出

1）导入文件　执行菜单命令【文件】|【导入】，可以把各种格式文件（包括*.txt、*.ole、*.eco 及 PADS .asc）的数据插入到当前的原理图中。或者，转换由其他工具设计的原理图（包括 CAD .csa、CADSTAR .scm、OrCAD .dsn、P-CAD .sch、Protel .sch、Protel .schdoc、Protel .prjpcb），并作为一个 PADS Logic 原理图打开。

2）导出文件　可以从打开的原理图文件中有选择地提取设计信息，并以和以前或当前软件版本相兼容的 ASCII 格式文件保存。操作过程如下所述。

（1）执行菜单命令【文件】|【导出】，打开如图 2-20 所示的文件导出对话框。

（2）在保存类型下拉列表中，选择导出文件类型。

（3）在文件名文本框中为 ASCII 文件输入一个名称，默认为当前打开的设计名。

（4）单击"保存"按钮，打开如图 2-21 所示的 ASCII 输出对话框，用于设置哪些信息被写入该 ASCII 文件。

> **说明**：PADS Logic 还允许通过菜单命令【编辑】|【插入新对象】，把来自其他应用程序的文件嵌入到设计中。而且，一旦设计中有一个 OLE 对象，则可以把它作为一个单一项目导出到一个*.ole 文件。

图 2-20　文件导出对话框

图 2-21　ASCII 输出对话框

3）导入/导出 OLE 对象　可以把一个包含 OLE 对象的*.ole 文件导入到一个 PADS Logic 原理图中；也可以从原理图中把一个 OLE 对象导出到一个*.ole 文件中。

（1）OLE 导入：执行菜单命令【文件】|【导入】，并选择文件类型为 OLE（*.ole），然后定位目标文件打开即可。

（2）OLE 导出：选择一个 OLE 对象，并执行菜单命令【文件】|【导出】，然后在文件导出对话框中选择文件类型为 OLE（*.ole），接下来命名并选择存储路径保存即可。

 2.5　常用设计参数的设置

1．设置字体

1）选择笔画字体或系统字体

（1）笔画字体：使用字体对话框可以设置或改变设计当中的字体。执行菜单命令【设置】|【字体】，打开如图 2-22 所示的字体对话框，系统默认为笔画字体。

（2）系统字体：执行菜单命令【设置】|【字体】，在字体对话框中选择【系统】项，从列表当中选择一种字体，还可以单击按钮 **B** 设为粗体、按钮 *I* 设为斜体、按钮 U 设为下

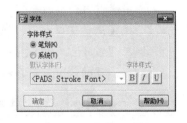

图 2-22　字体对话框

画线形式，然后单击"确定"按钮，当出现确认窗口时单击"确定"按钮即可。

2）转换字体

（1）笔画字体到系统字体的转换：执行菜单命令【设置】|【字体】，并选择【系统】项，可将原理图中的所有文本由笔画字体转换为系统字体。

> **说明**：所有文本转换为最接近的整数点大小，没有分数点大小转换；转换过程中笔画字体的线宽被忽略。

（2）系统字体到笔画字体的转换：执行菜单命令【设置】|【字体】，并选择【笔画】

项，可将原理图中的所有文本由系统字体转换为笔画字体。

> **说明：** 所有文本的大小转换为最接近的 mils，没有分数 mils 的转换。

2．设置属性

在原理图编辑器当中执行菜单命令【工具】|【选项】，可打开属性设置对话框。在属性设置对话框中，可以选择【常规】、【设计】、【文本】、【线宽】等选项卡进行相应的设置。

1）设置原理图编辑器的【常规】选项卡属性　原理图编辑器的【常规】属性有 6 种，分别位于【显示】、【光标】、【栅格】、【OLE 对象】、【文本译码】、【自动备份】区域，如图 2-23 所示（图中的编号①～⑥标出，以下的说明与此对应，图 3-24 同此）。

图 2-23　【常规】属性设置对话框

① 显示：使用以下设置来指定原理图的表现形式。

☺ 当通过自动缩放重新定义 PADS Logic 窗口大小时，如果要保持设计的区域视图，选择【调整窗口大小时保持视图大小不变】复选框即可。

☺ 在【最小显示宽度】框中输入画线的最小值，比这个值小的线仅作为中心线被画出，目的是节省内存和重绘时间。

> **说明：**【最小显示宽度】框中输入 0，则所有线以实际宽度显示。

② 光标：在【样式】列表框中可以将光标设置为如下形状的一种——正常、小十字、大十字、全屏；若选择【斜交】复选框，则十字形光标变成倾斜型。

③ 栅格：使用以下设置来设置用于放置对象、文字、标签等的栅格大小，并作为画线或制作封装时的参考。

☺ 【设计】框用于设置放置对象时的参考栅格的大小，该值必须在 2～2 000 中并且是 2 的倍数。

☺ 【标签和文本】框用于设置放置标签或文本时的参考栅格的大小，该值必须在 2～2 000 中并且是 2 的倍数。

☺ 【显示栅格】框用于设置显示栅格的大小，该值必须在 10～9 998 中并且是 2 的倍数。

☺ 选择【捕获至栅格】复选框，可以在编辑对象时使其与栅格对齐。

> **说明：**显示栅格是独立于系统栅格而显示在状态线上的；当工作区重画时，如果栅格不可见，说明设置的间距对于所有缩放级别的显示来说太小了，需要放大几倍才能看到栅格。

④ OLE 对象：OLE 显示设置只有当它被嵌入到其他应用系统中时，才会影响 PADS Logic。

☺ 选择【显示 OLE 对象】复选框，可以显示工作区当中链接和嵌入的对象。

☺ 选择【重画时更新】复选框，可以在重画时更新 OLE 对象。

☺ 【绘制背景】复选框，用于设置 OLE 对象的背景颜色，当此选项被禁用时，对象的背景是透明的。

⑤ 文本译码：从文本译码列表中为文本字符串或标签选择语言类型。语言编码包括当前版本的 PADS Logic 所支持的，以及设计当中已经使用的任意默认编码。

⑥ 自动备份：有以下设置项。

☺ 在【间隔（分钟）】框内输入自动备份的时间间隔，单位为 min。

☺ 在【备份数】框内输入要创建的不同备份文件的数量，最多为 9 个。

☺ 单击 "备份文件" 按钮，可以改变备份文件的文件名和存储路径。

2）设置原理图编辑器的【设计】选项卡属性　原理图编辑器的【设计】选项卡属性同样分为 6 种，分别位于【参数】、【选项】、【图页】、【跨图页标签】、【非 ECO 注册元件】和【非电气元件】区域，如图 2-24 所示。

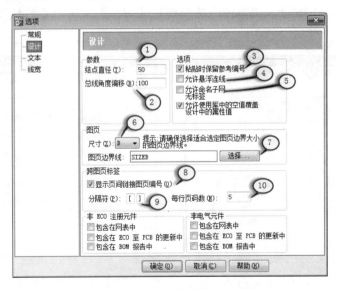

图 2-24　【设计】属性设置对话框

① 结点直径框内输入一个 0～100 的数，用于设置结点直径。

② 总线角度偏移框内可输入一个 0～250 的数，用于设置总线转角的起点，即转角的大小。

③ 复选框用于设置粘贴时保持元器件序号。

④ 复选框用于创建浮动连接。当不选择该项时，则不再创建浮动连接，但不能删除已

经存在的浮动连接。

⑤ 选中复选框时，在所有情况下都可以删除网络标号，除了一个电源符号连接到一个网络的情况，此时将重置为默认的网络名，当前的网络标号在任何情况下都不会改变。若不选中该项，则不能删除总线分支和跨页符号的网络标号，但可以删除元器件引脚上的网络标号，此时若选择了浮动连接，则网络将被系统产生的名称重命名。

⑥ 所示的列表框里，可以选择图纸尺寸。

⑦ 如果想改变图纸边框，可以单击"选择"按钮，在"从库中获取绘图项目"对话框里选择图纸边框，同时要确定所选边框与图纸尺寸相适应，然后单击"确定"按钮即可。

⑧ 用于设置在跨页符号或总线名称附近显示图号。

⑨ 用于设置图号的分隔符，可以是""、{}或 []。

⑩ 在该框内输入 0～99 的数值，用于指定每行显示多少图号。

> **说明：** 关于原理图编辑器非电气元器件设置方法与非 ECO 注册元器件设置方法相同，在此不再赘述。

3）设置原理图编辑器的【文本】选项卡属性　文本和线宽属性的变更依赖于设计对象使用的是笔画字体还是系统字体。当使用笔画字体时，执行菜单命令【工具】|【选项】并打开【文本】选项卡，如图 2-25 所示。

选择一个文本类型并单击"编辑"按钮，然后在大小或线宽列表框中输入一个以 mils 为单位的新值，就可以变更一个文本项目的大小或线宽。

当使用系统字体时，执行菜单命令【工具】|【选项】并选择【文本 Text】选项卡，如图 2-26 所示。

图 2-25　【文本】选项卡（笔画字体）

图 2-26　【文本】选项卡（系统字体）

选择一种文本类型并单击"编辑"按钮，然后从列表框中选择一种字体，就可以变更文本的字体；文本大小的设置方法同上。另外，可以通过复选框【B】、【I】或【U】设置文本形式。

4）设置原理图编辑器的【线宽】选项卡属性　打开【线宽】选项卡，选择一种线型并单击"编辑"按钮，然后在线宽列中输入以 mils 为单位的新值即可，如图 2-27 所示。

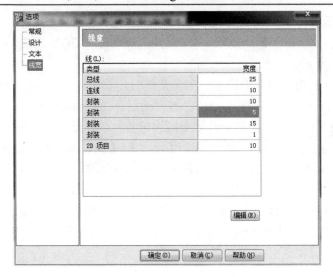

图 2-27　【线宽】选项卡

3．设置元器件编辑器属性

在原理图编辑器中执行菜单命令【工具】|【元件编辑器】，进入元器件编辑界面，然后执行菜单命令【编辑】|【CAE 封装编辑器】，进入 CAE 封装编辑界面。若要进行相应的属性设置，可以执行菜单命令【工具】|【选项】，打开如图 2-28 所示的属性设置对话框。

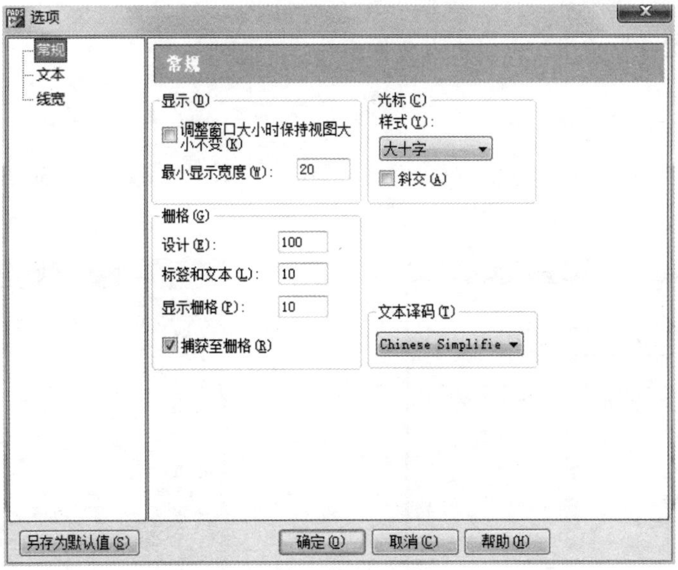

图 2-28　属性设置对话框

其中各选项卡的属性设置方法，与设置原理图编辑器的属性相同。这里，主要介绍一下工作区域与栅格的设置。

工作区域最大是 3 136in^2，当前栅格设置出现在工作区底部信息行的默认线宽与光标位置之间，当移动对象或使用拖曳命令时，此处显示的是移动量，其中负号表示向左或向下移动。

1）显示栅格设置　PADS Logic 的栅格为点状，可以设置为与设计栅格相匹配或比它大几倍。通过属性对话框中的【常规】选项卡或用无模命令"GD"完成设置。若不想显示栅格，可以将其值设为10。

2）原点与设计栅格设置　当启动一个新文件时，默认的格式是以带原点的工作区为中心。原点位于工作区的左下角，为一个白色的大圆点。当移动光标时，它相对于原点的坐标显示在屏幕右下角。每次改变的量为设计栅格的倍数，设计栅格的最小值是 2mils。要在元器件编辑器中设置原点，可以执行菜单命令【设置】|【设置原点】，然后在选定位置单击鼠标左键即可。设计栅格以原点为中心指向各个方向，可以通过属性设置对话框中的【常规】选项卡或用无模命令"G"完成设置。

3）标签与文本栅格设置　所有标签、字段、名称、属性和文字都使用标签与文本栅格设置。与设计栅格相同，其最小值也是 2mils。要设置的标签和文本栅格，可以通过属性设置对话框中的【常规】选项卡完成设置。

4. 设置显示颜色

使用显示颜色对话框来控制设计对象和设计区域的颜色，PADS Logic 将随同原理图一起保存设置信息。

（1）执行菜单命令【设置】|【显示颜色】，打开如图 2-29 所示的显示颜色对话框。

（2）从【选定的颜色】区的颜色框内，单击鼠标左键选择一种颜色，然后在【杂项】或【标题】区域具体项目后面的小方框内单击鼠标左键，即可将其设定为选定的颜色。

（3）若要改变可选颜色，可以单击"调色板"按钮进行设置。

（4）单击"保存"按钮，可以将设置保存为一个文件。

5. 设置层

1）显示层信息　执行菜单命令【设置】|【层定义】，打开如图 2-30 所示的层设置对话框。对话框顶部的列表显示出级别输入、目录、名称等。

图 2-29　显示颜色对话框

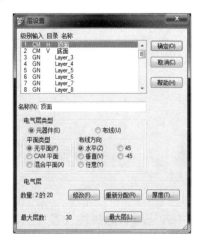

图 2-30　层设置对话框

☺ 级别输入：包括显示层号和层类型，放置元器件的第一个电气层将被自动分配为 PCB 顶层，而布线的最后一个电气层为底层。位于最后一个电气层之下的是非电气层和文件层，如丝印层、阻焊层、锡膏防护层等。层类型包括顶层与底层的元器件层（CM）、布线层（RT）、电源层（PL）、元器件及电源层（CP）、元器件及分割/混合电源层（CX）、布线及分割/混合电源层（RX），另外还包括非电气层（GN）类型。

☺ 目录：布线方向，包括水平（H）、垂直（V）、任意角度（A）、45°（/）和−45°（\）。

☺ 名称：可在列表框下面的【名称】文本框中重命名，支持中文名称。

2）修改电气层类型　在图 2-30 所示的层设置对话框中，选择要修改的电气层如"顶面"层，激活【电气层类型】区域，在该区域选择【布线】，则将"顶面"层由元器件层变为布线层。同样，可以通过【元器件】单选按钮将电气层类型变为元器件层。

> **说明：** 顶层或底层都可以作为元器件层，放置元器件，但不可将内层设置为元器件层。所有电气层都可以设为布线层、电源层或分割/混合电源层。当一个层被选作电源层或分割/混合电源层时，要使用分配网络来为它分配网络。

打开图 2-30 所示的层设置对话框，在【电气层】区域单击"修改"按钮，打开如图 2-31 所示的修改电气层数对话框。

在文本框中，输入指定范围（2～20）的电气层数（如输入 4），然后单击"确定"按钮，打开如图 2-32 所示的重新分配层对话框。在该对话框中，可以将任何现有的电

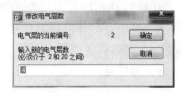

图 2-31　修改电气层数对话框

气层的数据重新分配给一个新的层，如图中所示的将原来的第 2 层指定为新的第 4 层。单击"确定"按钮，返回层设置对话框，新层将以默认参数出现在数据库当中，如图 2-33 所示。

图 2-32　重新分配层对话框

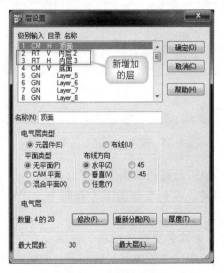

图 2-33　层设置对话框

3）给平面层和分割/混合平面层分配网络　平面层包含用于电源和地连接的大的铜膜区，可以为 PADS Layout 中与之相连的网络散热。使用层设置对话框可以定义一个平面层，并为平面层分配一个或更多的网络，也可以把一个网络分配给更多的平面层。

在图 2-33 所示的层设置对话框中选择一个要定义为平面层的层，它必须是位于顶层和底层之间的电气层，如选择第 2 层，然后在【平面类型】区域选择【无平面】、【CAM 平

面】或【混合平面】，当选择【CAM 平面】或【混合平面】时，会激活按钮 ▧。单击按钮 ▧，可打开平面层网络对话框，如图 2-34 所示。

图 2-34　平面层网络对话框

在该对话框中，从【所有网络】列表中选择要添加的网络名，如 "+5V"，然后单击 "添加" 按钮，则该网络名出现在【关联的网络】列表中。单击 "确定" 按钮，返回层设置对话框，同时设置被保存。

4）为层定义布线方向　必须为所有的电气层分配一个首选的布线方向，而非电气层则不用分配。打开层设置对话框，从列表中选择一个层，然后在【布线方向】区域选择一个即可。

布线方向能被传递到 PADS Layout 及 PADS Router，而且布线方向的选择会影响手动及自动布线的性能，如选择了水平方向，而实际上大多数布线都需要垂直方向，此时布线器的性能很低。此外，选择任意方向也是不利的。

5）定义层和基板厚度　使用层厚度对话框可以定义层、基板厚度及介质信息，当进行动态电性能检查（EDC）时要用到这些信息。在层设置对话框中，单击 "厚度" 按钮，打开如图 2-35 所示的层厚度设置对话框。

其中，【名称】列显示层名称；【类型】列显示层类型选项为基板，可通过 "编辑" 按钮修改；层厚度也可通过 "编辑" 按钮修改；介电常数也可通过 "编辑" 按钮修改。

图 2-35　层厚度设置对话框

另外，在列表框的下方有两个设置铜膜厚度单位的单选按钮，其中重量为盎司，设计为密尔。

6）删除并重新分配层　在层设置对话框中单击 "修改" 按钮，在修改电气层数对话框中输入一个比当前电气层数小一点的数，如上面举例时将电气层设定为 4 层，现在输入 3，如图 2-36 所示。

在图 2-37 所示的重新分配层对话框中，【电气层数】列表框中这些层标志为 <删除>。也可以将其他的层编辑为 <删除>，即在【电气层数】列表框中选择某一项后，在【更改/删除层】区域选择【删除】单选按钮。但最终只能删除一层（原来的层数与输入层数的差值）。另外，可以根据需要重新分配旧层与新层的对应关系，然后单击按钮 "确定" 即可。

7）变更为增加的层模式　PADS Logic 支持两种层模式，即默认层模式和增加的层模式。在默认层模式中最大层数为 30，而增加层模式中最大层数为 250，其中电气层最多为

64 层，非电气层最多为 186 层。执行菜单命令【设置】|【层定义】，单击"最大层"按钮，打开如图 2-38 所示的确认对话框。提示最大层数将增至 250，而且所有非电气层数将增加 100，单击"确定"按钮即可。

图 2-36　修改电气层数对话框　　　　　　　图 2-37　重新分配层对话框

8）从增加的层模式变更为默认层模式　如果原理图满足如下标准，则可以从增加的层模式返回到默认层模式。

☺ 定义的电气层最多不超过 30。

☺ 定义的非电气层数减去 100 后，不超过默认模式中非电气层的最小值。

执行菜单命令【设置】|【层定义】，单击"最大层"按钮，打开如图 2-39 所示的确认对话框，提示最大层数将减至 30，而且所有非电气层数将减小 100，单击"确定"按钮即可。

图 2-38　确认对话框　　　　　　　　　　　图 2-39　确认对话框

> **说明**：如果条件不满足，则"最大层"按钮不可用。

2.6　习题

（1）简述 PADS Logic 中鼠标操作都具有哪些功能。

（2）PADS Logic 工作过程中，可以通过哪几种方式有效控制视图？

（3）按如下要求设置原理图编辑器的属性：最小线宽为 10mils；设计栅格与显示栅格均为 100mils；自动捕捉栅格；光标选为小十字形。

（4）将原理图的背景色设为白色，连接线设为黑色，其余保持默认设置。

（5）将默认的层定义增加两个布线层，布线方向为垂直方向。

第3章 PADS Logic 原理图设计

本章主要介绍 PADS Logic 中原理图的设计操作，包括添加元器件，布局，编辑元器件；添加连线，建立总线，编辑连线；修改原理图数据；定义设计规则等。

3.1 添加和编辑元器件

1. 添加元器件

打开设计文件，设置好工作环境后，在原理图编辑工具栏中单击按钮，打开如图 3-1 所示的【从库中添加元件】对话框。

图 3-1 【从库中添加元件】对话框

☺ 该对话框中的【筛选条件】区域为查找元件时的过滤设置区，【库】下拉列表下可以选择元器件库，【项目】栏中可输入要查找的元器件名称，并且支持模糊查找：当输入 "NE5*" 时，单击 "应用" 按钮，则在选择的库中搜索以 "NE5" 3 个字符开头的所有元器件，并且在元器件列表框中显示；也可以输入 "*H" 来搜索以 H 结尾的所有元器件。其中 "*" 代表任意个字符的通配符，也可以使用 "?" 代表单个字符的通配，还可以在搜索中两种通配符并用，如输入 "N*H?" 进行搜索。

☺ 在元器件列表框中选择要添加的元器件（如 NE555），此时元器件高亮显示，同时元器件预览窗中显示该元器件的电路符号。

☺ 单击 "添加" 按钮，NE555 符号将黏附在光标上，移动光标到绘图工作区的合适位置，单击鼠标左键，即可完成一个元器件的放置。

☺ PADS Logic 将根据元器件类型给元器件自动分配前面未使用的参考编号，如 "U1"。若参考编号为 "U3"，则 PADS Logic 认为编号 "3" 是 "没有使用的最小编号"。所以，PADS Logic 在编号使用时将自动分配前面未使用的编号。

☺ 放置完成后，光标仍处于浮动状态，若还需相同的元器件，可继续单击鼠标左键进行放置；若需要放置其他元器件，则可单击鼠标右键，打开如图 3-2 所示的编辑属性菜单，选择【取消】项，或者在光标处于浮动状态时按〈Esc〉键。

☺ 按照相同的方法选择并放置原理图所需要的所有元器件，然后单击添加元器件对话框中的"关闭"按钮退出添加元器件状态。

2．删除元器件

删除元器件有以下 3 种方法。

☺ 单击原理图编辑工具栏中的按钮 ✕，同时选择项目浏览器栏原理图下的 ▣ 图标或元器件中的 ▦ 图标，然后单击要删除的元器件即可。

☺ 单击选择元器件，此时元器件变为白色，然后按〈Delete〉键即可。

☺ 单击选择要删除的元器件，然后单击鼠标右键，打开如图 3-3 所示的元器件相关操作菜单，选择菜单命令【删除】。

图 3-2　编辑属性菜单　　　　　　图 3-3　元器件相关操作菜单

如果在选择过滤工具栏中单击按钮 ▦，则上述方法同样适用于删除其他任何目标，如网络、总线或连线等。

3．移动及调整方向

1）移动元器件　移动元器件有以下 4 种方法。

☺ 单击原理图编辑工具栏中的按钮 ✛，在选择过滤工具栏中单击按钮 ▦，然后单击要移动的元器件，此时光标处于浮动状态，移动光标到目标位置单击即可。

☺ 单击选择元器件，按住鼠标左键不放，拖动到目标位置松开即可。

☺ 单击选择要移动的元器件，然后单击鼠标右键，打开如图 3-3 所示菜单，选择菜单命令【移动】，此时光标处于浮动状态，移动光标到目标位置单击即可。

☺ 使用快捷键：单击选择元器件，然后按〈Ctrl+E〉组合键，此时光标处于浮动状态，移动光标到目标位置单击即可。

如果在选择过滤工具栏中单击按钮 ，则上述方法同样适用于移动其他任何目标。

2）调整元器件方向　调整元器件方向有以下 3 种方法。

☺ 在放置元器件后，当光标处于浮动状态时，单击鼠标右键，打开如图 3-4 所示菜单，选择【90 度旋转】为逆时针旋转 90°，【X 镜像】为水平镜像，【Y 镜像】为垂直镜像。

☺ 在放置元器件后，单击选择要调整的元器件，然后单击鼠标右键，打开如图 3-4 所示菜单，选择【90 度旋转】为逆时针旋转 90°，【X 镜像】为水平镜像，【Y 镜像】为垂直镜像。

☺ 在放置元器件后，使用快捷键：选择要调整的元器件，然后按〈Ctrl+R〉组合键，逆时针旋转 90°，按〈Ctrl+F〉组合键，水平镜像；按〈Ctrl+Shift+F〉组合键，垂直镜像。

4．复制与粘贴

下面以元器件的复制与粘贴为例，说明实现该操作的 4 种方法。

☺ 单击原理图编辑工具栏中的按钮 ，在选择过滤工具栏中单击按钮 ，然后单击要复制的元器件，此时光标处于浮动状态，移动光标到目标位置单击即可。此时光标仍处于浮动状态，若需要可继续放置，否则按〈Esc〉键退出。

☺ 选择要复制的元器件，然后单击鼠标右键，打开如图 3-3 所示菜单，选择菜单命令【复制】，然后移动光标到目标位置，单击鼠标右键，在打开的如图 3-5 所示元器件编辑菜单中选择菜单命令【粘贴】。

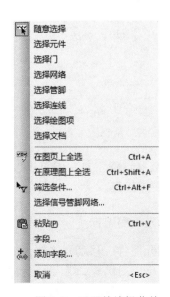

图 3-4　调整元器件方向菜单　　　　　　　图 3-5　元器件编辑菜单

☺ 使用快捷键：单击选择要复制的元器件，按〈Ctrl+C〉组合键复制元器件，然后按〈Ctrl+V〉组合键。此时，光标处于浮动状态，移动光标到目标位置单击即可。若需复制多个相同元器件，可继续按〈Ctrl+V〉组合键来完成。

☺ 按住〈Ctrl〉键，同时用鼠标左键拖动要复制的元器件，放置即可。

按照上述方法，添加元器件并合理布局，为连线做准备。以 555 定时器构成的多谐振荡器为例，放置所需元器件并布局，如图 3-6 所示。

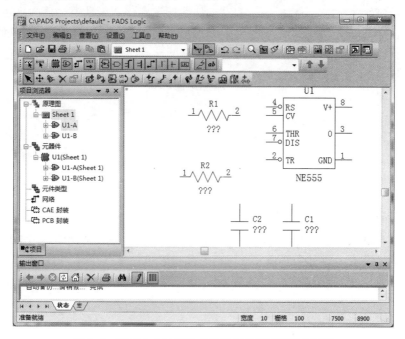

图 3-6　用 555 定时器构成多谐振荡器所需的元器件

对于其他目标的操作方法与此相同，不再赘述。

3.2　建立和编辑连线

1. 建立新的连线

添加元器件并合理布局后，接下来就可以连线进而完成设计了。以图 3-6 为例，单击原理图编辑工具栏中的按钮，然后单击 R1 的引脚 2 确定连接的起点。此时会出现一条浮动的线，移动光标到 U1 的引脚 8，单击鼠标左键完成一次连线。按同样的方法，完成其他连接，如图 3-7 所示。

> 说明：（1）在连线过程中，单击鼠标左键可确定连线的拐角，按〈Backspace〉键将删除最后一个拐角。当光标处于浮动状态时，单击鼠标右键选择菜单命令【角度】，可以实现任意角度布线。
> （2）在相交的连线处单击鼠标左键会自动产生节点，并且操作过程中多余的节点会自动清除。

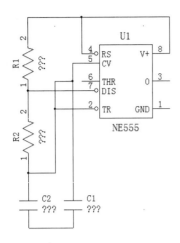

图 3-7　完成引脚连接的电路图

2．调整连线

单击原理图编辑工具栏中的按钮✛，在 R1 的引脚 2 和 U1 的引脚 4 之间的连线上单击鼠标左键。此时连线的终点将跟随着光标，移动光标到目标位置后，单击鼠标左键完成连线的调整。

另外，在要调整连线的位置上，直接按住鼠标左键，此时连线的终点将跟随着光标，移动光标到目标位置后，单击鼠标左键，同样可以调整连线。

3．添加电源和地

以图 3-7 为例，单击原理图编辑工具栏中的按钮，然后单击 U1 的引脚 8 上的连线。此时会出现一条浮动的线，单击鼠标右键，在打开的菜单中选择菜单命令【电源】，如图 3-8 所示。移动光标到合适的位置后，单击鼠标左键完成电源的添加。

对于电源网络的设置，可以双击电源符号，在打开的【网络特性】对话框中的【网络名】下拉列表中修改即可。

地线符号的添加方法与电源相同，不再赘述。在添加连线到电源或地之前，必须将网络名称的显示设置为有效，即在图 3-8 中选择菜单命令【显示 PG 名称】，才能在放置电源或地后显示相应的网络名；或者双击该标号，打开属性对话框，选中 网络名标签 也可。

添加完电源和地的电路如图 3-9 所示。

图 3-8　添加电源或地符号

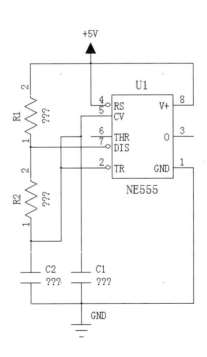

图 3-9　添加完电源和地的电路

4．在不同页面之间加连线

页面间连接符用于在相同的页面或不同的页面之间进行元器件的连接。当生成网络表文件时，PADS Logic 自动地将具有相同页面间连接符的网络连接在一起。以图 3-9 为例，单击原理图编辑工具栏中的按钮，单击 U1 的引脚 3 确定起点。移动光标，单击鼠标右键，在打开的菜单中选择菜单命令【页间连接符】，调整好方向，单击鼠标左键。在打开的【添加网络名】对话框中输入网络名，单击"确定"按钮即可，如图 3-10 所示。

图 3-10　【添加网络名】对话框

5．悬浮连线

PADS9.5 版本秉承了 PADS2005 版本以来的悬浮连接，即可以进行任意点之间的连线。设置方法为，选择菜单命令【工具】|【选项】，单击弹出窗口中的【设计】选项卡，在【选项】区域中选中【允许悬浮连线】复选框，如图 3-11 所示。

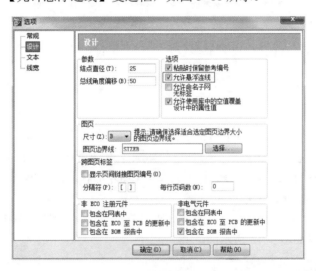

图 3-11　【设计】选项卡

这时，在原理图中便可以进行悬浮方式的连线了。需要停止连线时，双击鼠标左键即可。该功能对于已连线完成的部分，而又必须进行元器件更换时，非常方便。

6．高级连线功能

从 PADS2007 版本开始，PADS Logic 新添加了高级连线功能，即放置元器件时将要连接的引脚对接放到一起，然后再把其中一个元器件移开，就可以建立连线了。有多少个引脚对接到一起，就能建立多少条连线。

3.3　总线操作

总线是性质相同的一束线，用于简化电路图，主要依靠网络标号建立电气连接关系。

1．选择总线类型

总线分为位格式总线与混合总线两种。位格式总线包含一系列连续的网络名，如总线 AD[0:4]实质上包含网络 AD0、AD1、AD2、AD3 和 AD4；而混合格式总线除了包含独立的网络名外，还可以包含一个或多个位格式总线，如一个混合格式总线 BUS1 可以包含独立的网络名 RAS、CAS、EN，以及位格式总线 AD[0:7]。

> **说明：** 选择的总线类型决定何种属性出现在总线名列表中。例如，选择位格式总线，则仅有位格式总线名出现在总线名列表中。

2．总线命名

1）位格式总线命名　位格式总线名包括两部分：首部和位的范围。如 PREFIX [nn:mm]，其中，PREFIX 为首部，nn 为最低位数，mm 为最高位数。

> **说明：** 位格式总线名总共不能超过 47 个字符（包括首部、括号和冒号），位数必须是 0～32 767 之间的一个数，不能是字母。

2）混合总线命名　混合总线名最多包含 47 个字符，不能含有位的范围后缀或空格，且不能与网络名相同。

3．添加总线

（1）在原理图编辑工具栏中单击按钮 ，单击鼠标左键确定起点，在需要拐弯处单击鼠标左键即可；双击鼠标左键结束，同时打开如图 3-12 所示的【添加总线】对话框。

（2）在总线名称列表栏输入总线标号，如"LED[0:7]"，然后单击"确定"按钮。此时总线标号外框将黏附在光标上。

（3）移动总线标号外框到总线上的某一点，在需要放置的地方单击鼠标左键即可。一个放置好总线的电路如图 3-13 所示。

图 3-12　【添加总线】对话框

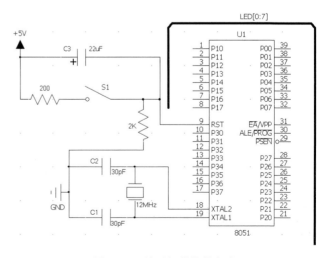

图 3-13　放置好总线的电路

4．连接到总线

在原理图编辑工具栏中单击按钮，以图 3-13 为例，选择 U1 的引脚 1，单击鼠标左键确定起点，然后移动光标到总线的一个竖直线段处，单击鼠标左键，打开如图 3-14 所示的【添加总线网络名】对话框，从【网络名】列表中选择一个，单击"确定"按钮即可。

按照上述方法，添加完电路的网络标号，如图 3-15 所示。

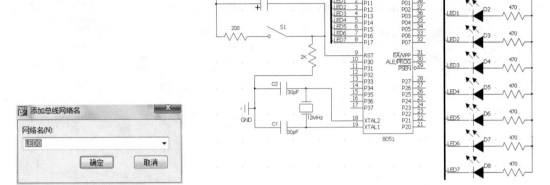

图 3-14　【添加总线网络名】对话框　　　　图 3-15　添加完网络标号的电路

5．复制对象

在 PADS Logic 中使用复制命令"批量"可以复制对象，操作过程如下所述。

在原理图编辑工具栏中单击按钮，选择希望复制的对象，一个对象被复制并黏附在光标上；单击鼠标右键选择菜单命令【分步和重复】，打开如图 3-16 所示的【分步和重复】对话框。根据需要设置好方向、数量和间距，单击"确定"按钮即可。

图 3-16　【分步和重复】对话框

3.4　修改设计数据

PADS Logic 设计过程中，可以随时修改设计目标，包括其布局和属性等。

1．修改原理图数据

通过查询方式可以改变原理图中的字符串、总线名字、参考编号及其他数据类型，操作过程如下所述。

首先选择筛选工具栏中的图标，在要修改的项目上单击鼠标左键（如图 3-15 中的网络标号 LED7），然后选中需要修改的对象，在原理图编辑工具栏中单击按钮，打开如图 3-17 所示的【总线特性】对话框。在【总线名称】列表框内输入一个有效的新名字，单击"确定"按钮，则网络名将被更新。

2．更新或切换元器件

（1）选择元件如 C3（见图 3-15），在原理图编辑工具栏中单击按钮 🖼️，打开如图 3-18 所示【元件特性】对话框。

图 3-17 【总线特性】对话框

图 3-18 【元件特性】对话框

（2）在【元件类型】区域单击"更改类型"按钮，打开如图 3-19 所示的【更改元件类型】对话框。

（3）在【筛选条件】区域的【项目】列表内输入"CAP*"，单击"应用"按钮，则【元件类型】列表中会显示所有库内有效的电容，从中选择"CAP3216"。

（4）单击"确定"按钮，改变电容为 3216 类型的电容，同时关闭【更改元件类型】对话框。

（5）在【元件特性】对话框的【参考编号】区域单击"重命名元件"按钮，打开如图 3-20 所示的【重命名元件】对话框。

图 3-19 【更改元件类型】对话框

图 3-20 【重命名元件】对话框

（6）输入新的参考编号，如"C4"，单击"确定"按钮。

（7）单击"关闭"按钮，关闭【元件特性】对话框。

3．交换元器件名和引脚

在原理图编辑工具栏中单击按钮，然后单击要交换的两个元器件，就可以交换元器件名；在原理图编辑工具栏中单击按钮，然后单击要交换的两个引脚，弹出如图 3-21 所示的提示窗口，警告交换类型不匹配，询问是否继续。

单击"是"按钮确认交换，弹出如图 3-22 所示的提示窗口，询问是否交换连线，根据需要选择即可。

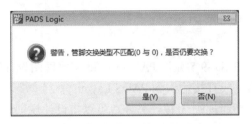

图 3-21　提示窗口（一）

图 3-22　提示窗口（二）

> **说明**：交换引脚还可以使用弹出式菜单，即先选择一个引脚，然后单击鼠标右键，选择【交换引脚】项；或者同时选择要交换的两个引脚，然后单击鼠标右键，选择【交换引脚】项。

4．改变元器件的值

为了改变电阻的阻值，或者电容的电容值，可执行如下步骤。

（1）双击要修改的元器件，或者选中元器件，单击按钮选择要修改的元器件，打开如图 3-23 所示的【原件特性】对话框。

（2）在【修改】区域单击按钮，打开如图 3-24 所示的【元件属性】对话框。

图 3-23　【元件特性】对话框

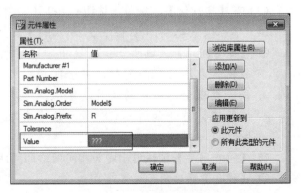

图 3-24　【元件属性】对话框

（3）在【属性】区域列出了几个名字和相应的值，编辑输入 Value 所对应的值。

（4）在【应用更新到】区域，可以选择【此元件】或【所有此类型的元件】。

（5）单击"确定"按钮，完成编辑。

5. 原理图复制

PADS9.5 秉承了 PADS2007 版本的原理图复制功能，即可以简单地使用复制和粘贴命令，把一部分设计内容从一个原理图复制到另一个原理图，或者在原理图的不同页面之间复制。

 # 3.5　定义设计规则

对于 PCB 设计来讲，设计规则至关重要。PADS9.5 允许 PADS Logic 在原理图设计时，预先定义好设计规则。这些规则随着网络表的生成直接输入到 PADS Layout 中。

设计规则包括安全间距规则、布线规则和高速规则 3 种。另外，可以将设计规则分为 3 个级别，即默认规则、类规则和网络规则。其中，网络规则优先级最高，若设定了网络规则，则不论是否有类规则和默认规则，全部按网络规则执行；默认规则优先级最低，只有在没有设定类规则和网络规则时，才按默认规则执行。

1. 设置默认的安全间距规则

（1）选择菜单命令【设置】|【设计规则】，打开如图 3-25 所示的【规则】对话框。

图 3-25　【规则】对话框

（2）从【单位】列表中选择设计规则采用的单位。

（3）在【层次化】区域单击按钮 ，打开如图 3-26 所示的【默认规则】对话框。

（4）单击按钮 ，打开如图 3-27 所示的【安全间距规则】对话框。

☺ 【安全间距】区域包含了 PCB 中不同对象间的安全间距数值矩阵，矩阵中的每个数值代表其行标与列标的安全间距。可以对矩阵中的每个值进行修改，也可对每一类或全部对象的值统一修改。如单击"所有"按钮，设置全局默认的安全间距值，打开如图 3-28 所示的【输入安全间距值】对话框，输入新值并单击"确定"按钮即可。

☺ 【同一网络】区域用于定义相同网络的间距。

☺ 【线宽】区域用于设置线宽。

☺ 【其他】区域用于设置过孔与过孔的间距，以及元器件外框与元器件外框的间距。

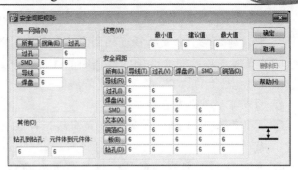

图 3-26　【默认规则】对话框　　　　　　　图 3-27　【安全间距规则】对话框

（5）用同样的方法可以设置其他区域的安全间距。设置完成后，在【安全间距规则】对话框单击"确定"按钮即可。

2．设置默认的布线规则

在图 3-26 所示对话框中单击按钮，打开如图 3-29 所示的【布线规则】对话框。

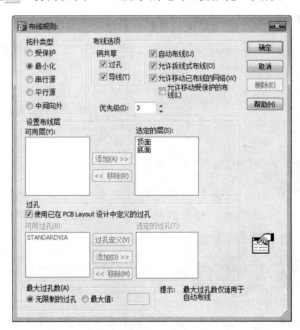

图 3-28　【输入安全间距值】对话框　　　　图 3-29　【布线规则】对话框

（1）拓扑类型：设置拓扑样式，即布线方式。其中包括 5 个单选按钮。

☺ 受保护：保护的布线方式，选中此项则不改变网络中的布线方式。

☺ 最小化：最短路径布线方式，选中此项将允许网络重新安排，在引脚之间以最短路径布线。

☺ 串行源：串联布线方式，所设置的网络为布线起点引脚，依次串联到该网络的终点引脚。

☺ 平行源：并联布线方式，所设置的网络为布线起点引脚，通过多路径同时进行的并联方式布线到终点引脚。

☺ 中间向外：中间驱动型布线方式，把网络分为两个分支，从两个分支的中间起点引脚，通过两个分支路径连接到同一个网络的终点引脚。

（2）布线选项：布线选项区，其中的【铜共享】区域为设置"T"形布线区。【过孔】复选框为过孔处允许"T"形布线；【导线】复选框为允许布线"T"形交汇。

☺ 自动布线：设置自动布线。

☺ 允许拆线式布线：设置拆线式布线，即在交互式布线或自动布线时，可以删除布线，重新布线。

☺ 允许移动已布线的网络：设置推开式布线，即可以推开不受保护的布线，让新线通过。

☺ 允许移动受保护的布线：设置推开保护的布线，让新线通过。

☺ 优先级：用于设置网络的布线优先级，范围为 0～100，数值越大，优先级越高。

（3）设置布线层：有以下各项。

☺ 可以在【可用层】列表框中选择可用的层，再单击"添加"按钮即可将选中的层移至【选定的层】列表框中。

☺ 【选定的层】列表框中的层均为可布线的层。

☺ 同样，在【选定的层】列表框中选择可用的层，再单击"移除"按钮即可将其删除。

图 3-30　【过孔设置】对话框

（4）过孔：设置过孔样式，选中【使用已在 PCB Layout 设计中定义的过孔】复选框，则在 PADS Logic 规则设置中强制使用 PADS Layout 中已定义的过孔类型；否则，可以为布线任意指定过孔类型。此时，单击"过孔定义"按钮，打开如图 3-30 所示的【过孔设置】对话框。

☺ 过孔：显示已定义的过孔样式。

☺ 名称：可以输入新增的过孔名，然后单击"添加"按钮来添加过孔；或者输入一个新过孔名，然后单击"重命名"按钮来重命名。当然，也可以在【过孔】列表框中选择并删除过孔。

> 说明：PADS Logic 默认的过孔样式为"STANDARDVIA"。可以新增通孔式过孔样式"THRU"，以及盲孔样式"PARTIALS"。

（5）最大过孔数：设置过孔的数量。选中【无限制的过孔】，则在自动布线时不限制过孔数量；选中【最大值】，则可以在右侧的数值框内指定自动布线时的最多过孔数，其范围是 0～50 000。

3. 设置默认的高速规则

在图 3-26 所示的对话框中单击按钮▓，打开如图 3-31 所示的【高速规则】对话框。

（1）平行：设置平行布线的限制。

☺ 横向平行：平行布线的限制，可在其【长度】数值框中指定差分对平行布线的长度限制，在【间隙】数值框中指定差分对平行布线的间距限制。

☺ 纵向平行：纵向布线的限制，可在其【长度】数值框中指定差分对垂直布线的长度限制，在【间隙】数值框中指定差分对垂直布线的间距限制。

图 3-31　【高速规则】对话框

☺ 入侵网络：在平行布线与纵向布线时，设置所指定的网络为干扰源。

（2）屏蔽：设置干扰防护措施。

☺ 屏蔽：设置启用防干扰保护措施。当有电源层或接地层时，才能选中此框，以保护其他网络。

☺ 间隙：设置防干扰保护措施的平行间距值。

☺ 使用网络：设置电源层使用的网络名称。

（3）规则：设置高速布线的限制。

☺ 长度：设置长度限制，可在其【最小值】数值框中指定最短长度限制，在【最大值】数值框中指定最长长度限制。

☺ 支线长度：设置"T"形布线的限制，可在【最大值】数值框中指定"T"形布线最长的长度限制。

☺ 延时（纳秒）：设置布线的延迟时间限制，可在其【最小值】数值框中指定最短的延迟时间限制，在【最大值】数值框中指定最长的延迟时间限制，单位为 ns。

☺ 电容（皮法）：设置布线间的电容值限制，可在其【最小值】数值框中指定电容值的最小值，在【最大值】数值框中指定电容值的最大值，单位为 pF。

☺ 电阻（欧姆）：设置布线的阻抗限制，可在其【最小值】数值框中指定阻抗最小值，在【最大值】数值框中指定阻抗最大值，单位为Ω。

（4）匹配：设置等长布线的限制，通常针对的是差分对线。

☺ 匹配长度：设置等长布线。

☺ 容差：设置等长布线的误差。

4. 设置类规则

在图 3-25 所示【规则】对话框中的【层次化】区域单击按钮 ，打开如图 3-32 所示的【类规则】对话框。

☺ 类名称：设置类名称。若要增加新的类名称，则在文本框中输入后单击"添加"按钮即可。

☺ 类：列出所有的类。若要删除某个类，则在此列表框中选中类，然后单击"删除"按钮即可；若要重命名，则在此列表框中选中类，然后在【类名称】文本框中重新命名，再单击"删除"按钮即可。

☺ 显示具有规则的类：在【类】列表框中只显示已设置设计规则的类，而在类设计规则的定义中，会在类名称后面增加（C）以进行区别，并且在各设计规则按钮下方显示图标▥，若无类设计规则，则显示图标▱。

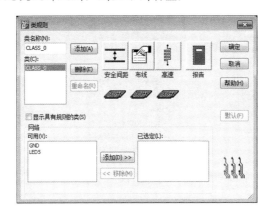

图 3-32　【类规则】对话框

☺ 网络：编辑网络分类，【可用】列表框中显示的是未分类的网络；【已选定】列表框中显示的是同一类中的网络，可以选择网络并单击"添加"按钮或"移除"按钮完成编辑操作。

☺ ⊥：为指定的网络类设置间距设计规则，设置方法与默认安全间距规则的设置方法基本相同，不同的是可以通过"删除"按钮删除设计规则，使其恢复为默认的设计规则。

☺ ▤：为指定的网络类设置布线设计规则，设置方法与默认布线规则的设置方法基本相同，不同的是可以通过"删除"按钮删除设计规则，使其恢复为默认的设计规则。

☺ ▮：为指定的网络类设置高速设计规则，设置方法与默认高速规则的设置方法基本相同，不同的是可以通过"删除"按钮删除设计规则，使其恢复为默认的设计规则。

☺ ▊：打开规则报告对话框，编辑类设计规则报告。

☺ 默认：删除当前新增的类设计规则，使其恢复为默认的设计规则。

5. 设置网络规则

在图 3-25 所示对话框中的【层次化】区域单击按钮▨，打开如图 3-33 所示的【网络规则】对话框。

☺ 网络：列出了电路图中的所有网络，已指定设计规则的网络会在其网络名称后面增加（C），以示区别。

☺ 显示具有规则的网络：只显示已指定设计规则的网络。

☺ 其余各按钮的功能和使用方法与类规则设置相同，这里不再赘述。

6. 设置条件规则

当两个对象在相互非常接近的区域内布线时，可以通过条件规则定义条件，条件规则可以在网络之间、网络和类、类和类、网络和层等之间进行定义。

在图 3-25 所示对话框中单击按钮▨，打开如图 3-34 所示的【条件规则设置】对话框。

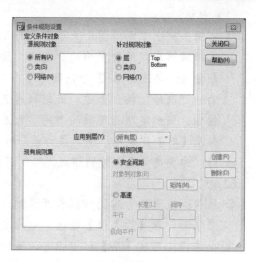

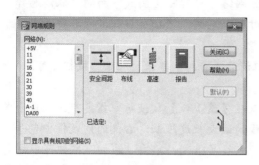

图 3-33 【网络规则】对话框   图 3-34 【条件规则设置】对话框

（1）定义条件对象。

☺ 源规则对象。若选中"所有"，则此列表框中显示所有原始的设计规则对象；若选中
　"类"，则此列表框中显示原始的类设计规则对象；若选中"网络"，则此列表框中显
　示原始的网络设计规则对象。

☺ 针对规则对象。若选中"层"，则此列表框中显示所有层；若选中"类"，则此列表
　框中显示所有类；若选中"网络"，则此列表框中显示所有网络。

☺ 应用到层：设置将符合条件的规则应用到层。

（2）现有规则集：显示已定义的设计规则。

（3）当前规则集：设置当前设计规则。

☺ 安全间距：设置条件间距设计规则，可在【对象到对象】数值框内更改间距值，或
　者单击"矩阵"按钮进行设置。

☺ 高速：设置条件高速设计规则。【平行】项设
　置平行布线的限制，可在【长度】数值框中
　指定差分对平行布线的长度限制，在【间
　隙】数值框中指定差分对平行布线的间距限
　制；【纵向平行】项设置纵向布线的限制，可
　在【长度】数值框中指定差分对垂直布线的
　长度限制，在【间隙】数值框中指定差分对
　垂直布线的间距限制。

（4）创建：建立新的设计规则。

（5）删除：删除当前所选择的设计规则，使其恢
复为默认的设计规则。

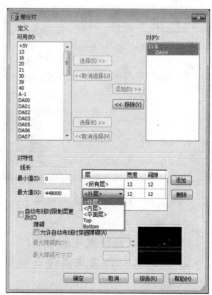

7. 设置差分对规则

在图 3-25 所示对话框中单击按钮 ，打开如
图 3-35 所示的【差分对】对话框。

图 3-35 【差分对】对话框

（1）定义。

☺ 可用：列出了电路图中未被指定为差分对的网络。要定义差分对时，在此列表框中选择网络后，单击上面的"选择"按钮，即可将选择的网络移至上面的"选择"按钮旁边；再选择第 2 个网络，单击下面的"选择"按钮，即可将选择的网络移至下面的"选择"按钮旁边；若想取消选择的网络，可单击上面或下面的"取消选择"按钮。当确定所指定的两个网络为差分对时，单击"添加"按钮，即可将两个网络移至【对】列表框，使之成为差分对。

☺ 对：为要定义差分对的组成网络。若要取消此差分对，单击"移除"按钮即可。

（2）对特性。

☺ 线长：设置差分对的布线长度限制，可以在【最小值】数值框中指定布线的最小长度限制，在【最大值】数值框中指定布线的最大长度限制；右侧的列表框中包含 3 个字段，可在【层】栏中指定该差分对的布线层限制，单击"添加"按钮可新增对应的层；在【宽度】栏中指定该差分对的线宽限制，双击即可修改；在【间隙】栏中指定该差分对的线距限制，双击即可修改。在此列表中选择要删除的项，单击"删除"按钮即可将其删除。

☺ 自动布线时限制层更改：设置差分对布线时，禁止其改变布线层。

☺ 障碍：设置差分对布线时，遇到障碍物的处理方式。若选中【允许自动布线时穿越障碍】复选框，则允许差分对分开绕过障碍物。另外，可以在【最大障碍数】数值框中指定最多的障碍物数量；在【最大障碍尺寸】数值框中指定最大障碍物的大小。

（3）报告：编辑差分对设计规则报告。

8．设计规则报告

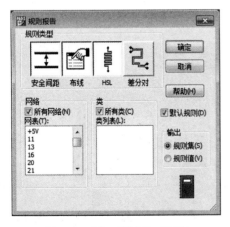

图 3-36 【规则报告】对话框

在图 3-25 所示对话框中单击按钮 ▮，打开如图 3-36 所示的【规则报告】对话框。

（1）规则类型：指定在设计规则报告中要列出的设计规则种类，包括间距、布线、高速和差分对规则。

（2）网络：设置要显示在报告中的网络设计规则，可以通过【所有网络】复选框选择全部网络，也可在【网表】列表中选择一个网络。

（3）类：设置要显示在报告中的网络类设计规则，可以通过【所有类】复选框选择全部的网络类，也可在【类列表】列表中选择一个网络类。

（4）默认规则：设置在报告中显示默认的设计规则。

（5）输出：输出选项的设置。

☺ 规则集：设置采用设计规则集合，在设计规则报告中显示当前阶层的所有设计规则。

☺ 规则值：设置在设计规则报告中，显示当前阶层的所有设计规则值。

3.6　习题

（1）新建原理图文件，绘制如图 3-37 所示的电路图，并保存。

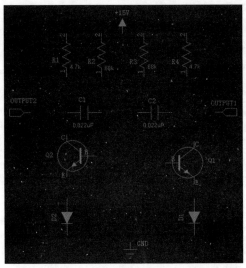

图 3-37　习题（1）图

（2）新建原理图文件，设置背景颜色为白色，其他对象均为黑色，绘制如图 3-38 所示的电路图，并保存。

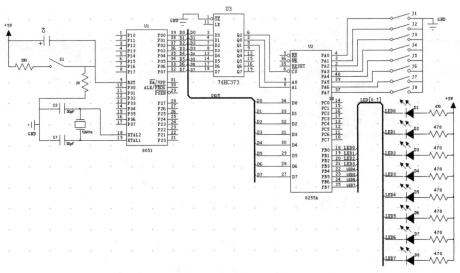

图 3-38　习题（2）图

（3）将习题（2）图中的 74HC373 换成 74HC573，并将引脚适当调整，使绘制的图更简洁。

（4）以习题（3）为例设置 PCB 布线规则：要求不同对象间的安全间距为 8mils、布线时选取最短路径布线方式，其余选取默认设置。

第 4 章 PADS Logic 元器件库管理

PADS Logic 中所有的原理图设计都是基于元器件数据库来完成的。本章主要介绍 PADS Logic 中的元器件类型，以及创建引脚封装、CAE 封装和新的元器件类型的方法。

4.1 PADS Logic 元器件类型

在将元器件添加到原理图之前，它必须是 PADS 库中的一个已经存在的元器件类型。元器件类型由以下 3 部分组成。

☺ CAE 封装，又称为逻辑符号。

☺ PCB 封装，如 DIP14。

☺ 电参数，如引脚号码和门的分配等。

举例说明，下面是 7404 的 PADS 元器件类型。

☺ 元器件类型名字：7404。

☺ CAE 封装：INV。

☺ PCB 封装：DIP14。

☺ 电参数：6 个逻辑门（A 到 F），使用 14 个引脚中的 12 个引脚，另有一个电源和一个地引脚。

> 提示：可以在 PADS Logic 或 PADS Layout 中建立元器件类型，但是在 PADS Logic 中仅能建立 CAE 封装，在 PADS Layout 中仅能建立 PCB 封装。

4.2 创建引脚封装

1. 建立引脚封装

引脚封装是一个 2D 线符号，它代表引脚的逻辑功能。打开引脚封装编辑器的步骤如下所述。

（1）执行菜单命令【工具】|【元件编辑器】，进入元器件编辑器界面。

（2）在元器件编辑器内，执行菜单命令【文件】|【新建】，弹出元器件编辑项目选择类型对话框，如图 4-1 所示。

（3）从选择编辑项目的类型中选择"管脚封装"，然后单击"确定"按钮，进入引脚封装编辑器界面，如图 4-2 所示。在引脚封装编辑器界面，将出现几个字符标号和引脚封装原点标志（#E 下方的圆形标志）。各个字符标号放在与引脚有关的字符目标上。若将这些标志放在引脚封装中，这些引脚目标字符将出现在 CAE 封装中。原点标志的作用是移动或放置引脚封装的原点。

☺ PNAME 指示引脚或功能的名字，如 A00、D01 或 VCC。

☺ NETNAME 指示当在原理图中显示时的网络名字标志。

☺ #E 指示引脚号码。

☺ TYP 和 SWP 指示引脚类型和门交换值。

> **提示：** 引脚类型和门可交换的值仅显示在 CAE 封装编辑器中，而在原理图中不显示。

图 4-1　选择编辑项目的类型对话框

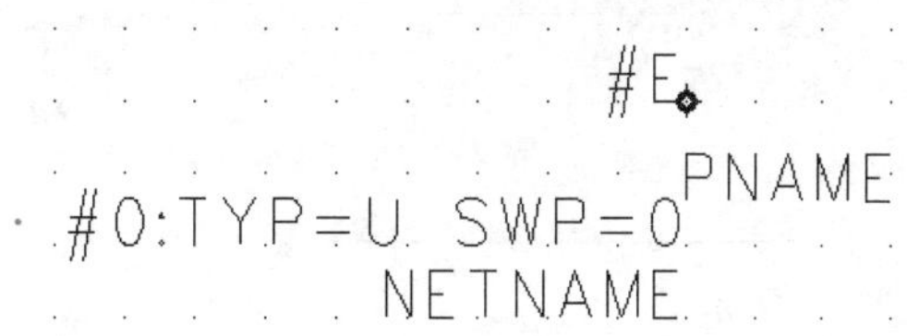

图 4-2　引脚封装编辑器界面

2．定义引脚封装

定义一个简单的引脚封装，它由一段横线和一个圆组成。这是一个典型的逻辑非符号。

（1）从工具栏中单击封装编辑图标 ，在编辑环境中添加符号编辑工具栏。

（2）从符号编辑工具栏中单击创建 2D 线图标 。

（3）单击鼠标右键，弹出如图 4-3 所示的菜单，然后执行菜单命令【路径】，设置要绘制的 2D 线为线段。补充说明的是，在选择 2D 线绘图时，可通过单击鼠标右键打开弹出菜单来绘制不同形状的图形。菜单中主要包含了添加拐角、删除拐角、添加圆角等功能。

（4）为了设定绘图区栅格大小，在绘图状态下按〈g〉键，则弹出如图 4-4 所示对话框，输入"g 20"，按〈Enter〉键，设置栅格大小为 20。

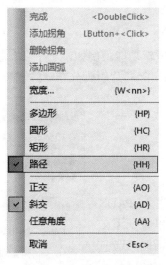

图 4-3　绘制 2D 线菜单

图 4-4　定义栅格大小

（5）将光标放在原点标志处，状态栏右下角中 X 和 Y 的坐标将显示为零。单击鼠标左键，将开始画一根线。横向移动鼠标直到坐标指示为"X160、Y0"（检查状态栏确认坐标值），双击鼠标左键完成这根线的绘制。

（6）绘制一个圆，单击鼠标右键弹出命令菜单，执行菜单命令【圆形】，然后按〈S〉键，弹出如图 4-5 所示对话框，输入"s 180 0"，按〈Enter〉键，指定圆的圆心位置为"X180、Y0"，不要移动鼠标，按住鼠标左键不放，拖动鼠标，就能在指定位置绘制半径为 20 的圆了。绘制完的引脚封装图如图 4-6 所示。

图 4-5　定义圆心

图 4-6　绘制完的引脚封装图

3．保存引脚封装

保存引脚封装到库中的操作步骤如下所述。

图 4-7　【将 CAE 封装保存到库中】对话框

（1）执行菜单命令【文件】|【另存为】，弹出如图 4-7 所示的【将 CAE 封装保存到库中】对话框。

（2）在【库】栏的下拉列表中选择\libraries\usr 库，在【CAE 封装名称】栏输入"MY_PINNOT"，单击"确定"按钮。

（3）这样就使 MY_PINNOT 成为当前的引脚封装，并且在创建 CAE 封装放置元器件引脚时可以被调用。在元器件编辑器中执行菜单命令【文件】|【退出元件编辑器】退出元件编辑器，退回到原理图编辑器中。

4.3　创建 CAE 封装

CAE 封装是一个 2D 线符号，它代表了元器件的逻辑功能。例如，一个 IC 芯片有 14 个引脚，在创建 CAE 封装时，引脚的分布不用一定与实际芯片引脚分布一致，可按照功能随意排列。

1．手工创建 CAE 封装

下面介绍手工创建一个三极管的 CAE 封装的步骤。

1）手工绘制 CAE 封装图

（1）执行菜单命令【工具】|【元件编辑器】，进入 PADS Logic 的元器件编辑器。在元器件编辑器界面中执行菜单命令【文件】|【新建】，弹出如图 4-8 所示编辑项目选择类型对话框，选中【CAE 封装】，然后单击"确定"按钮。

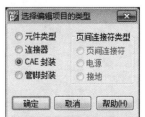

图 4-8　编辑项目选择类型对话框

（2）进入 CAE 封装编辑器，如图 4-9 所示，几个字符标志和一个 CAE 封装原点标志将显示出来。这些标志放在这里指示和 CAE 封装有关的目标。一旦将这些标志放在 CAE 封装中，这些标志将会出现在原理图中。原点标志作为在原理图中移动或放置 CAE 封装的基准点使用。

☺ REF：参考编号，如三极管为 Q1 中的"1"。

☺ PART_TYPE：元器件类型（Part Type），如 7404、74LS74 等。

☺ Free Label 1：元器件类型的第 1 个属性，如参数、价格等。

☺ Free Label 2：元器件类型的第 2 个属性，如参数、价格等。

（3）CAE 封装的绘制方法与绘制引脚封装一样，在此不再赘述。手工绘制的三极管图形如图 4-10 所示。

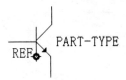

图 4-9　CAE 封装编辑器界面　　　　　　　图 4-10　手工绘制的三极管封装图

（4）为三极管添加箭头的方法是，选择 2D 线→单击鼠标右键→在弹出菜单中选择【多边形】选项→绘制一个三角形。双击绘制好的三角形箭头，弹出如图 4-11 所示对话框，选中【已填充】复选框，然后单击"确定"按钮，为该三角形填充上颜色。

2）为元件添加引脚　刚才只是绘制了封装图，CAE 封装并没有完成，还必须为元器件添加引脚。下面将使用端点功能添加引脚到 CAE 封装中。

（1）从符号编辑工具栏中单击添加端点图标 ✛，弹出如图 4-12 所示的引脚选择对话框。

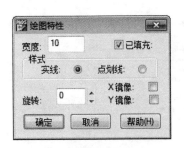

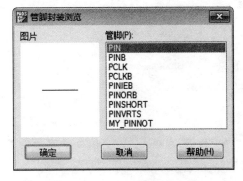

图 4-11　填充效果的实现　　　　　　　　图 4-12　引脚选择对话框

（2）从引脚选择对话框的【管脚】栏列表中选择 PIN 引脚封装，单击"确定"按钮。新的端点将跟随着光标移动。单击鼠标右键，在弹出菜单中执行【X 镜像】、【Y 镜像】或【90 度旋转】等操作，按要求摆放引脚，如图 4-13 所示。

（3）摆放完引脚的三极管 CAE 封装图如图 4-14 所示。

（4）当要大量重复添加引脚时，可采用分步和重复功能快速地添加多个引脚，即首先按鼠标右键，然后从弹出菜单中选择【分步和重复】命令，如图 4-15 所示。

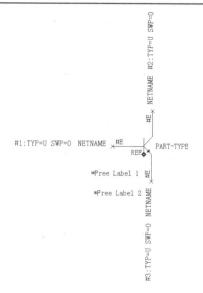

图 4-13　摆放引脚位置操作菜单　　　　图 4-14　摆放完引脚的三极管 CAE 封装图

（5）如图 4-16 所示，在弹出对话框的【方向】栏中可以选择重复添加引脚的方向（下、上、右或左），可在引脚数量文本框中输入要自动重复生产的引脚数目，如 7；在距离文本框中可设置自动重复添加的引脚间的距离，如 10。在图 4-16 中，单击"预览"按钮将看到操作效果。

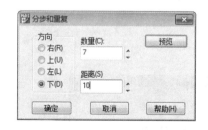

图 4-15　重复添加引脚菜单选择　　　　图 4-16　重复添加引脚设置对话框

（6）保存 CAE 封装。执行菜单命令【文件】|【另存为】，弹出如图 4-17 所示的【将 CAE 封装保存到库中】对话框。在该对话框中【库】栏的下拉列表中选择 Libraries\usr 库。在【CAE 封装名称】栏内用"MYNPN"替换原有的文本，然后单击"确定"按钮即可。

图 4-17　【将 CAE 封装保存到库中】对话框

2．利用向导创建 CAE 封装

如果 CAE 封装是方形的，则采用 CAE 封装向导创建 CAE 封装较快捷。

（1）类似手工创建 CAE 封装的步骤，首先进入元器件编辑器界面，打开封装编辑工具栏。然后在封装编辑工具栏中选中 CAE 封装向导图标，弹出如图 4-18 所示对话框。

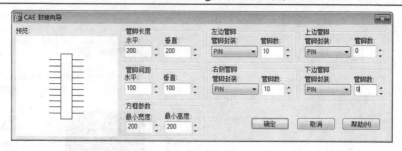

图 4-18　【CAE 封装向导】对话框

（2）利用向导可以快速地定义一个方形的逻辑符号，并可根据需要输入相关参数。本例中，输入引脚长度水平长度为 200，垂直长度为 200；引脚间距的水平间距为 100，垂直间距为 100；方框参数设置最小宽度为 200，最小高度为 200；选择 PIN 作为引脚封装。指定左边引脚（Left pins）个数为 10，指定右边引脚个数为 10，指定上边引脚个数为 0，指定下边引脚个数为 0。

（3）单击"确定"按钮，建立 CAE 封装，封装效果图如图 4-19 所示。

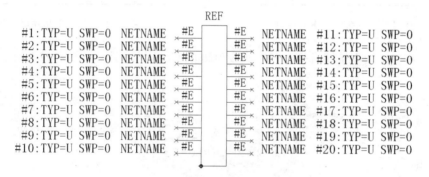

图 4-19　向导生成的 CAE 封装图

（4）修改 CAE 封装引脚类型。首先选中一个引脚，然后从封装编辑工具栏中选择更改引脚封装图标 ，弹出如图 4-20 所示对话框，选择"PINB"，单击"确定"按钮，则所选中引脚将变成【图片】栏显示的封装形式。

（5）由于生成的封装的某些引脚并不是所需要的，因此可以选择 CAE 封装引脚，单击工具栏上的图标 ，删除那些不需要的 CAE 封装引脚。

3. 由现有的 CAE 封装创建新的 CAE 封装

完全手动创建 CAE 封装的方法常用于创建库中没有可借鉴的元器件的 CAE 封装。在实际设计工作中，经常遇到库中有可借鉴的元器件，如库中有三极管 BF926，但没有三极管 9012。它们之间的 CAE 封装相同，但关联的 PCB 封装不同；因此，可以用 BF926 的 CAE 封装，修改其关联的 PCB 封装，即可变为所需的 9012 元器件。下面是由 BF926 的 CAE 封装创建新的 9012 CAE 封装的过程。

（1）在 PADS Logic 原理图绘制界面执行菜单命令【工具】|【元件编辑器】，进入元件编辑器的编辑界面。在该编辑界面执行菜单命令【文件】|【库…】，弹出如图 4-21 所示对话框。选择库路径为\Libraries\misc，在【筛选条件】区域单击按钮 ，并设置搜索条件为

"BF*"，单击"应用"按钮，搜索到元器件 BF926。

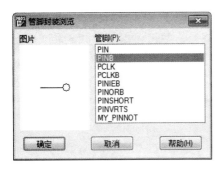

图 4-20 【管脚封装浏览】对话框

图 4-21   元器件 BF926 调用对话框

（2）单击"编辑"按钮，打开三极管 BF926 的 CAE 封装图，如图 4-22 所示。

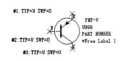 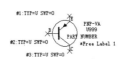  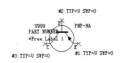

图 4-22   BF926 的 CAE 封装图

（3）执行菜单命令【文件】|【另存为】，打开【将元件和门封装另存为】对话框，如图 4-23 所示。设置库文件存储路径为\Libraries\usr，在【元件名】栏输入"9012"，选择 CAE 封装类型为"PNP-V"，单击"确定"按钮。

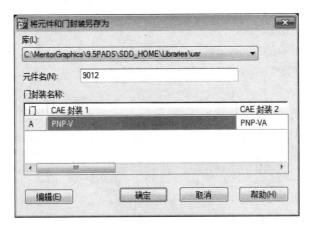

图 4-23 【将元件和门封装另存为】对话框

（4）单击工具栏上的图标👪，打开【元件的元件信息】对话框，如图 4-24 所示，修改相关信息，单击"确定"按钮。

（5）重复步骤（1），就可以查询到刚创建的新的 9012 的 CAE 封装了，如图 4-25 所示。也就是说，以后可以使用该 CAE 封装进行原理图的绘制了。

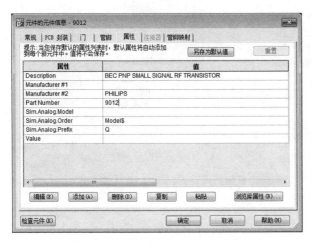

图 4-24 【元件的元件信息】对话框

图 4-25　CAE 封装库中的三极管 9012

4.4　新的元器件类型的创建

1. 创建新的元器件类型

本节将通过结合建立的三极管 CAE 封装及其 PCB 封装，创建一个新的三极管元器件类型。在元器件编辑器中使用元器件类型编辑功能完成这个过程。

（1）在 PADS Logic 原理图绘制界面执行菜单命令【工具】|【元件编辑器】，进入元件编辑器的编辑界面。执行菜单命令【文件】|【新建】，弹出如图 4-26 所示对话框，选中【元件类型】，单击"确定"按钮，建立一个新的元器件类型。

图 4-26　元器件类型选择对话框

（2）单击工具栏上的图标，打开【元件的元件信息】对话框，如图 4-27 所示。

☺ 【常规】标签页：查看、设置基本信息。

☺ 【PCB 封装】标签页：指派 PCB 封装。

☺ 【门】标签页：为元器件指派门电路。

☺ 【管脚】标签页：元器件引脚信息。

☺ 【属性】标签页：管理特征值。

（3）如图 4-27 所示，在【常规】标签页中可设置元器件的逻辑系列名称，如电容的逻辑簇名称为"CAP"，电阻的逻辑簇名称为"RES"，"UND"为无定义。

图 4-27　【元件的元件信息】对话框

（4）单击【PCB 封装】标签页，如图 4-28 所示。在【库】栏选择"所有库"，在【管脚数】栏中输入引脚数为 3，单击"应用"按钮，在【未分配的封装】中选择"common：TO-92A"后，单击"分配"按钮，设置完三极管的 PCB 封装。

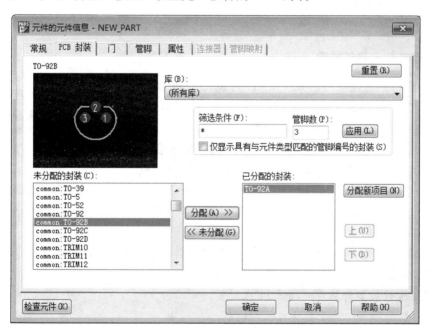

图 4-28　PCB 封装设置

（5）选中【门】标签页，如图 4-29 所示，单击"添加"按钮，添加元器件类型的第一个门。在 CAE 封装区域内双击鼠标左键，一个浏览按钮 ⋯ 将出现。

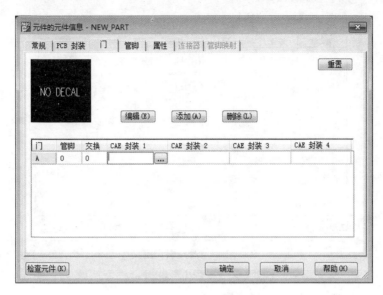

图 4-29　CAE 封装设置

（6）单击浏览按钮 ，弹出如图 4-30 所示对话框，以便从\Libraries\usr 库中选择一个 CAE 封装。从库的列表框中选择\Libraries\usr，在过滤器（Filter）区域输入 "*"，然后单击 "应用" 按钮。前面手工绘制的三极管封装 MYNPN 将出现在【未分配的封装】列表中。在【未分配的封装】列表中选择 "MYNPN"，单击 "分配" 按钮，分配 MYNPN 封装到元器件类型的门 A，这个封装将移动到【已分配的封装】列表中。

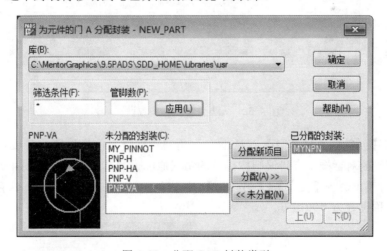

图 4-30　分配 CAE 封装类型

（7）选中【管脚】标签页，分配信号引脚。单击左边【管脚组】一列中，未使用引脚会出现下拉列表，选择 "门-A"，在【名称】栏中输入各引脚名称，如图 4-31 所示。

（8）选中【属性】标签页，如图 4-32 所示，可以添加元器件的生产厂家、产品编码、价格和元器件高度等信息。单击 "添加" 按钮，添加一个空白行，然后单击右下角的 "浏览库属性" 按钮，在弹出对话框中选择要输入的产品信息名称，用户可按图 4-32 所示输入相关的产品信息。

图 4-31　元器件引脚定义

图 4-32　元器件特征值参数设置

（9）单击【元件的元件信息】对话框左下角的"检查元件"按钮，若成功，则会提示没有错误和警告的对话框，有错误则按提示的错误原因返回重新修改，如图 4-33 所示。

（10）执行菜单命令【文件】|【另存为】，弹出如图 4-34 所示对话框，保存新建的元器件，元器件名称设置为"9014"。

图 4-33　检查元件信息提示

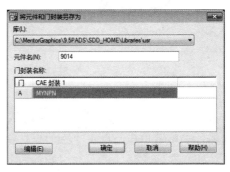

图 4-34　保存新建的元器件

（11）退出元件编辑器环境。在 PADS Logic 环境中，单击工具栏中的添加元器件（Add Part）图标，就可以找到新建的三极管 9014 了，如图 4-35 所示。

图 4-35　添加元器件对话框

2．创建多门元器件类型

集成门电路通常由几个相同的门电路集成在一个芯片中，这样创新元器件类型时就要考虑如何创建一个封装带有多个门类型的元器件。下面以 7400 为例，介绍创建一个带 4 个二输入与非门的多门元器件的过程。

（1）按照前面所叙述的方法手工创建一个双输入与非门的 CAE 封装，读者可作为一个练习，自行完成。修改其输出引脚为 PINB 的形式，如图 4-36 所示。

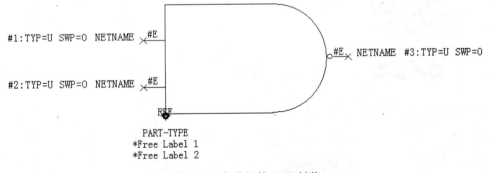

图 4-36　与非门的 CAE 封装

（2）在 PADS Logic 原理图绘制界面执行菜单命令【工具】|【元件编辑器】，进入元件编辑器编辑界面。执行菜单命令【文件】|【新建】，在弹出的对话框中选择【元件类型】选项，单击"确定"按钮，建立一个新的元器件类型。单击工具栏上的编辑电参数图标，打开【元件的元件信息】对话框。选择【PCB 封装】选项卡，在【库】栏中选择"所有库"，在【筛选条件】栏中输入通配符"dip*"，在【管脚数】栏中输入引脚数为 14，单击"应用"按钮；在【未分配的封装】中选择"DIP14"，单击"分配"按钮。

在此还可以指定不同种类 PCB 封装，在【筛选条件】栏中输入通配符"so*"后，可加入 SO14 及 SO14WB 等不同种类的封装，如图 4-37 所示。

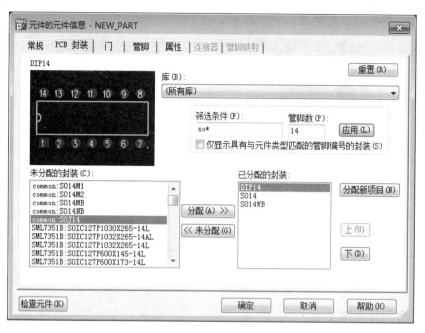

图 4-37　多 PCB 封装设置

（3）选择【门】选项卡，添加 4 个与非门到 CAE 封装，如图 4-38 所示。

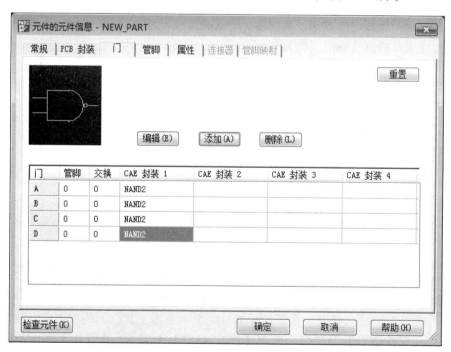

图 4-38　CAE 封装加载

（4）选择【管脚】选项卡，由管脚组来设置 14 个引脚分别归属哪个门电路。其中，门 -A 指代 A 门；编号为引脚号；第 7 脚和第 14 脚分别定义为地和电源；Source 和 Load 分别定义 I/O 引脚类型；交换值相同（非零）的引脚可以互换，也就是说与非门的第 1 脚、第 2 脚输入可以互换；顺序设置门电路引脚序号，如图 4-39 所示。

图 4-39　元器件引脚信息设置

当建立了一个 Excel 文件与引脚信息相对应时，可以把 Excel 中的文件复制并粘贴到引脚指定位置，同样能实现引脚的设置。图 4-40 所示是创建的 Excel 引脚数据。

（5）单击"确定"按钮，生成 7400 新的元器件类型，如图 4-41 所示。

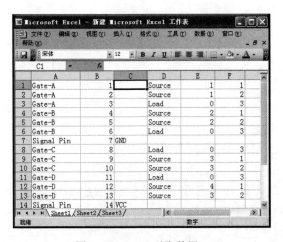

图 4-40　Excle 引脚数据

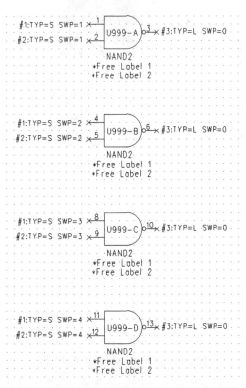

图 4-41　完成的 7400 元器件类型

（6）执行菜单命令【文件】|【另存为】，弹出如图 4-42 所示保存对话框，保存新建的元器件，元器件名称改为"7400"。

图 4-42　保存新建的元器件

（7）退出元件编辑器环境，在 PADS Logic 环境中，单击工具栏中的添加元器件图标，就可以找到新建的三极管 7400 了，如图 4-43 所示。

图 4-43　添加 7400 元器件

3. 创建多 CAE 封装元器件类型

在 PADS Logic 中创建了一个新元器件，当为该元器件指定 CAE 封装类型时，其 CAE 封装类型不是唯一的，也就是说，用户可以为创建的元器件类型指定多个 CAE 封装类型。下面将介绍为新创建的 7400 元器件指定多个 CAE 封装的过程。

（1）在元件编辑器环境中打开刚才建立的 7400 元器件类型，继续添加 CAE 封装。如图 4-44 所示，在门选项卡编辑封装，在【筛选条件】栏中输入"NAND*"，选择"NAND2DM"和"NANDST"到【已分配的封装】列表框中，为 7400 添加两个不同的 CAE 封装。添加完的效果如图 4-45 所示。

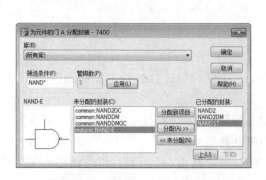
图 4-44 选取现有封装

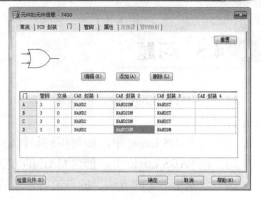
图 4-45 添加两个 CAE 封装

（2）执行菜单命令【文件】|【另存为】，弹出如图 4-46 所示的保存对话框，保存刚修改的元器件，元器件名称为"7400"。

图 4-46 保存修改的元器件封装

（3）退出元件编辑器环境，在 PADS Logic 环境中，选择工具栏中的添加元器件图标，就可以找到新建的 7400。双击该元器件将弹出【元件特性】对话框，如图 4-47 所示，可通过【门封装】栏来改变 CAE 封装形式。也可以单击 PCB 封装按钮来改变元器件的 PCB 封装形式，如图 4-48 所示。

图 4-47 改变元器件 CAE 封装形式

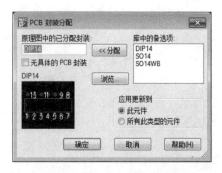
图 4-48 改变元器件 PCB 封装形式

4.5 习题

（1）在 PADS Logic 中，创建新元器件时，Part Type、CAE Decal、Pin Decal 分别代表什么含义？

（2）在 PADS Logic 中，如何用向导创建 CAE 封装？

（3）在 PADS Logic 中，创建 CAE 的方法有哪几种？

（4）分别用手工的方法、向导的方法创建 8051 单片机 CAE 封装，以及该元器件的库模型。在编辑引脚信息时，请分别用工具栏逐个编辑方法、Excel 文件导入法、手工输入法来完成引脚信息输入操作。

（5）创建一个新的 7404 元器件，并指定至少两个 CAE 封装类型。

第 5 章 PADS Logic 文件输出

本章主要介绍在 PADS Logic 中创建 PADS Layout 和 Spice 网络表、生成原理图报告文件、创建原理图 PDF 文件，以及为原理图添加文本标注等内容。

5.1 创建网络表

1．创建 PADS Layout 网络表

PADS Logic 的网络表是原理图和 PCB 之间的连接桥梁，是生成 PCB 文件的基本依据，是描述原理图中元器件之间连接关系的文本文件。在 PADS Logic 中绘制原理图后，即可生成相应的网络表文件，供 PADS Layout 布线之用。PADS Logic 网络表文件的后缀名为.asc。

> 提示：PADS Logic 9.5 允许创建与 PADS Layout 2007 及 PADS Layout 2005 兼容的网络表文件，两种格式都支持子图表、设计规则、元器件特征值及网络特征值的输出。

创建网络表的步骤如下所述。

（1）在 PADS Logic 中，打开 PADS 安装目录下自带的原理图文件。如果 PADS 安装在 C 盘，则该文件路径为 "C:\PADS Projects\Samples\PREVIEW.SCH"。执行菜单命令【工具】|【layout 网表】，将弹出网络表对话框，如图 5-1 所示。请按照图 5-1 所示进行设置，各项设置的含义如下所述。

☺ 输出文件名：保存输出网络表的路径和名称。

☺ 选择图页：选择要生成网络表的原理图列表。

☺ 输出格式：选择要输出网络表对应的 PADS 版本（包括以前的 PADS Layout 2007 或 2005 版本）。

☺ 3 个 "包含……" 复选框：分别指定输出的网络表是否包含设计规则、元件属性和网络属性。

（2）完成上述内容设置后，单击 "确定" 按钮。

（3）如果默认使用的文本编辑器是记事本，则网络表文件将出现在弹出的记事本窗口内，如图 5-2 所示。

（4）可以通过产生网络表的方式，将其导入到 PADS Layout 中。当然，最简单的方法是执行菜单命令【工具】|【PADS Layout …】进行连接（在后续的章节中会详细叙述其操作步骤）。

2．创建 Spice 网络表

PADS Logic 还可以生成 Spice 格式的网络表，以提供与 Cadence 公司的 OrCAD 中的

Pspice 或 Intusoft 公司的 ICAP/4 软件的仿真接口。首先，在 PADS Logic 中打开 PADS 安装目录下自带的原理图文件。如果 PADS 安装在 D 盘，则该文件路径为"D:\PADS Projects\Samples\PREVIEW.SCH"。创建 Spice 网络表的步骤如下所述。

图 5-1　网表到 PCB 属性设置对话框

图 5-2　网络表文件输出

（1）执行菜单命令【工具】|【SPICE 网表…】，弹出如图 5-3 所示对话框。

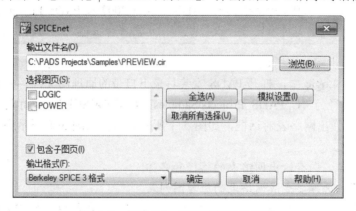

图 5-3　创建 Spice 网络表设置对话框

☺ 输出文件名：设置输出网络表文件的路径。

☺ 选择图页：选择需要生成网络表的原理图页面。

☺ 输出格式：选择要输出网络表的格式，如 Pspice 格式（为 OrCAD 格式）、Intusoft ICAP/4 格式、Berkeley SPICE 3 格式三种格式。

（2）单击"模拟设置"按钮，进行 AC 分析、瞬态分析、直流扫描分析和操作点设置，如图 5-4 所示。

（3）所谓 AC 分析，就是电路的线性频率分析。交流分析能够计算出电路的幅频和相频响应，也就是说可以输出电路的幅频和相频响应曲线的 Bode 图。单击"AC 分析"按钮进行交流分析设置，如图 5-5 所示。在【间隔】区域中可在右边的单选列表中选择输出波特图的横坐标是几倍频方式，如十倍频、八倍频、线性；在左边的文本框中可设置输出的点数，如 101，则在选择"十倍频"方式下（软件中为"十年"，是软件汉化错误），交流分析输出的波特图中，每十倍频（Decade）有 101 个点。在【频率】区域中可设置波特图的启动频率、结束频率。

图 5-4　仿真分析类型选择设置对话框

图 5-5　交流分析参数设置

（4）所谓瞬态分析，就是对电路的时域分析，通过该分析可以观察电路的时域波形变化情况。单击"瞬态分析"按钮进行设置，如图 5-6 所示，在【次数】区域中可设置如下参数。

- ☺ 数据步骤时间：设置每隔多长时间以表格或图形形式向电路输出文件中输出一次瞬态分析结果。
- ☺ 总分析次数：设置瞬态分析的终止时间。
- ☺ 启动时间录制数据：通常瞬态分析总是从零时刻开始的，该设置的作用是从何时刻开始输出瞬态仿真输出结果的波形。此设置为可选设置。
- ☺ 最大时间步长：设置瞬态分析的最大分析步长时间。此设置为可选设置。
- ☺ 使用初始条件（UIC）：选中此复选框，则进行瞬态分析仿真时，电容、电感元件的初始储能参数将参与分析。

（5）所谓直流扫描分析，就是电路中的直流激励（电源）在某个范围内变化时，电路响应变化情况分析的仿真。单击"直流扫描分析"按钮进行设置，如图 5-7 所示，在【交换】区域中可设置如下参数。

- ☺ 源：设置直流激励源的名称。
- ☺ 开始：设置直流激励源的参数变化起始值。
- ☺ 结束：设置直流激励源的参数变化终止值。
- ☺ 步长：设置直流激励源的参数变化的间隔（软件中为"步骤"，属于翻译错误）。

图 5-6　瞬态分析参数设置

图 5-7　直流扫描分析参数设置

（6）操作点设置，是指在电路中，电感短路、电容开路的情况下，计算电路的静态工作点。

（7）仿真参数设置完成后，重新恢复到图 5-3 所示对话框。单击"确定"按钮，完成 Spice 网络表的创建，弹出如图 5-8 所示的 Pspice 能识别的.cir 文件（记事本文件打开方式）。当用 OrCAD 的 Pspice 进行电路图仿真时，直接调用.cir 文件即可。

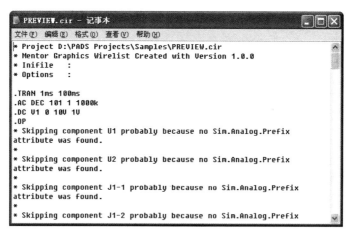

图 5-8　Spice 网络表文件

> 说明：在生成 Spice 格式的网络表之前，必须对需要的元器件进行模拟方面的属性设置。关于这些属性的详细介绍，请执行菜单命令【帮助】|【教程】，搜索"Analog Attributes"关键字即可查询到。

5.2　创建报告文件

PADS Logic 中可生成 6 种不同类型的报告文件，还可以将这些报告保存为文本文件或输出到打印机。

图 5-9　【报告】对话框

1. 通过 Report 功能创建报告文件

（1）在 PADS Logic 中，打开 PADS 安装目录下自带的原理图文件。如果 PADS 安装在 C 盘，则该文件的路径为"C:\PADS Projects\Samples\PREVIEW.SCH"。执行菜单命令【文件】|【报告】，弹出【报告】对话框，如图 5-9 所示。在【选择输出报告文件】区域中，可以选择要输出的报告文件类型（共 6 种）。

☺ 未使用：未使用报告列出了原理图中所有未使用的门电路和引脚。该报告可解决故障和最佳化元器件的利用率。

☺ 元件统计数据：元器件统计报告列出了原理图中所有元器件的信息，该报告包括原理图中每个元器件的参考注释值名称、元器件类型，以及每个元器件上的引脚、引脚类型、图标位置及信息名称。可用该报告定位原理图中可能出现错误的位置。

☺ 网络统计数据：网络统计报告列出了原理图中每一个网络的信息。该报告包括网络中所有元器件的参考注释名称和引脚名称。PADS Logic 能更深一层检查可能出现的错误（如带有无输入或无输出的网络，带有多重输出的网络等）。可用该报告定位可能在原理图中出现的错误。下面列出可能出现的错误信息。

    ↳   网络仅有一个引脚：一个网络连接到一个页间标志，且没有连接到别处。

    ↳   网络没有定义源：在该网络中没有类型为 S 的引脚。

    ↳   网络没有定义负载：在该网络中没有类型为 L 的引脚。

    ↳   网络有多重源（确认这些源已连接）：在该网络中有不止一个引脚类型为 S 的引脚。

☺ 限制：限制性报告指定了系统允许在每个 PADS Logic 中的最大数量的数据对象（元器件、网络、文本），该项限制变量依靠虚拟内存功能设置为可用。该报告分为两种类型，第一种为列出整个原理图中公共限定的对象清单；第二种是每一个原理图表中为每个图表应用限定的总计列表清单。设计人员可通过周期性地运用限定报告来确认是否有接近系统中任何对象的限定要求。若超出了所有对象的最大对象数量，则不能继续添加这个对象到原理图中。对此的解决方法是分割设计为多个原理图，为每个原理图运行分割网络命令，之后再用文本编辑器合并网络表。

☺ 连接性：连通性报告列出了原理图中对应的 X、Y 坐标，所有页间符号的图表编号，地及电源符号。当网络仅包括一个页间符号参考时，会弹出错误信息。

☺ 材料清单：材料清单是设计中各个元器件的元器件类型数据的统计和排列，并且采用一定的格式。可以自己定义报告的格式，包括各行列标题及宽度值。

（2）在图 5-9 所示的对话框中，唯一选中【材料清单】复选框后，单击"设置"按钮，弹出如图 5-10 所示"材料清单设置"对话框。该对话框有 3 个选项卡，分别为【属性】、【格式】、【剪贴板视图】。在【属性】选项卡中（见图 5-10），【元件属性】列出的是元器件参数，【字段标题】列出的是列标题名称，【宽度】列出的是列的宽度。

图 5-10　设置材料清单报告对话框

（3）选中【格式】选项卡，如图 5-11 所示。

图 5-11　材料清单报告格式设置

☺ 该选项卡用于修改报告的输出格式，报告的默认的输出格式设置源在扩展名为.ini 的文件中。

☺ 在【分隔符】区域中可设置分隔符：其中"标签"为用制表符分隔列；选择"自定义"分隔时，必须在该项后的文本框中输入自定义分隔符的符号。

☺ 若选中【合并值/容差】复选框，则输出报告将合并值与误差合并，所有元器件具有相同的特征值条目。

☺ 若不选中【分隔参考编号】复选框，则输出报告将合并所有同类元器件，如元器件 U1～U10，PADS Logic 会生成 U1～U10 的列参考注释字符串。

☺ 在【文件格式】栏可选择输出文件的格式。

（4）选中【剪贴板视图】选项卡，如图 5-12 所示。该选项卡用于浏览报告，并可复制所有文件到 Windows 剪贴板中。若选中【包含表标题】复选框，则在复制时将包括表头信息。单击"全选"按钮后，再单击"复制"按钮，可复制所有文件到 Windows 剪贴板中，然后粘贴到 Excel 中即可得到报告。

图 5-12　材料清单报告【剪贴板视图】选项卡设置

（5）设置完材料清单报告后，返回到图 5-9 所示的【报告】对话框，单击"确定"按钮，将得到清单文件，如图 5-13 所示。

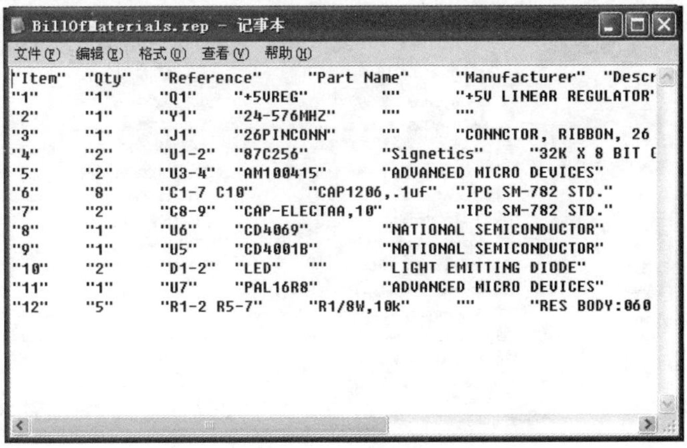

图 5-13 材料清单报告文件

2．通过基本脚本功能创建 Excel 格式的材料清单

PADS 系统提供了【基本脚本】对话框，可通过该对话框方便地访问基本脚本。通过基本脚本功能创建材料清单的步骤如下所述。

（1）在 PADS Logic 中，打开 PADS 安装目录下自带的原理图文件。如果 PADS 安装在 C 盘，则该文件路径为"C:\PADS Projects\Samples\PREVIEW.SCH"。执行菜单命令【工具】|【基本脚本】|【基本脚本】，弹出【基本脚本】对话框，如图 5-14 所示。

图 5-14 【基本脚本】对话框

（2）在图 5-14 中，单击"加载文件"按钮加载基本脚本文件。基本脚本文件路径为 "C:\PADS Projects\Samples\Scripts\Logic"（如果 PADS 软件安装在 C 盘），全部选中所有扩展名为.BAS 的文件，如图 5-15 所示，然后单击"打开"按钮，基本脚本文件将加载到【基本脚本】对话框中。再次单击"加载文件"按钮，可卸载选中的【基本脚本】文件。单击"编辑"按钮可打开选中的基本脚本文件，并能进行编辑。若选中【位于菜单中】复选框，单击"运行"按钮，则在左边列表中选中的基本脚本文件将出现在菜单【工具】|【基本脚本】的

子菜单中。

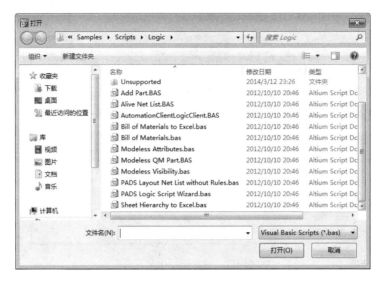

图 5-15　加载基本脚本文件

（3）加载完成后，返回【基本脚本】对话框，在该对话框的左边列表中选择【Bill of Materials to Excel】脚本文件选项，如图 5-16 所示。

（4）单击"运行"按钮，即可输出 Excel 格式的材料清单，如图 5-17 所示。

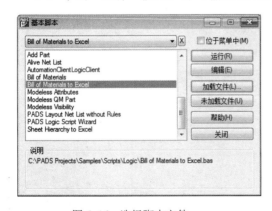

图 5-16　选择脚本文件

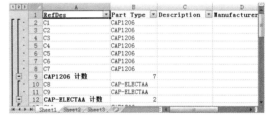

图 5-17　Excel 格式的材料清单

5.3　创建智能 PDF 文件

PDF 格式的文件在电路设计中应用非常广泛，常见的元器件手册通常都可以在网络上下载 PDF 格式的文件。PADS Logic 也不例外，并且提供了输出 PDF 文档的功能，供设计团队共享。如果通过菜单【文件】|【打印】下的 Acrobat 打印机打印 PDF 的文档，则生成的 PDF 文档是一个非智能化的文档。如果需要对元器件及网络等属性进行查询和查找，可以使用 PADS Logic 提供的产生智能化 PDF 功能。

（1）在 PADS Logic 中，打开 PADS 安装目录下自带的原理图文件。如果 PADS 安装在

C 盘，则该文件路径为"C:\PADS Projects\Samples\PREVIEW.SCH"。执行菜单命令【文件】|
【生成 PDF...】，弹出如图 5-18 所示对话框。

（2）指定建立 PDF 文件的文件名，如默认的"PREVIEW.pdf"，弹出如图 5-19 所示对
话框。

> **说明：** 若要实现 PDF 搜索功能，必须选中【将笔划字体替换为】复选框，从而实现
> 将笔画字体替换为系统字体。

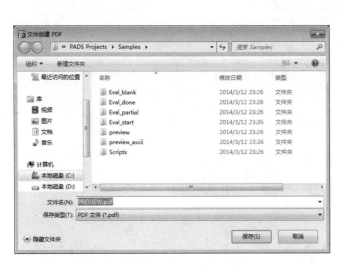

图 5-18　指定生成 PDF 文件保存路径　　　　图 5-19　【生成 PDF】对话框

（3）单击"确定"按钮，自动打开白底黑字的 PDF 文件，如图 5-20 所示。

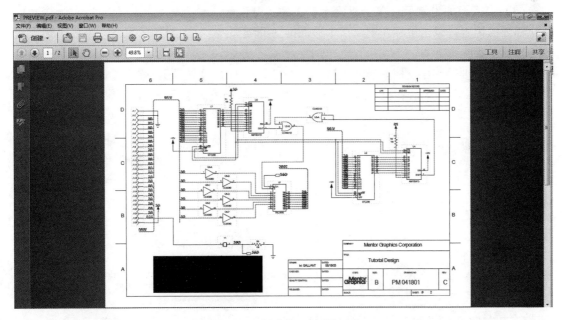

图 5-20　创建的 PDF 原理图

（4）当用鼠标左键单击元器件时，弹出如图 5-21 所示的元器件属性窗口，如 Ref.Des、Part Type 等信息，这些信息都是从 PADS Logic 带过来的。

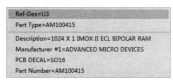

图 5-21　元器件属性窗口

（5）当光标移动到网络名时，单击此网络名，将会跳转到同网络名的另外位置。在 PDF 文件搜索栏中输入 C1 进行搜索，则能查找到电容 C1 在 PDF 文件中的位置。

5.4　原理图辅助功能设置

绘制完一张原理图后，可对原理图做进一步完善，如输入一些文本、进行必要的文本注释，添加 2D 分割线等。

1．添加中英文注释及 2D 分割线

1）添加普通文本注释

（1）单击工具栏中的创建文本图标 ，如图 5-22 所示，弹出添加文本对话框。

> **注意：**【字体】区域中【字体样式】栏和【字体】栏不可用，表明此时不能添加中文字符，只能添加英文字符，否则会出现乱码。

（2）在【文本】栏中输入要添加的文本内容。在【X】栏中输入 X 坐标，在【Y】栏中输入 Y 坐标（通常不用输入）。【字体】区域中的【旋转】栏可设置字体的旋转角度，【尺寸】栏可设置字体大小等。在【对齐】区域中可在【水平】栏中选择文本的水平对齐方式——右、中心、左，在【垂直】栏中可选择垂直对齐方式——上、中心、下。

（3）完成相关设置后，单击"确定"按钮，这时输入的文本会黏附在光标上，将光标移至需要的位置，单击鼠标左键。文本输入框会继续弹出，可继续输入文本，或者单击"取消"按钮结束文本输入。

（4）当需要输入中文时，首先执行菜单命令【工具】|【选项】，弹出【选项】对话框，如图 5-23 所示。然后在【常规】选项卡的【文本译码】下选择简体中文（Chinese Simplified）选项。

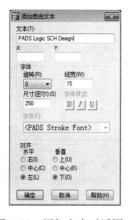

图 5-22　添加文本对话框

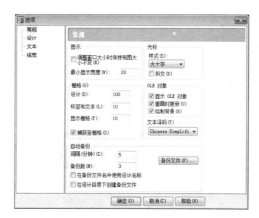

图 5-23　【选项】对话框

（5）执行菜单命令【设置】|【字体】，弹出如图 5-24 所示的【字体】对话框。在【字体样式】区域中选中【系统】；同时也可以指定中文时默认的字体格式，如"楷体"，单击"确定"按钮，弹出提示，单击"是"按钮。

（6）再次单击工具栏中的创建文本图标 ，弹出如图 5-25 所示的【添加自由文本】对话框，此时【字体】区域中的【字体样式】和【字体】栏都可用了，与图 5-22 所示的添加文本对话框有区别。

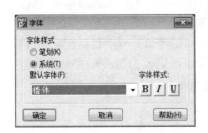

图 5-24　【字体】对话框

图 5-25　【添加自由文本】对话框

（7）在【文本】栏中输入中文字符，设置字体大小、字体加粗、斜体等，在【字体】栏中对字体类型进行设置。完成相关设置后，单击"确定"按钮，这时输入的中文文本会黏附在光标上，将光标移至需要的位置，单击鼠标左键。文本输入框会继续弹出，可继续输入文本，或者单击"取消"按钮结束文本输入。

2）添加变量文本注释

（1）单击工具栏中的添加字段图标 ，弹出如图 5-26 所示的【添加字段】对话框。

（2）在对话框中，可以选择原有设置好的变量添加到原理图中，也可以自己设置变量添加到原理图中。在【名称】栏中可以输入要设置的变量文本的名称，在【值】栏中可以输入要设置的变量文本的值。如在【名称】栏中输入"公司名称"，在【值】栏中输入"电子有限公司"。

（3）单击"确定"按钮。"电子有限公司"黏附在光标上，将"电子有限公司"放在原理图中需要的位置。单击鼠标左键，文本输入框会继续弹出，可继续输入文本，或者单击"取消"按钮结束文本输入。

图 5-26　添加变量文本对话框

> **说明：** 若想实现中文字符输入，必须设定系统【字体样式】为系统字体。

（4）选择原理图第 2 页（本操作打开的是 PADS Logic 中自带的 Samples 文件夹中的

PREVIEW.sch 原理图文件），再次单击工具栏中的添加字段图标，在【名称】栏的下拉列表中选择"公司名称"，系统自动将变量值"电子有限公司"调出，在原理图需要的位置添加"公司名称"变量值，单击鼠标左键放置文本。这时输入框会继续弹出，可继续输入文本，或者单击"取消"按钮结束文本输入。

（5）双击"电子有限公司"文本，修改变量值为"KGS Technology Ltd."，这时所有的变量"公司名称"均一次性变为"KGS Technology Ltd."。这是一个很好的功能，避免了重复输入，也有利于变量管理。

3）添加 2D 分割线　当原理图规模较大时，为了能更好地说明原理图各个部分的功能性，可以为原理图相对独立的各个部分电路之间添加 2D 分割线段。之所以采用 2D 线段，是因为该线段不是原理图的物理连接，只是一个页面标志符而已。为原理图添加 2D 虚线的步骤如下所述。

（1）单击工具栏中的绘制 2D 线图标，然后在原理图上相应位置绘制 2D 线段，单击鼠标右键，在弹出的菜单中选择【完成】命令完成绘制。

（2）选中刚绘制的 2D 线，双击该线段，弹出如图 5-27 所示对话框，在【样式】区域中选中【点划线】，单击"确定"按钮，这样 2D 线就被修改为虚线形式。通过选择 2D 线的绘图方式选项，可以绘制其他形状的 2D 非物理连线图形。

2. 原理图颜色设置

PADS Logic 系统默认的背景色为黑色，若想修改成其他颜色，可通过【显示】对话框来实现。

（1）在 PADS Logic 中，打开 PADS 安装目录下自带的原理图文件。如果 PADS 安装在 C 盘，则该文件路径为 "C:\PADS Projects\Samples\PREVIEW.SCH"。

（2）执行菜单命令【设置】|【显示颜色】，弹出如图 5-28 所示对话框。

图 5-27　修改线形对话框

图 5-28　颜色设置对话框

（3）在【选定的颜色】区域中选择要作为背景颜色的颜色，然后单击【杂项】区域中【背景】右边的按钮，再单击"确定"按钮，则背景颜色被修改为选中的颜色。

（4）可以用同样的方法修改其他对象的颜色。单击"保存"按钮可以保存修改的颜色方案。

3．获取原理图元器件库文件

若对 PADS Logic 原理图中的元器件感兴趣，可以获得该原理图中创建的元器件库封装。获取原理图中元器件库文件的步骤如下所述。

（1）在 PADS Logic 中，打开 PADS 安装目录下自带的原理图文件。如果 PADS 安装在 C 盘，则该文件路径为"C:\PADS Projects\Samples\PREVIEW.SCH"。

（2）在原理图上任意位置单击鼠标右键，在弹出菜单中选择【选择元件】选项，然后执行菜单命令【编辑】|【在原理图上全选】，则原理图中的所有元器件将被选中。

（3）在原理图上任意位置单击鼠标右键，在弹出菜单中选择【保存到库中】选项，弹出如图 5-29 所示对话框。在【元件类型】栏中显示的是原理图中所有的元器件类型，单击"全选"按钮，选择所有的元器件类型添加到【库】栏总的库文件路径中。单击"确定"按钮完成操作，则所选择的这些元器件类型将被存入库文件中，在绘制其他原理图时可以被调用。

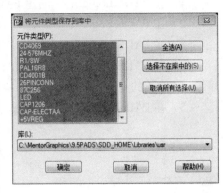

图 5-29　存储元件类型到指定库文件中

4．PADS Logic 各版本兼容问题

PADS 的版本较多，如 PADS9.0、PADS2007、PADS2005 等。如果有一张原理图是用 PADS2005 绘制的，那么如何用 PADS2007 或 PADS9.5 打开呢？再比如，有一张原理图是用 PADS9.5 绘制的，如何用 PADS2007 或 PADS2005 来打开呢？

首先说明这样一个问题，那就是高版本 PADS 能打开低版本文件。下面介绍低版本软件打开高版本文件的步骤。

（1）在 PADS9.5 中执行菜单命令【文件】|【导出】，弹出如图 5-30 所示对话框，在【保存类型】栏中选择"PADS Layout 规则（*.asc）"，然后单击"保存"按钮，导出 .asc 文件。

图 5-30　导出文件对话框

（2）在 PADS2007 或 PADS2005 中执行菜单命令【文件】|【导入】，在弹出的对话框中选择刚刚导出的.asc 文件加载，就可以打开 PADS9.5 的原理图文件了。

5.5　习题

（1）在 PADS Logic 中，创建 PADS Layout 网络表的作用是什么？

（2）在 PADS Logic 中，创建 Spice 网络表的作用是什么？

（3）在 PADS Logic 中，可以创建几种不同类型的报告文件？它们分别是什么？

（4）在 PADS Logic 中，打开软件安装目录下自带的 DEMO.sch 原理图文件，并为其创建 Excel 格式的材料清单。

（5）在 PADS Logic 中，为习题（4）的原理图文件创建 PDF 文件。

第6章 PADS Logic 高级应用

本章主要介绍在 PADS Logic 中的插入对象的相关问题，PADS Logic 和 PADS Layout 的接口问题，以及如何实现工程设计更改。

6.1 PADS Logic 中的 OLE 对象

OLE（目标链接与嵌入）是 Object Linking and Embedding 的缩写。其实，OLE 技术在办公自动化中的应用就是满足用户在一个文档中加入不同格式数据的需要（如文本、图像等），即解决建立复合文档问题。OLE 是采用更为完善的组件技术，通过 OLE 这座桥梁可以极为方便地实现面向对象方法中各个功能模块的相互调用与协同工作来创建复合文档。

1．在 PADS Logic 中插入 OLE 对象

在 PADS Logic 的原理图中是可以嵌入 OLE 对象的，也可以插入 OLE 链接。在原理图中嵌入的 OLE 对象，只能在 PADS Logic 中访问。例如，在原理图中嵌入一个 Word 对象，该对象仅可在原理图中打开和编辑。

链接硬盘中的对象，可在相应的应用程序或通过 PADS Logic 中打开，或者直接从硬盘位置打开。因为它不是永远的复制到原理图的，而是每次打开原理图时才读取。

在 PADS Logic 中插入 OLE 对象的基本方法有以下 3 种。

☺ 插入新的（空的）嵌入对象，并在之后创建内容。在这种情况下可插入新的 Word 文本，在原理图环境中用 Word 编辑该文档。

☺ 将已有的应用程序或文件作为内嵌对象插入，此种情况中源文件更新时，内嵌对象不会一同更新。

☺ 插入一个链接到已有的应用程序或文件并将其作为内嵌对象，此种情况下链接的对象会随源文件一同更新。

1）插入新的（空的）嵌入对象 下面以在 PADS Logic 中插入新的（空的）Word 文档 OLE 对象为例，介绍插入新的（空的）嵌入 OLE 对象并创建内容的步骤。

（1）打开一个绘制好的原理图，然后执行菜单命令【编辑】|【插入新对象】，将弹出如图 6-1 所示【插入对象】对话框。

（2）选中【新建】选项，在【对象类型】栏中选择【Microsoft Word 文档】，插入一个 Word 文档 OLE 对象；或者选择【位图图像】来插入位图图像 OLE 对象。

图 6-1 【插入对象】对话框

（3）单击"确定"按钮，在原理图上将出现一个如图 6-2 所示的 Word 文档 OLE 对象（位图图像 OLE 对象类似）。此时该对象仍然被选中，可以移动到指定位置；把光标放到该 Word 文档边框上的黑色方块上时，就可以通过鼠标拖曳来改变 Word 文档的大小，可以看到对象被激活时，软件上面与系统安装的 word 文件菜单一致，可以与 word 文档一样编辑处理。

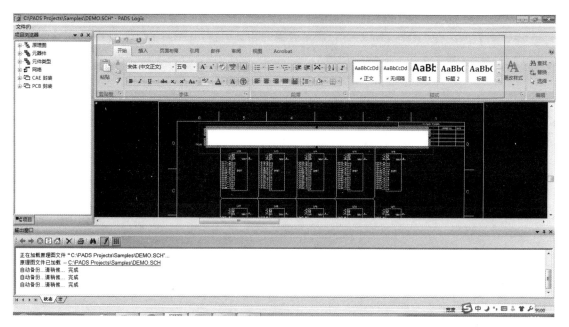

图 6-2　Word 文档 OLE 对象

（4）双击该 Word 文档 OLE 对象，则该 OLE 对象被激活。可按 Word 文档编辑的方法对其进行编辑，图 6-3 所示的是对该 OLE 对象进行简单编辑的效果图。

图 6-3　Word 文档 OLE 对象编辑

（5）在原理图的任何地方单击一下鼠标左键，该 Word 文档 OLE 对象将退出编辑状态，呈现如图 6-4 所示状态。

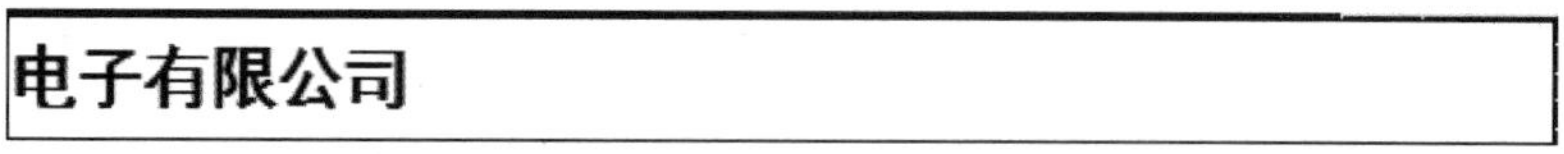

电子有限公司

图 6-4　非编辑状态下的 Word 文档 OLE 对象

（6）此刻就完成了插入一个新的 OLE 对象，并且编辑该 OLE 对象的过程。

> 说明：可插入 PADS Logic 的 OLE 对象有很多种，读者可从图 6-1 所示的【对象类型】选择栏中选择所要插入 PADS Logic 的对象。

2）插入已有的应用程序或文件　下面以在 PADS Logic 中插入一个位图图像文件作为内

嵌 OLE 对象为例，介绍插入一个已有的应用程序或文件作为内嵌 OLE 对象的步骤。

（1）打开一个绘制好的原理图，然后执行菜单命令【编辑】|【插入新对象】，将弹出如图 6-5 所示【插入对象】对话框。

（2）选中【由文件创建】选项，单击"浏览"按钮，选择指定路径下的指定文件。如选中 PADS 安装目录\PADS Projects\Samples 文件夹中自带的一个位图图像文件 mentorlogo.bmp 后，单击"确定"按钮，位图文件将插入原理图中，如图 6-6 所示，其中 "Mentor Graphics" 就是插入的位图文件 OLE 对象。

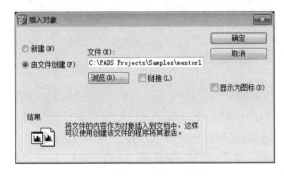

图 6-5　【插入对象】对话框

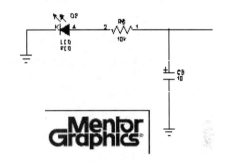

图 6-6　位图文件 OLE 对象

> 说明：选择插入对象文件的路径和文件名中不能包含中文字符，否则插入操作将不成功。另外，插入的图形文件必须是 Bmp 格式的位图文件，若是 Jpg 格式图像文件将不能在 Logic 中正常显示。

（3）同样可以双击该文件 OLE 对象，对该 OLE 对象进行编辑。

> 说明：在 PADS Logic 中修改了 OLE 对象，不会影响原文件，也就是说，用该方法嵌入的文件 OLE 对象后，即使原文本被删除，也可以在 PADS Logic 中打开该 OLE 对象。该方法插入的 OLE 对象是对原文件的一种复制方式。

3）插入 OLE 对象链接到已有的的应用程序或文件　下面以在 PADS Logic 中插入已有 Word 文档 OLE 对象链接为例，介绍插入一个链接到已有的应用程序或文件，并将其作为内嵌 OLE 对象的步骤。

（1）打开一个绘制好的原理图，然后执行菜单命令【编辑】|【插入新对象】，将弹出如图 6-7 所示【插入对象】对话框。

（2）选中【由文件创建】选项，然后选中【链接】复选框，接着单击"浏览"按钮，选择指定的路径下的指定文件，如选中 PADS 安装目录\PADS Projects\Samples 文件夹中自带的一个 Word 文件 PCB Notes.doc 后，最后单击"确定"按钮，Word 文件将插入原理图中，如图 6-8 所示。

（3）双击该 OLE 对象，将调用 Word 应用程序，并在该应用程序中打开该 OLE 对象。也就是说，这种方法插入的 OLE 对象文件，只链接硬盘中的文件，可在相应的应用程序或通过 PADS Logic 中打开，或者直接从硬盘位置打开。因为它不是永远的复制到原理图的，而是每次打开原理图时才读取。

图 6-7 【插入对象】对话框

NOTES:

1. UNLESS OTHERWISE SPECIFIED, CAPACITANCE VALUES ARE IN
   MICROFARADS, RESISTANCE VALUES IN OHMS.

LAST USED REFERENCES
C10　D2　　P1　　Q1
R7　　U7　　Y1
UNUSED REFERENCES
R3　　R4

图 6-8　Word 文件 OLE 对象链接

2. PADS Logic 中 OLE 对象的显示

PADS Logic 不能 "读懂" 插入的 OLE 对象格式，它必须通过与应用程序沟通、创建 OLE 链接或嵌入对象来显示相关信息。若应用程序创建的链接或嵌入 OLE 对象已经安装并注册在用户的计算机中，PADS Logic 可调用该应用程序在 PADS Logic 中显示 OLE 对象。例如，一个 Word 文档可在 PADS Logic 中显示，并且当用鼠标双击 Word 文档 OLE 对象时，将通过 PADS Logic 来访问 Word 应用程序，并嵌入显示在 PADS Logic 中。

若源应用程序并不是安装在用户的计算机中，则 PADS Logic 仅能显示插入 OLE 对象为一个图标。若 OLE 对象是一个应用程序，PADS Logic 同样会将其显示为一个图标。

当 PADS Logic 包含许多 OLE 链接或嵌入 OLE 对象，此时会导致重绘的速度降低，此种情况下，需关闭 OLE 对象的显示。

关闭 OLE 对象显示的步骤如下所述。

（1）执行菜单命令【工具】|【选项】，弹出如图 6-9 所示的【选项】对话框。

（2）在【常规】选项卡上的【OLE 对象】区域中，清除【显示 OLE 对象】复选框来关闭 OLE 对象的显示。

图 6-9 【选项】对话框

3．OLE 对象的选择

在 PADS Logic 中选择和管理 OLE 链接或内嵌对象就像管理无文本 Word 对象一样，在 OLE 对象上单击鼠标左键即可选择 OLE 对象。

不可在同一时刻选择多个 OLE 对象；不可使用区域选择来选择 OLE 对象；当同时选择 OLE 对象和 PADS Logic 对象时，仅能选择到 OLE 对象，因为 OLE 对象的选择优先权大于 PADS Logic 对象。

4．OLE 对象的打印

打印原理图时，必须在打印输出设置中设置包含 OLE 对象选项内容，否则在打印预览中看不到 OLE 内容的打印效果。具体的设置步骤如下所述。

（1）打开一个 PADS Logic 自带的原理图文件，如 PADS Logic 安装目录下\PADS Projects\Samples\PREVIEW.SCH 文件。

（2）按上一小节方法插入 Word 文档 OLE 对象，

（3）执行菜单命令【文件】|【打印预览】，图 6-8 所示的 Word 文档 OLE 对象，在如图 6-10 所示【选择预览】对话框中未显示。单击"关闭"按钮，退出【选择预览】对话框。

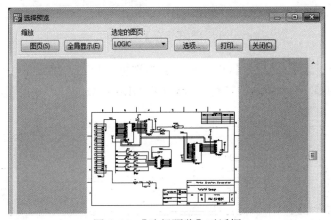

图 6-10 【选择预览】对话框

（4）执行菜单命令【文件】|【打印】，弹出如图 6-11 所示的【打印】对话框。如果直接单击确定按钮，则 OLE 对象也不能在打印的图纸中出现。

图 6-11 【打印】对话框

（5）如果要打印输出带有 OLE 对象的图纸，则应单击"选项"按钮，弹出图 6-12 所示
【选项】对话框。

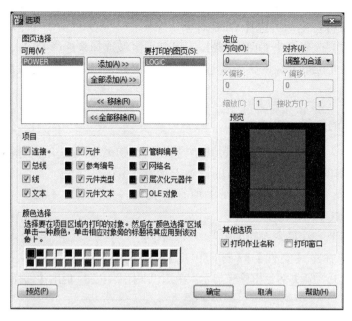

图 6-12　【选项】对话框

（6）在【项目】区域中选中【OLE 对象】复选框。单击"确定"按钮，则打印输出将
包括 OLE 对象，如图 6-13 所示的带有 Word 文档 OLE 对象的打印效果图。

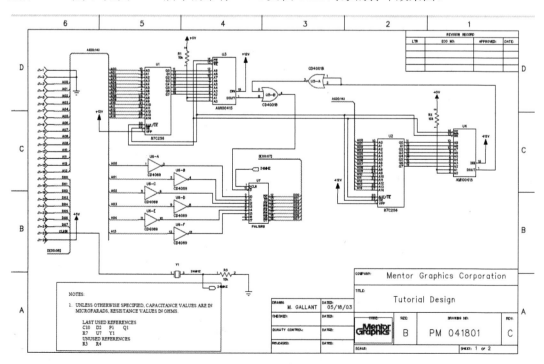

图 6-13　带有 Word 文档 OLE 对象的打印效果图

6.2 PADS Logic 和 PADS Layout 的接口

由于 PADS Logic 和 PADS Layout 都属于 Mentor 公司的产品，因此二者之间的互连十分方便。PADS2009 提供了强大的 OLE 功能，可使用 OLE 功能实现 PADS Logic 和 PADS Layout 两个软件之间的通信。

1．PADS Logic 和 PADS Layout 间 OLE 通信

PADS Logic 的 OLE 功能允许用户在 PADS Logic 和 PADS Layout 之间交叉选择。使用这一功能，可以采用原理图驱动方式进行布局或设计后的设计查看。为了实现这两个软件之间的通信功能，必须在用户计算机上安装相应的版本的 PADS Layout 软件。

1）Logic 和 Layout 之间建立 OLE 通信

（1）打开一个 PADS Logic 自带的原理图文件，如 PADS Logic 安装目录下\PADS Projects\Samples\PREVIEW.SCH 文件。

（2）在 PADS Logic 中执行菜单命令【工具】|【PADS Layout ...】，或者单击工具栏上的图标 ，弹出【连接到 PADS Layout】对话框，如图 6-14 所示。

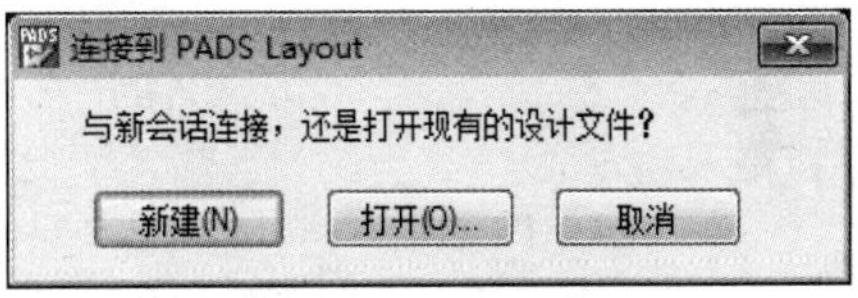

（3）单击"新建"按钮，以便新建一个新的 PADS Layout 窗口。系统自动打开 PADS Layout 软件，并弹出如图 6-15 所示的【PADS Layout 链接】（OLE 链接 PADS Layout）对话框。

图 6-14　【连接到 PADS Layout】对话框

（4）单击【选择】选项卡，可进行相关设置，实现 Logic 和 Layout 选中对象间的 OLE 通信。在此可采用默认设置。下面介绍在【选择】标签页中各部分含义：

- 【发送选择】下拉列表：发送 Logic 中选中的对象至 Layout 中
- ☺ 【接收选择色】复选框：接收在 Layout 选中的对象发送至 Logic 中。
- ☺ 【断开连接】按钮：断开 Logic 与 Layout 之间的 OLE 链接。

（5）当 PADS Layout 启动后，PADS Logic 和 PADS Layout 之间动态的 OLE 通信就建立了。可将 PADS Logic 和 PADS Layout 程序窗口调整为各占一半屏幕大小。

2）用 OLE 功能实现 Logic 网络表传送到 Layout

（1）在【PADS Layout 链接】对话框中，单击【设计】选项卡，如图 6-16 所示。

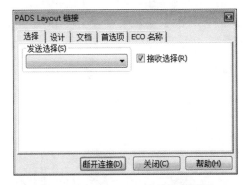

图 6-15　【PADS Layout 链接】对话框的【选择】选项卡

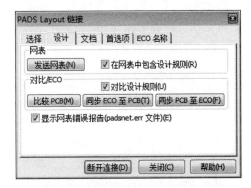

图 6-16　【PADS Layout 链接】对话框的【设计】选项卡

（2）单击"发送网表"按钮，当前的 PADS Logic 原理图将自动输出一个带有规则网络表（若【在网表中包含设计规则】复选框被选中）至当前的 PADS Layout，PADS Layout 会执行更新。当该过程完成后，所有元器件将放置在 PADS Layout 的设计原点，以备布局，如图 6-17 所示。

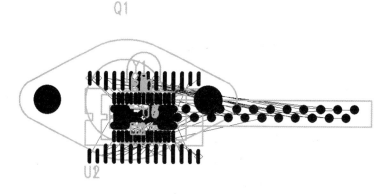

图 6-17　网络表创建的 Layout 元器件图

☺ 比较 PCB：把当前 PADS Logic 原理图中网络表和当前的 PADS Layout 设计中的网络表进行比较。若存在不同，则在弹出的文本编辑器中报告错误。

☺ 同步 ECO 至 PCB：把当前 PADS Logic 原理图中网络表和当前的 PADS Layout 设计中的网络表进行比较，之后更新 PADS Layout 设计。

☺ 同步 PCB 至 ECO：把当前 PADS Logic 原理图中网络表和当前的 PADS Layout 设计中的网络表进行比较，之后更新 PADS Logic 设计。

☺ 【对比设计规则】复选框：比较设计规则。

> **说明：** 原理图中的每个元器件必须指定具体的 PCB 封装类型，否则在自动导入网络表时将要出错，并弹出文本显示的错误报告。

（3）单击【文档】选项卡，如图 6-18 所示。在该选项卡中，若单击"新建"按钮，则在 PADS Layout 中创建一个新的文件；若单击"打开"按钮，则打开一个 PADS Layout 文件。【C:\PADS Projects\default.pcb】就是与 PADS Logic 链接的 PADS Layout 文件。

（4）单击【首选项】选项卡，如图 6-19 所示。在该选项卡中，【忽略为使用的管脚网络】复选框设置忽略未使用的引脚网络；【对比 PCB 封装分配】复选框设置比较 PCB 封装指派；【包含属性】栏中可设置元器件特征值、网络特征值是否包含在网络表中。

图 6-18　【文档】选项卡

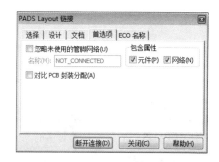

图 6-19　【首选项】选项卡

（5）单击【ECO 名称】选项卡，如图 6-20 所示。该选项卡用于管理比较和 ECO 功能选项。其中 3 个单选项分别代表的含义如下所述。

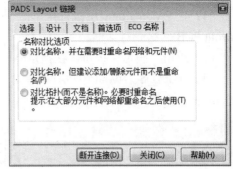

图 6-20 【ECO 名称】选项卡

☺ 比较使用参考注释值和网络名称的不同，必要时可重命名。利于最小化布线变动，选中该选项可能造成元器件位置互换。

☺ 在一部分参考注释值已经重命名，以及网络没有重命名的情况下，比较使用参考注释值和网络名称进行比较。利于最小化布线变动、选中该选项可能造成设计分割。

☺ 不使用参考注释值或网络名称进行比较，使用引脚名称、元器件类型名称进行比较。最利于在元器件和网络已经重命名并执行最小化的链接时比较设计，如在设计中执行自动重编号。

3）PADS Logic 与 PADS Layout 间的参照　所谓参照就是在 PADS Logic 和 PADS Layout 之间选择所需的对象。例如，在 PADS Layout 中选中一个对象，则该对象会自动在 PADS Logic 工作区中高亮显示出来；反之亦然。下面介绍 PADS Logic 和 PADS Layout 间互选对象的过程。

（1）在 PADS Layout 中执行菜单命令【工具】|【分散元器件】，弹出提示对话框，单击"是"按钮，则打散刚刚由自动导入网络表生成的 PADS Layout 设计图中的元器件，如图 6-21 所示。

（2）在 PADS Logic 中选择元器件"Q1"。

（3）在 PADS Logic 中执行菜单命令【工具】|【PADS Layout...】，或者单击工具栏上的图标，弹出【PADS Layout 链接】对话框，单击【选择】选项卡，如图 6-22 所示。

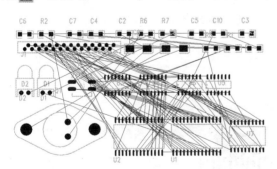

图 6-21 元器件打散后的 PCB 设计图

图 6-22 【选择】选项卡

（4）在【发送选择】下拉列表出现的 Q1 对象，就是在 PADS Logic 中选中的对象将被发送至 PADS Layout 中。在 PADS Layout 中 Q1 将被高亮显示。

（5）若选中【接收选择】复选框，则在 PADS Layout 选中的对象发送至 Logic 中。例如，在 PADS Layout 中选中任一元器件，在 PADS Logic 中该对应元器件将被高亮显示。

（6）若同时在 PADS Logic 中利用鼠标选择多个元器件，则 PADS Layout 中这些元器件在对应元器件将都被高亮显示；反之亦然。

2．PADS Logic 和 PADS Layout 网络表链接

（1）在 PADS Logic 中执行菜单命令【工具】|【Layout 网表】，弹出如图 6-23 所示创建 Layout PCB 网络表对话框。

（2）单击"确定"按钮，在指定路径生成网络表文件（文件格式为.asc）。

（3）在 PADS Layout 中执行菜单命令【文件】|【导入】，在弹出的对话框中选择刚才生成的网络表文件，如图 6-24 所示。

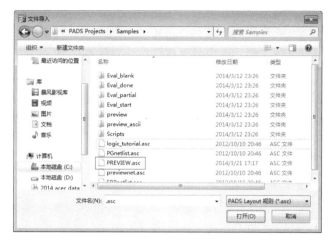

图 6-23　创建 Layout PCB 网络表对话框　　　　图 6-24　在 PADS Layout 中导入网络表文件

（4）单击"打开"按钮，原理图中所有元器件将放置在 PADS Layout 的设计原点，以备布局，如图 6-25 所示。

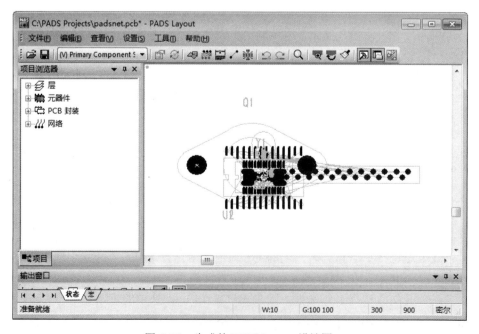

图 6-25　生成的 PADS Layout 设计图

6.3　工程设计更改（ECO）

在 PCB 设计中，任何有变化的修改将被认为是要进行工程设计更改，即 ECO（Engineering Change Order）。这些改变包括引脚和门的交换、元器件的删除或增加、网络的删除或增加、重新命名元器件、重新命名网络、元器件的更改等。PADS Layout 提供的工具可以进行迅速的修改并精确地记录在一个文档中，以便反标注到原理图。

在 PADS Layout 中进行的 ECO 改变，将被记录在一个 ASCII 文件中，该文件扩展名为.eco。这个文件具有标准的数据格式，且能够被 PADS Logic 读入，并且自动地反标注在 PADS Layout 中进行的改变。仅引脚、门和参考编号重新命名能够从 PADS Layout 反标注到原理图中。

1. ECO 模式

一旦导入网络表到设计中，并开始 PCB 上布线，若工作在 ECO 模式下，则会记录用户在设计中所做的更改。任何更改都可以发送回原理图，因此原理图和 PCB 设计可保持一致。进入 ECO 模式的步骤如下所述。

（1）在 PADS Layout 中执行菜单命令【工具】|【ECO 选项】，弹出【ECO 选项】对话框，如图 6-26 所示。

（2）单击工具栏上的 图标，打开 ECO 工具栏【ECO 工具栏】，如图 6-27 所示。单击该工具栏上的图标 ，同样能弹出如 6-26 所示的【ECO 选项】对话框。

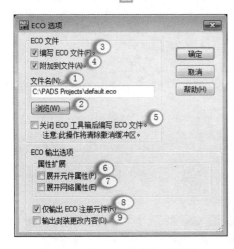

图 6-26　【ECO 选项】对话框　　　　　　　图 6-27　ECO 工具栏

（3）对【ECO 选项】对话框进行相关参数设置后，单击"确定"按钮后，系统进入 ECO 模式。

2. ECO 参数设置

图 6-26 所示的【ECO 选项】对话框中的 ECO 参数的含义如下所述。

①：ECO 文件存储的路径，以及文件名和扩展名

②：单击该按钮，可在弹出的对话框中设定保存 ECO 文件的路径和文件名称

③：设计更改记录到【文件名】指定路径下的指定文件中，只有该选择被选中时，【ECO 选项】对话框所有选项才被激活

④：在 ECO 更改中，每一次更改的数据追加到前一次记录之后

⑤：在关闭 ECO 工具栏或退出 ECO 模式时更新 ECO 数据

⑥：扩展元器件属性记录

⑦：扩展网络属性记录

⑧：ECO 只记录在建立元器件时已经注册的元器件

⑨：记录元器件封装更改情况

3. 保存 ECO 文件

保存 ECO 文件的方法有以下 3 种。

1）关闭工具栏选项后保存 ECO 文件

（1）单击 ECO 工具栏上的图标，弹出如图 6-28 所示的【ECO 选项】对话框。

（2）选中【关闭 ECO 工具箱后编写 ECO 文件】，单击"确定"按钮。

（3）单击工具栏上的图标，关闭 ECO 工具栏【ECO 工具箱】。

2）打开一个新设计文件时保存本设计的 ECO 文件　打开一个新的设计文件时，当前的 ECO 操作会自动关闭，自动清除缓冲区，并把撤销缓冲区中的内容保存到 ECO 文件中。

3）退出 PADS Layout 时保存 ECO 文件　当退出 PADS Layout 时，当前的 ECO 操作会自动关闭，自动清除缓冲区，并把撤销缓冲区中的内容保存到 ECO 文件中。

4. 使用 OLE 方式实现工程设计更改

（1）按 6.2 节介绍的方法创建 PADS Logic 与 PADS Layout 间的 OLE 链接。

（2）在 PADS Logic 中单击工具栏上的图标，弹出如图 6-29 所示【PADS Layout 链接】对话框，单击【设计】选项卡。

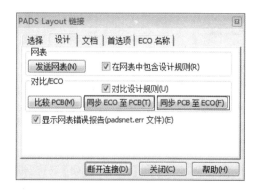

图 6-28　【ECO 选项】对话框设置　　　　　　图 6-29　【PADS Layout 链接】对话框设置

（3）在 PADS Logic 中对原理图进行修改后，单击【PADS Layout 链接】对话框中的"同步 ECO 到 PCB"按钮，则在内存中比较 PADS Logic 原理图与 PADS Layout 设计，并自动将 ECO 文件的结果更新到 PADS Layout 设计中，从而实现原理图更改对 PCB 设计的更新。

（4）在 PADS Layout 中对 PCB 设计进行修改后，单击【PADS Layout 链接】对话框中的"同步 PCB 至 ECO"按钮，则在内存中比较 PADS Logic 原理图与 PADS Layout 设计，并自动将 ECO 文件的结果更新到 PADS Logic 设计中，从而实现 PCB 设计更改对原理图的更新。

5. 使用 ECO 文件实现工程设计更改

在工程设计更改时，所有的更改操作都被记录到 ECO 文件中，因此除了使用 OLE 功能实现 ECO 文件的自动导入和修改外，用户还可以采用直接导入 ECO 文件方法来实现工程设计的更改。

（1）在图 6-28 所示的【ECO 选项】对话框中，设置 ECO 文件保存的路径与名称，当用户完成 PCB 工程设计后，关闭 PADS Layout 的同时将自动产生 ECO 文件。

（2）打开 PADS Logic 原理图设计程序，执行菜单命令【文件】|【导入】，弹出如图 6-30 所示导入文件对话框。

（3）在文件类型下拉列表中选择【ECO Files（*.eco）】，选择第（1）步生成的 ECO 文件，准备加载。

（4）单击"打开"按钮，弹出如图 6-31 所示的信息提示对话框，则表明加载 ECO 文件更新 PADS Logic 原理图成功。

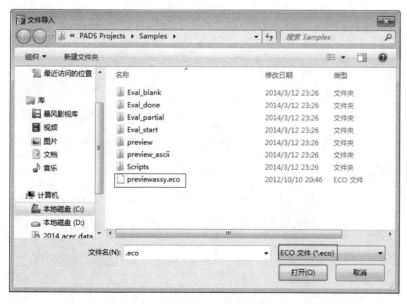

图 6-30　导入文件对话框　　　　　　　　　　　图 6-31　信息提示对话框

6.4　习题

（1）什么叫 OLE 技术？有什么作用？在 PADS Logic 中如何插入 OLE 对象？

（2）PADS Logic 与 PADS Layout 间数据是交换的方式有几种？分别叫什么？

（3）什么叫 ECO？在 PADS Logic 中如何进入和退出 ECO 模式？

（4）如何使用 OLE 方式实现工程设计更改？

（5）如何设置才能使 OLE 对象能打印输出？

（6）新建一个 PADS Logic 元器件图文件，试插入一个 Word 文档 OLE 对象。

第 7 章　DxDesigner 原理图设计

本章主要介绍利用 DxDesigner 进行原理图绘制，元器件创建，以及通过绘制好的 DxDesigner 原理图创建 PADS Layout 设计。

 7.1　DxDesigner 项目创建

1. 新建工程文件

（1）执行菜单命令【文件】|【新建】|【项目】，弹出如图 7-1 所示【新项目】对话框。

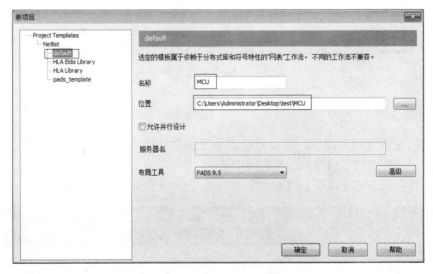

图 7-1　【新项目】对话框

（2）选择【Netlist】分支下面的【default】，创建网络表原理图文件。只有选择该树状分支时，【Layout Tool】下拉列表才可用。这要创建一个用 PADS9.5 作为 PCB 布线工具的原理图文件，可在下拉列表中选择【PADS9.5】选项。

（3）如果是第一次使用 DxDesigner 原理图设计软件，则【位置】栏默认是 C:\Users\Administrator\Desktop\test。这时可以单击按钮 ⟨...⟩，选择新的存储路径。弹出如图 7-2 所示【浏览文件夹】对话框，设置保存工程文件的位置。在【名称】栏中可以输入工程文件的名称，本书选择默认路径。

（4）若选择【允许并行设计】的复选框，则还要设置

图 7-2　【浏览文件夹】对话框

服务器的名称。本例不选择该复选按框。

（5）单击"确定"按钮，创建一个可使用 PADS9.5 中的 PADS Layout 进行 PCB 设计的原理图绘制工程，图 7-3 所示的是新建完的工程界面。

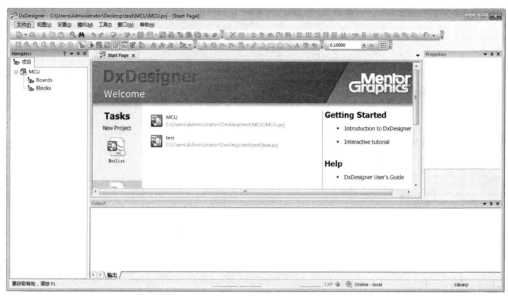

图 7-3   新建完的工程界面

2．添加库文件

在刚刚创建的工程文件中，并没有包含原理图设计所需的库文件。下面介绍如何为 DxDesigner 添加库文件，为绘制原理图做准备。

（1）执行菜单命令【设置】|【设置】，弹出如图 7-4 所示的【设置】对话框。

图 7-4   【设置】对话框

91

（2）在左边的树形列表中选择【项目】下的【符号库】分支，为刚刚新建的工程添加库文件。单击右上角图标，弹出如图 7-5 所示的【库】对话框。

（3）单击【路径】栏对应的按钮，弹出如图 7-6 所示的【浏览库文件夹】对话框。

图 7-5　【库】对话框

图 7-6　【浏览库文件夹】对话框

> 说明：如果指定文件夹中没有原理图符号库文件，则在对话框上端有相应的提示。如果显示"Found: Schematic Symbols"，则表明找到库文件；若出现"Note: No symbols…"，则表明没有找到库文件。可以选择的路径是 PADS9.5 安装目录下的 \MentorGraphics\9.5PADS\ SDD_HOME\ Libraries\common。

（4）在【别名】栏中可以输入库文件的别名；在【类型】栏中可以选择库文件的类型，如只读、可写、大型文件等。

（5）单击图 7-5 对话框中的"确定"按钮，弹出添加库文件对话框，如图 7-7 所示。在右边的空白处出现了刚刚添加的库文件【Common】，可按同样的方法继续添加其他库文件。若选中文件列表，然后单击右上角的删除按钮，则删除选中库文件；若选中一个库文件的同时，单击按钮或按钮，则可以改变该库文件在列表中的位置。

（6）单击图 7-7 "确定"按钮，成功完成添加库文件。

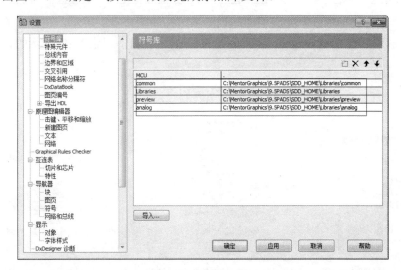

图 7-7　添加库文件对话框

3. 新建原理图

刚刚创建的工程文件并不能用于进行原理图绘制，用户还得为该新建工程添加一个原理图绘制区。

（1）执行菜单命令【文件】|【新建】|【原理图】弹出添加原理图窗口，如图 7-8 所示。在左边的导航栏中的【项目】树形分支下将出现一个刚刚新建的设计【Board1】。

（2）单击【Board1】分支前面的"+"号，可以展开该树形结构，如图 7-9 所示，用户可以查看新建的【Schematic1】。

（3）用户可选择绘图页面 Schematic1，然后单击鼠标右键，在弹出的菜单中选择【重命名】选项，来修改设计页面的名称，如图 7-10 所示。若选择【删除】选项，则可删除选中的设计页面。

图 7-8　添加原理图窗口

图 7-9　查看原理图窗口

图 7-10　设计页重命名菜单命令选择

（4）执行菜单命令【文件】|【新建】|【图页】，弹出追加原理图设计窗口，如图 7-11 所示。可在【Schematic1】树形分支继续添加 Sheet 页，其名称默认值为"2"。

（5）如果想继续添加原理图，而非设计页的，则可继续重复第（1）步操作。

> **说明**：所生成的原理图将出现在【Blocks】分支下面，如图 7-12 所示。也就是说，除了第一个原理图会出现在【Board1】分支下，其他原理图将出现在【Blocks】分支下面。

（6）选择【Schematics1】分支下面的设计页 1，如图 7-12 所示，在弹出的菜单中选择【Properties】选项。在 DxDesigner 设计页面的右边，将弹出如图 7-13 所示的设计页属性设置栏。

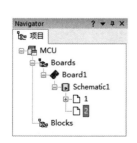

图 7-11　追加原理图设计窗口

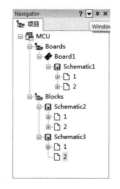

图 7-12　继续添加原理图

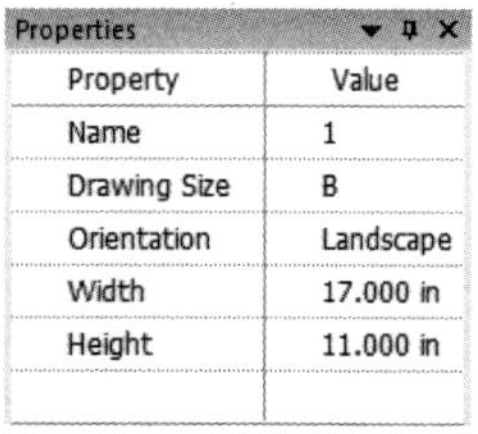

Property	Value
Name	1
Drawing Size	B
Orientation	Landscape
Width	17.000 in
Height	11.000 in

图 7-13　设计页属性设置

☺ Name: 设计页名称。该属性在属性页上是只读方式，也就是不能在此处进行修改。

☺ Width: 设计页绘图区宽度。其参数大小由【Drawing Size】的选择决定。

☺ Height: 设计页绘图区高度。其参数大小由【Drawing Size】的选择决定。

☺ Drawing Size: 设计页绘图区尺寸。单击【Value】，可在下拉列表中进行参数选择。

☺ Orientation: 设计页方向选择，【Landscape】纵向，【Portrait】横向。

 ## 7.2 DxDesigner 原理图绘制

1．添加元器件

1）添加单个元器件

（1）执行菜单命令【视图】|【DxDataBook】，在原理图窗口底部将出现如图 7-14 所示的窗口。在【清除筛选条件】按钮左边的两个文本框，分别用于检索元器件库文件名称和元器件名称；【Partition】栏显示的是库文件名称；【Symbol】栏显示的是元器件名称。若选中某个元器件，在右边窗口中将可以浏览该元器件形状。

图 7-14　添加元器件窗口

（2）当选中【添加网络】复选框时，在添加元器件的同时，为元器件创建网络；选中【添加网络名】复选框，可创建网络的名称。

（3）单击"放置符号"按钮，则可以在原理图上放置选中的元器件，可连续放置多个相同元器件，直到单击鼠标右键结束。也可以双击【Symbol】栏中的元器件名称为原理图添加元器件。若单击元器件符号并将其拖曳到原理图绘制区域，也可以实现添加元器件的功能。

2）添加元器件阵列

在原理图上选中要添加阵列的元器件，然后执行菜单命令【添加】|【阵列】，弹出如图 7-15 所示的对话框。设置完成后，单击确定按钮，生成如图 7-16 所示的效果。

3）添加电源和接地符　可以通过单击工具栏上的图标来给原理图添加端口和电源和接地符号。下面所列举的就是工具栏上各个图标的含义。

◎ （Part）：单击该图标，可在下拉列表中为原理图选择添加适当的端口符号

♀ （Power）：单击该图标，可在下拉列表中为原理图选择添加适当的电源符号

⏚ （Ground）：单击该图标，可在下拉列表中为原理图选择添加适当的接地符号

图 7-15　设置阵列参数对话框

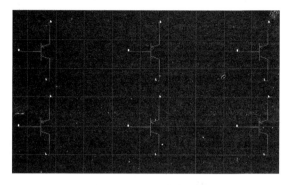

图 7-16　元器件阵列效果

2．编辑元器件

1）复制元器件　复制元器件的一种比较方便的方法是，先选中要复制的元器件，按住〈Ctrl〉键不放，同时按住鼠标左键不放，拖曳选中的元器件符号到另一位置，然后放开鼠标左键，即可复制一个元器件符号。此操作同样适合于多个元器件，只要用户选中多个要复制的元器件，按住〈Ctrl〉键不放，同时按住鼠标左键不放，拖曳选中的多个元器件符号到另一位置，然后放开鼠标左键，即可复制一组元器件符号。

用户还可以选中一个或一组元器件，然后按〈Ctrl+C〉组合键将其复制，再按〈Ctrl+V〉组合键，在图纸中适当的位置单击鼠标左键，即可将选中的元器件复制。

2）删除元器件　选中要删除的元器件符号，然后执行菜单命令【编辑】|【剪切】（快捷键为〈Ctrl+X〉）；或者按键盘上的〈Delete〉键，或者单击【Transform】工具栏中"删除"图标 ✕。

图 7-17　【缩放】对话框

3）改变元器件显示尺寸

（1）选中一个元器件，然后在"Transform"工具栏中的"缩放"图标 ⇄，弹出如图 7-17 所示的【缩放】对话框。

（2）在该对话框的【比例因子】文本框中输入"5"，单击"确定"按钮，则所选元器件尺寸将放大 5 倍。

4）元器件的翻转　为了实现元器件的翻转、旋转，可通过单击"Transform"工具栏上常用图标或键盘快捷键来完成。

🗘：将选中的元器件逆时针旋转 90°，快捷键为〈Ctrl+Shift+R〉

▷：将选中的元器件上下垂直翻转，快捷键为〈Ctrl+Shift+F〉

◢◣：将选中的元器件左右水平翻转，快捷键为〈Ctrl+F〉

5）对齐元器件　为了实现元器件的对齐，可通过单击"Transform Toolbar"工具栏上常用图标来完成。

▐┿：选中一组元器件，单击此图标，可将这组元器件左端对齐排列

┿▐：选中一组元器件，单击此图标，可将这组元器件右端对齐排列

▛▜：选中一组元器件，单击此图标，可将这组元器件上端对齐排列

▙▟：选中一组元器件，单击此图标，可将这组元器件底部对齐排列

3．网络和总线

1）添加网络

（1）执行菜单命令【添加】|【网络】命令或单击工具栏上图标 ⌐（绿色），进入添加网络模式，如图 7-18 所示，状态栏底边显示【Add Net】模式。若想退出该模式，可单击工具栏上的图标 ⊞，或者按〈Esc〉键。

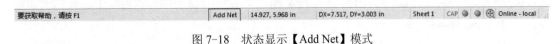

图 7-18 状态显示【Add Net】模式

（2）在添加网络模式下，用鼠标左键点住一个元器件的引脚不放（如 LM161H 的第 3 脚），同时拖曳鼠标，这时可以看到鼠标光标拉出一条网络线；将鼠标光标拖到另一个引脚（目标引脚，如接地符号），放开鼠标左键，就在两个引脚之间添加了一条网络，如图 7-19 所示。

（3）还可以在添加网络模式下，用鼠标左键点住一个引脚不放（如 LM161H 的第 4 脚），同时拉出一条网络线，将其拖到另一条网络的位置，放开鼠标键，这样就实现了在引脚和网络间添加网络，如图 7-20 所示。用该方法还可以实现网络与网络间添加网络。

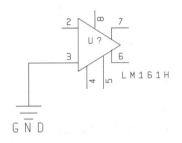
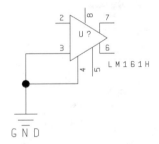

图 7-19 引脚与引脚间添加网络　　　　图 7-20 引脚与网络间添加网络

（4）点住一个元器件符号不放并拖曳，将其移动，使它的引脚与另一个符号的引脚末端接触，然后松开鼠标左键；再次移动这个元器件符号，可以看到有网络自动连接到这个元器件符号和另一个元器件符号的引脚之间。此方法适合引脚与引脚之间的网络连接。

（5）当用鼠标双击网络时，如双击 LM161H 第 2 引脚的网络，将弹出如图 7-21 所示的属性页，修改其【Name】属性，可以为网络添加标号。若修改其【Name】属性为"Vi"，则 LM161H 的第 2 引脚上的网络将显示网络标号"Vi"，如图 7-22 所示。

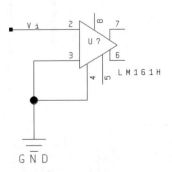

图 7-21 网络属性页图　　　　图 7-22 显示网络标号的网络

> **说明：** 不能给予 VCC、GND 等电源类符号相连的网络指定网络名称，因为在制作这类符号时，已经为其指定了网路【Name】属性。例如，GND 符号，其【Name】属性就是 "GND"，用户无须进行修改。

2）添加总线

（1）执行菜单命令【添加】|【总线】或单击工具栏上图标 (黄色)，进入添加总线模式，如图 7-23 所示，状态显示【添加总线】模式。若想退出该模式，可单击工具栏上的图标 ，或者按〈Esc〉键。

图 7-23   状态显示【添加总线】模式

（2）在添加总线模式下，在想添加总线区域，按住鼠标左键不放，同时拖曳鼠标，可以看到鼠标光标拖出一条总线轨迹。

（3）双击总线，在弹出的如图 7-24 所示的总线属性页窗口中设置总线属性，给总线添加总线标号。

图 7-24   总线属性页窗口

（4）如设置总线在【Name】属性为 "Q[00:07]"，这表示这是一条 8 位总线，如图 7-25 所示，总线名称将显示在总线上方。

（5）执行菜单命令【添加】|【网络】或单击工具栏上图标 (绿色)，进入添加网络模式，用鼠标左键点住元器件（如 87C256）一个引脚不放，拖曳鼠标到总线位置，松开鼠标左键，这样就在引脚和总线间添加网络了。选中刚添加的网络，在图 7-24 所示的属性窗口中设置

【Name】属性值为 Q00～Q07 中的任意一个。重复上述步骤，继续添加网络。

（6）总线与总线网络标号效果图如图 7-25 所示。

（7）为了验证网络与总线连接是否成功，可在网络与总线接口处双击网络与总线的连接点，弹出如图 7-26 所示的网络与总线连接情况对话框。

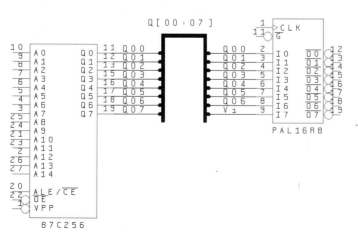

图 7-25   总线与总线网络标号效果图

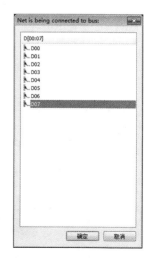

图 7-26   网络与总线连接情况对话框

7.3　DxDesigner 元器件创建

新建一个 DxDesigner 工程后，想为该工程创建自己的元器件库文件，可通过以下方法来实现。

1）新建元器件

（1）执行菜单命令【文件】|【新建】|【库符号】，弹出如图 7-27 所示的新建库元器件对话框。

（2）在该对话框的【符号名称】栏中输入要新建的元器件名称，如 AM100416；【库】栏中可选择库文件的名称，默认为新建的工程名称，如本工程名称为"preview"，因此在库文件选择中有"preview"可供用户选择，用户可采用默认设置；若用户在创建工程后，并按 7.1 节所叙述的方法添加了库文件，则在选择栏中将出现添加的库文件的名称。在【符号创建方法】栏中可有以下两种选择。

图 7-27　新建库元器件对话框

☺ 在符号编辑器中打开新的空符号：调用元器件编辑工具【Symbol Editor】创建一个新的元器件。

☺ 启动符号向导：使用向导创建元器件。

（3）此处可选择【在符号编辑器中打开新的空符号】，手工创建新的元器件。然后单击"确定"按钮，元器件编辑（Symbol Editor）程序将启动，如图 7-28 所示。

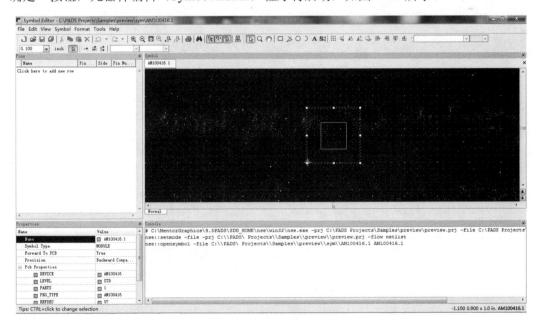

图 7-28　元器件编辑程序界面

在该程序界面的左边的【Pins】窗口中将显示添加的元器件引脚的信息；其下方的【Properties】窗口中可添加和管理元器件各类属性；在右边的【Symbol】窗口中显示的是新

建元器件的外轮廓，等待用户编辑；在右下角的【Console】窗口显示的是控制台信息。

2）添加单个元器件引脚

（1）单击工具栏上图标 ，进入引脚添加模式，移动鼠标到合适的位置，单击鼠标左键，为元器件添加一个引脚，如图 7-29 所示。用户还可以继续单击鼠标左键添加元器件引脚。

（2）在添加引脚模式下，若选择工具栏上的图标，可为将要添加的引脚定义输入类型；其输入类型有 IN（输入型）、OUT（输出型）、POWER（电源型）和 GROUND（接地型）。

（3）选择工具栏上的图标，可在指定的方向上为元器件添加引脚，其指定方向有 TOP（上）、Bottom（下）、Left（左）、Right（右）。

（4）若想退出添加引脚模式，可单击工具栏上的图标，或者按〈Esc〉键。

3）添加元器件引脚阵列　通过添加元器件引脚阵列的方法，可为元器件添加多个同类型的引脚，如元器件的数据引脚、地址引脚等。下面就来介绍添加引脚阵列的过程。

（1）单击工具栏上的图标，弹出如图 7-30 所示的添加引脚阵列对话框。

（2）在【Pin Name】栏中可输入要添加引脚阵列的名称，如 A；若选择【Range】栏，则可选择输入引脚的起始值和终止值，并在【step】中设置步长；若选择【Set】栏，则可设置非连续的引脚名序号，如 "1"；"3"；"5"；"6"，则生成引脚名为 A1、A3、A5、A6 这 4 个引脚；可在【Pins type】栏中选择设置元器件引脚特性；若选中【Inverted】栏前的复选框，则输出引脚将是低电平有效；【Pin location】可选择引脚位置；【Pin spacing】可设置引脚与引脚间的间距。

（3）单击 "OK" 按钮，拖到光标到合适的位置放置生成的元器件引脚阵列，如图 7-31 所示，引脚 A9～A0 就是刚添加的引脚阵列。

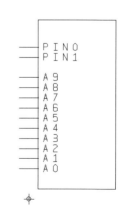

图 7-29　添加一个引脚的元器件　　　图 7-30　添加引脚阵列　　　图 7-31　添加引脚阵列效果图

4）元器件引脚属性设置　元器件引脚的属性有名称属性（Name），引脚类型属性（Dir），位置属性（Side）和引脚数值属性（Pin Number）等，下面分别介绍各属性的设置方法。元器件引脚列表窗口默认是打开的，若被用户关闭，重新打开方法是，执行菜单命令

【View】|【Windows】|【Pins List】。

（1）当要修改引脚的【Name】属性时，在图形界面单击鼠标右键，选择【Select Pins】，然后鼠标左键单击要修改的引脚，然后要在引脚窗口【Name】栏中鼠标左键单击选中引脚的名称，然后输入要修改引脚的名称。若要使引脚的在【Symbol】窗口中显示的名称上方出现横线，应在引脚名称前加"～"符号，如图 7-32 所示"～CS"引脚。

（2）单击任意引脚后面的【Dir】栏，可选择设置元器件引脚类型属性。同样也可以用相同的方法，在【Side】栏中选择设置引脚位置属性。

（3）双击任意选中的引脚的【Pin Number】属性，可输入要为该引脚分配的引脚序号。图 7-31 所示的是添加完引脚各类属性之后的引脚【Pins】窗口。

（4）若要修改引脚属性，使其低电平有效时，用户无法在【Pins】窗口中设置，可在属性窗口【Properties】中进行设置。若把 CS 和 WE 引脚都设置为低电平有效，在设计界面的右上角的【Symbol】窗口中选中该引脚，并把设计界面左下角的属性窗口【Properties】中的【Inverted】属性设置为"True"即可，如图 7-33 所示。

图 7-32　设置引脚属性

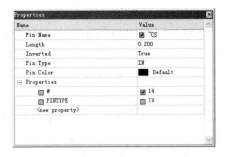

图 7-33　引脚属性页窗口

5）元器件其他属性设置　在【Symbol】窗口中，在空白处单击鼠标左键，这时候属性参数【Properties】窗口显示的就是元器件的属性参数。创建元器件时已经创建了部分参数，下面按图 7-34 所示的各参数进行设置。

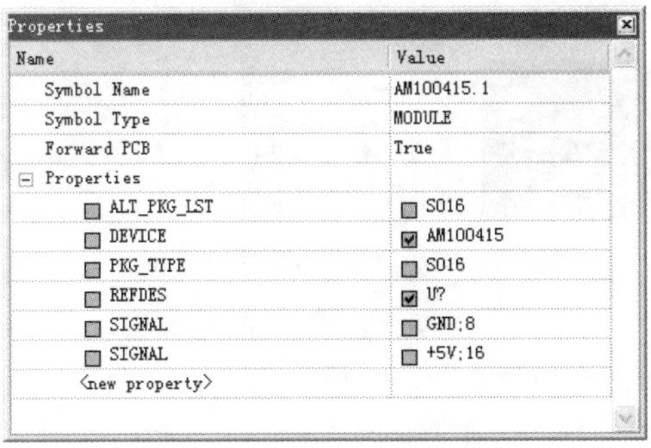

图 7-34　元件属性参数设置

☺ Symbol Name：元器件名称

☺ Symbol Type：元器件模型，如 Module 型、Composite 型、Pin 型、Annotate 型。

☺ Forward PCB：元器件是否能导入 PCB，若其【Value】值为"True"则能导入。

☺ DEVICE: 元器件名称，用于 Module 型元器件，只有具备【DEVICE】属性，才能顺利导入 PCB。

☺ PKG_TYPE: 指定元器件的封装名称，如"SO16"。

☺ REFDES: 指定元器件的 ID 号，如"U?"。

☺ SIGNAL: 用于隐含的引脚名称及相应的引脚号。本实例中的元器件第 8 脚和第 16 脚就是隐含引脚，可在此设定，如"GND; 8"。

> 说明：元器件属性值【Value】前的复选框若被选中，则在【Symbol】窗口中将显示该符号。

6）指定元器件 PADS 封装

（1）执行菜单命令【Tools】|【PADS Decal Browser】，弹出如图 7-35 所示的【PADS Decal Browser】对话框。

（2）若用户不知道封装在什么库中，建议【By Name】栏输入"*"号，并在【By Pin Count】栏输入封装引脚数，如本例中的封装引脚为16。

（3）单击"Apply Filter"按钮。在【Unassigned Decals】中查找封装 SO16 并选中，单击"Assign"按钮，在【DxDesigner Symbol Attribute Name】区域选中【PKG_TYPE】选项，然后单击"Apply to Symbol"按钮，完成封装指定设置。

（4）单击"Close"按钮，此刻一个元器件就创建完成了。图 7-36 所示的是创建的元器件效果图。

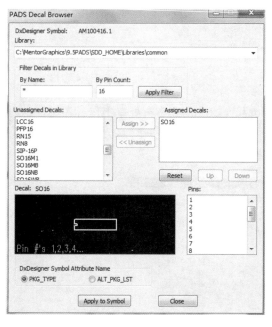

图 7-35 【PADS Decal Browser】对话框

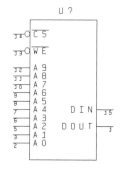

图 7-36 创建的元器件效果图

（5）执行菜单命令【File】|【Save All】，元器件保存到所创建工程目录的 SYM 文件夹下。

（6）关闭【Symbol Editor】窗口，回到原理图设计【DxDesigner】界面，执行菜单命令【View】|【DxDataBook】，在【Symbol View】窗口中将显示所创建的新元器件，并能使用，如图 7-37 所示。

（7）若想重新编辑该元器件，选中该元器件然后单击鼠标右键，在弹出的菜单中执行菜单命令【编辑符号库】，重新打开元器件编辑【Symbol Editor】程序，对该元器件进行修改。

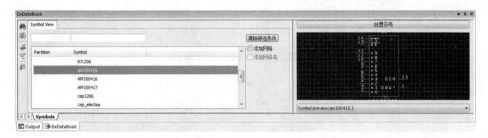

图 7-37　新建元器件调用窗口

 7.4　DxDesigner 与 PADS Layout 间的数据通信

在 DxDesigner 中设计完成的原理图可通过 OLE 方式与 PADS Layout 间建立链接，从而把原理图直接转换成 PADS Layout PCB 设计文件。转换之前必须保证原理图正确无误，并为各元器件指定特定的元器件封装。

1. DxDesigner 中查看元器件 PADS 封装

元器件封装在创建元器件时已经指定了，用户可以在 DxDesigner 中查看，具体操作方法如下所述。

1）单个元器件封装查看　在 DxDesigner 设计界面，执行菜单命令【视图】|【其他窗口】|【PADS Decal Preview】，将出现【PADS Decal Preview】窗口。

在原理图上选择任意一元器件符号，若定义了元器件 PADS 封装【PADS Decal】，则在【PADS Decal Preview】窗口中出现该元器件的封装图。

2）整个工程元器件 PADS 封装检测

（1）执行菜单命令【工具】|【检测 PADS 封装引脚标号】，弹出如图 7-38 所示【Check Design against PADS Decal Pin Numbers】对话框。

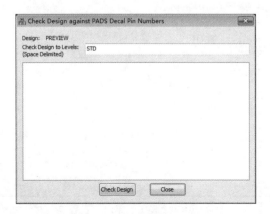

图 7-38　【Check Design against PADS Decal Pin Numbers】对话框

（2）单击按钮 Check Design，如图 7-39 所示，在【Space Delimited】区域将显示整个工程元器件 PADS 封装引脚检测结果。

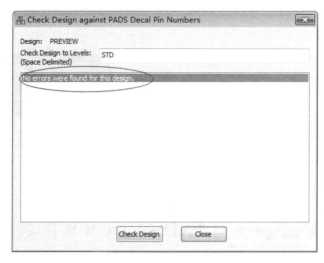

图 7-39　工程元器件 PADS 封装检测结果

（3）单击 "close" 按钮，关闭对话框。用该方法可以检查和查看是否所有元器件已经指定了 PADS 封装，为生成 PADS Layout PCB 文件做准备。

2．PADS Layout 与 DxDesigner 建立数据链接

用户可以在 PADS Layout 设计中建立与 DxDesigner 原理图间的数据链接，从而可以把 DxDesigner 设计好的原理图转换到 PADS Layout PCB 设计。下面就介绍由 DxDesigner 原理图到 PADS Layout PCB 设计的过程。

（1）启动 PADS Layout 软件，执行菜单命令【工具】|【DxDesigner】，弹出如图 7-40 所示的【DxDesigner Link】对话框。

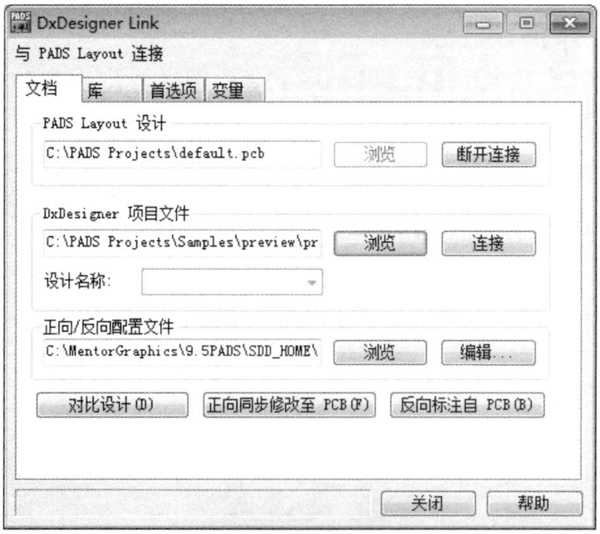

图 7-40　【DxDesigner Link】对话框

（2）单击【DxDesigner 项目文件】栏右边的"浏览"按钮，选择要链接的 DxDesigner 原理图文件，用户可选择 PADS 安装目中自带的 DxDesigner 原理图文件，如 "C:\MentorGraphics\9.5PADS\SDD_HOME\ Samples\preview\ preview"。

（3）单击"连接"按钮，将自动运行 DxDesigner 程序，打开步骤（2）中指定的原理图工程文件。

（4）单击"正向同步修改至"按钮，弹出如图 7-41 所示【正向标注】对话框。

（5）选中【创建 PCB】，单击"确定"按钮，弹出如图 7-42 所示的【过程进度指示器】对话框。

图 7-41　【正向标注】对话框　　　　　　　　图 7 42　【过程进度指示器】对话框

（6）单击"关闭"按钮，返回到 PADS Layout 设计界面，生成如图 7-43 所示的 PCB 设计图。

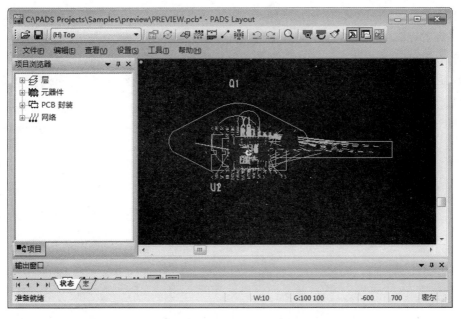

图 7-43　生成的 PCB 设计图

（7）在 PADS Layout 中执行菜单命令【工具】|【分散元器件】，弹出提示对话框，单击"是"按钮。则打散刚刚由导入 DeDesigner 原理图自动生成的 PADS Layout 设计图中的元器件，如图 7-44 所示。

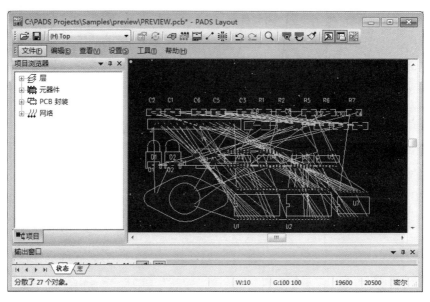

图 7-44　元器件打散后的 PCB 设计图

7.5　习题

（1）在 DxDesigner 中，添加元器件库文件方法是什么？

（2）在 DxDesigner 中，什么叫元器件阵列？如何创建？

（3）在 DxDesigner 中，如何为原理图添加总线？

（4）在 DxDesigner 与 PADS Layout 如何进行数据交换？

（5）在 DxDesigner 中，绘制一个单片机最小系统原理图。

第 8 章　PADS Layout 图形用户界面

本章主要介绍 PADS Layout 中的交互操作过程，工作空间的使用，菜单及工具栏的使用，自定义图形用户界面等。

 ## 8.1　PADS Layout 交互操作过程

启动 PADS Layout，单击桌面快捷方式或开始菜单【程序】|【Mentor Graphics SDD】|【PADS9.5】|【Design Entry】|【PADS Layout】。

启动 PADA Layout 后会弹出如图 8-1 所示的 PADS Layout 初始界面。

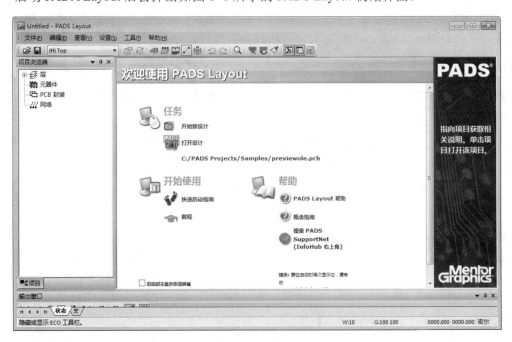

图 8-1　PADS Layout 初始界面

窗口中各部分的功能与 PADS Logic 相同（详见第 2 章的 2.1 节）。需特殊说明的是工具栏，标准工具栏如图 8-2 所示。

图 8-2　标准工具栏

单击标准工具栏中的按钮 ，弹出如图 8-3 所示的绘图工具栏，该工具栏中提供了绘制 PCB 边框、覆铜、添加文本等工具按钮。

图 8-3　绘图工具栏

单击标准工具栏中的按钮▦，弹出如图 8-4 所示的设计工具栏，该工具栏中提供了布局、布线等设计工具按钮。

图 8-4　设计工具栏

单击标准工具栏中的按钮▤，弹出如图 8-5 所示的尺寸标注工具栏，该工具栏中提供了自动标注尺寸、标注水平尺寸和垂直尺寸等工具按钮。

单击标准工具栏中的按钮▨，弹出如图 8-6 所示的 ECO（工程更改设计）工具栏，该工具栏中提供了新增预拉线、布线、取用元器件、重命名网络表名称等工具按钮。

图 8-5　尺寸标注工具栏

图 8-6　ECO 工具栏

单击标准工具栏中的按钮▦，弹出如图 8-7 所示的 BGA 工具栏，该工具栏中提供了芯片向导、基板向导等工具按钮。

图 8-7　BGA 工具栏

8.2　工作空间的使用

PADS Layout 的工作空间（工作区域）为 56in×56in。工作区域的坐标原点用一个大的白点表示。当启动 PADS Layout 或打开一个新的设计文件时，原点将出现在窗口的中间，并以适当的比例显示。可以执行菜单命令【设置】|【设置原点】，在工作空间的某处单击鼠标左键，重新定位原点位置。

设置好原点后，在工作区域内移动光标时，它相对原点的坐标值将动态地显示在屏幕右下角的状态栏中。

1．光标形式选择

执行菜单命令【工具】|【选项】，弹出【选项】对话框。在【常规】选项卡中可以设置光标的显示形式，如图 8-8 所示。可以选择的光标形式有 4 种，即普通型、小十字形、大十字形、全屏幕型。

图 8-8　全局设置光标形式选项卡

2．设置栅格

在【栅格】选项卡中可以设置栅格，如图 8-9 所示。PADS Layout 的栅格有 5 种，即设计栅格、过孔栅格、扇出栅格、铺铜栅格、显示栅格。

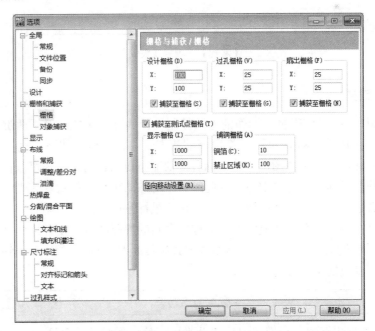

图 8-9　【栅格】选项卡

可以把显示栅格设置为与设计栅格相匹配，或者为设计栅格的数倍大小，这种点状的栅格有助于设计的完成；也可以将显示栅格设置为 0，从而关闭显示栅格。

3．设置单位

打开【选项】对话框，在【常规】选项卡中可以设置设计单位，如图 8-10 所示。

可选的单位有密尔（毫英寸）、公制（毫米）和英寸。另外，可以通过以下无模命令快速地切换设计单位。

☺ UM：将设计单位设置为 mil。

☺ UMM：将设计单位设置为 mm。

☺ UI：将设计单位设置为 in。

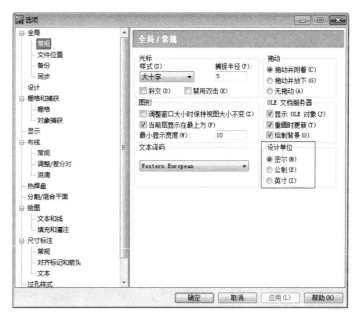

图 8-10 【常规】选项卡（设置单位）

4．缩放和取景

1）缩放操作 可以使用鼠标操作的方法控制设计的显示区域。对于两键鼠标的操作，单击标准工具栏上的按钮，可以切换选择缩放方式。在缩放方式下，光标变为一个放大镜，此时单击鼠标左键放大视图，单击鼠标右键则缩小视图。另外，还可以在希望调整的视图区域中心，按住鼠标左键并向上拖动，此时一个动态的矩形框将跟随着光标移动，当矩形框包含目标区域后，松开鼠标完成放大操作；按住鼠标左键并向下拖动时，一个固定的矩形框代表当前的可视空间，而动态变化的矩形框代表新的视图区域，松开鼠标完成缩小操作。

对于三键鼠标的操作，使用中间键缩放方式始终是高效的。放大和缩小取决于光标放在窗口的位置，以及拖动的方向。

> **说明：**使用菜单命令、数字键盘或窗口的滚动条，同样可以实现视图的调整与缩放。

2）取景 当使用两键鼠标取景时，移动光标到目标区域后，再按〈Insert〉键即可。若使用三键鼠标取景，将光标放在新的视图区域的中心，按鼠标的中间键即可。

> **说明：**使用鼠标取景时不必处于缩放方式下。

5．面向目标的选择方式

1）选择单个目标　在绘图工具栏中单击按钮 ，设定光标为选择模式。然后通过鼠标左键可以选择如元器件、字符项目、布线、网络或其他任何设计中的目标，操作方法是在目标上单击鼠标左键，被选中的目标将高亮显示。当选择下一目标时，前一个选中的目标将被取消。

2）选择多个目标　在按照上述方法单击鼠标左键选择目标的同时按住〈Ctrl〉键可以选择多个目标。或者按住鼠标左键拖曳出一个矩形区域，则该区域内的目标全部被选中。

6．选择过滤器

在 PCB 设计过程的许多阶段，可能只希望选中某些特定的目标。例如，在元器件布局期间，希望选中的目标只限于元器件；在交互的布线期间，希望选中的目标只限于飞线或导线。为了简化设计操作方法，PADS Layout 有一个选择过滤器。选择过滤器允许用户指定哪些目标可以被选中。将一些项目从过滤器中删除，将保证这些目标不会被选中。

1）设置和查看选择过滤器　执行菜单命令【编辑】|【筛选条件】，将打开选择过滤器对话框，如图 8-11 所示。

目标以 3 种类型进行分类，即设计项目、绘图项和层。若选中某个复选框，则在执行选择操作时该类项目不会被选中。用户可以通过以上方式方便地选择所需要的项目，然后通过鼠标拖动的方式进行多选。也可以通过下方的"任意"按钮或"全不选"按钮进行全选或全不选设置。

2）选择过滤器快捷方式　在没有任何目标被选中的状态下，单击鼠标右键，将弹出一个菜单，如图 8-12 所示。它包含了选择过滤器快捷方式列表。

图 8-11　选择过滤器对话框

图 8-12　弹出式菜单

选择其中一个快捷方式，将使选择过滤器更新为仅选择这一种目标。

> **说明：** 这种方法可以用于选择同类型的所有目标。

3）循环选择 当在一个工作区域单击鼠标，而目标处有多个目标（密度很高）时，想选中其中的一个目标也许要试许多次。为了减少尝试选择的次数，可以先接受第一个选择，然后按〈Tab〉键循环将那个位置处所有的目标依次选中，直到希望的目标出现后停止选择。

8.3 自定义的 GUI 图形用户界面

用户可以根据自己的喜好及操作习惯来自定义工具栏、菜单栏、下拉菜单和快捷菜单，也可以使用自定义对话框，指定自定义键盘和鼠标快捷键。或者不需要使用自定义对话框，按下〈Alt〉键并拖动需要的按钮，来重新安排工具栏按钮。所有自定义状态都会保存在当前的工作区域。也允许用户改变工具栏、菜单、快捷键等的全部设置，因为重新启动软件时，自定义的工作区域会自动导入。

自定义的操作方法为，在工具栏上方单击鼠标右键，从弹出的菜单中选择【自定义...】项，如图 8-13 所示，打开如图 8-14 所示的【Customize】对话框。

图 8-13　弹出菜单

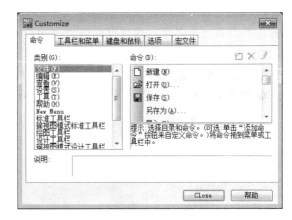

图 8-14　【Customize】对话框

在【Customize】对话框的【命令】选项卡中，选择需要的功能图标到目标菜单或工具栏上即可；删除时直接从工具栏图标上拖动删除即可。

8.4 习题

（1）新建一个 my_first.PCB 文件，设定光标为大十字形，设计栅格为 10mil，显示栅格为 100mil。

（2）打开软件自带的范例文件 C:\PADS Projects\Samples\Layout_Eval_Done.pcb，进行缩放、取景，以及目标选择练习。

第9章　PADS Layout PCB 设计

本章主要介绍 PADS Layout PCB 设计的相关操作，包括设计准备、布局、布线、增加测试点、定义平面分隔层、覆铜、射频设计、添加尺寸标注、添加文本注释和验证设计等。

9.1　设计准备

1. 建立 PCB 边框

定义 PCB 边框是采用与绘制项目、覆铜和灌铜等相同的方法建立的多边形，其操作方法如下所述。

（1）设置好栅格和显示栅格的尺寸，如所有的栅格设为 100mil，显示栅格设为 200mil。

（2）在绘图工具栏中单击按钮 ，单击鼠标右键，从弹出菜单中选择【多边形】及拐角方式，如图 9-1 所示。

（3）在任意一点如（0,0）处单击鼠标左键确定起点，此时一个动态的连线将黏附在光标上，移动光标到下一点如（3000,0）处单击鼠标左键，确定第一个拐点，按此方法依次绘制，最终构成一个封闭的区域即可。

> **说明：** 绘制过程中也可以通过无模命令"S"来查找坐标点，从而达到精确的定位。如按〈S〉键，在打开的对话框中输入"3000 2500"（包括空格）并按〈Enter〉键，光标将跳到指定的位置，此时按空格键即可。

2. 修改 PCB 边框

实际的 PCB 可能形式多样，针对这种情况，可以对一个绘制好的板框进行修改，如将PCB 的一个边框由直线形改为圆弧形。在修改 PCB 边框前，必须先在选择过滤器中将 PCB边框变为可以被选择的目标类型。

选中要修改的 PCB 边框，单击鼠标右键，在弹出的右键菜单中选择【拉弧】（拉出圆弧）项，如图 9-2 所示。

移动光标，将 PCB 边框向外拉出一个圆弧，在合适的位置单击鼠标左键完成操作，修改完的边框如图 9-3 所示。

另外，还可以选择整个 PCB 边框，再单击鼠标右键，从弹出菜单中选择【添加倒角】项，打开如图 9-4 所示【添加倒角】对话框。

输入弧度半径（如 35），然后单击"确定"按钮，则 PCB 中所有板框的 90° 角将以指定的值进行倒角，如图 9-5 所示。

操作完成后，可以在标准工具栏中单击按钮 ，将 PCB 边框整个显示在屏幕中，以便于观察 PCB 的整体情况。

图 9-1　绘图属性右键菜单

图 9-2　编辑属性右键菜单

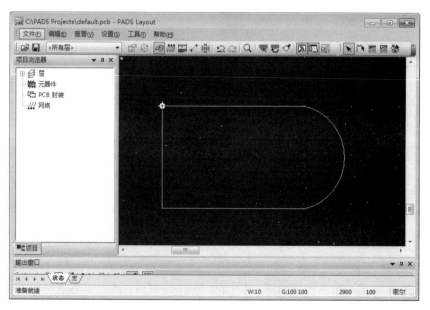

图 9-3　圆弧形边框

图 9-4　【添加倒角】对话框

图 9-5　添加倒角后的板框

3．建立 PCB 的挖空区域

若需要在 PCB 上挖空一个区域，可以使用【板框和挖空区域】命令，因为一个 PCB 只能有一个外框，因此再次使用此命令时，将提示并自动建立一个挖空区域。在绘图工具栏中单击按钮 ，将弹出一个提示窗口，如图 9-6 所示，提示板框已存在，询问是否需要建立一个挖空区域，单击"确定"按钮即可。挖空区域的绘制方法与板框绘制方法相同，此处不再赘述。

图 9-6　提示窗口

4．建立禁止区

在一个 PCB 上，有时对元器件的放置会有具体要求，比如对元器件高度的区域限制、覆铜、布线的限制。下面举例说明如何建立禁止区。

（1）在绘图工具栏上单击按钮 。

（2）绘制一个封闭区域后，会自动打开如图 9-7 所示的【添加绘图】对话框。在【层】选项中选择【顶层】，即将禁止区域放置于顶层；再选中【禁止区域限制】下的【布局】，在【元器件高度】中输入 200，表示该层该区域只可放高度为 200mil 以内的元器件。

（3）单击"确定"按钮，关闭【添加绘图】对话框，设置后的效果如图 9-8 所示。

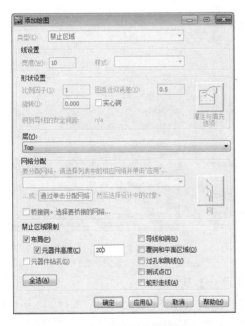

图 9-7　【添加绘图】对话框

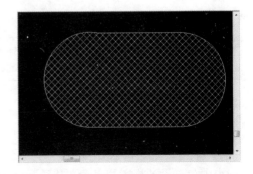

图 9-8　禁止区图形

9.2　输入设计数据

设计数据可以从外部输入到 PADS Layout 中来。最常用的输入设计数据到 PADS Layout 的方式为从原理图工具中输入数据，如 PADS Logic 和 DxDesigner 中输入网络、设计规则和设计数据。

　　PADS Layout 的输入工具也允许有选择地从 Autodesk 的 AutoCAD 或 Parametric Technologies 的 Pro/ENGINEER 产品中输入数据。

1．从 ASCII 文件中输入网络表

　　典型的网络表包含 PCB 中所有元器件的列表，以及元器件之间的相互连接网络。选择菜单命令【文件】|【导入】，打开如图 9-9 所示的【文件导入】对话框。

　　选择要输入的 *.asc 文件即可，输入过程完成后，所有元器件将出现在 PADS Layout 的设计原点处。

> 说明：应用这种方式的前提是，在 PADS Logic 中将原理图文件导出为*.asc 文件。

2．从 PADS Logic 中输入网络表

　　使用 PADS Logic 的 OLE 工具，可以传送网络表到 PADS Layout 中，从而避免网络表的手工输出和输入步骤。其操作方法如下所述。

　　（1）在 PADS Logic 中打开一个设计文件。

　　（2）选择菜单命令【工具】|【PADS Layout...】，或者单击工具栏上的按钮，打开如图 9-10 所示的【PADS Layout 链接】对话框。

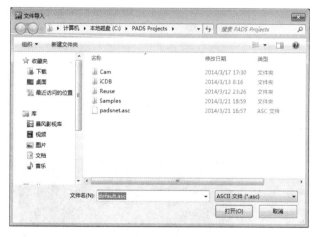

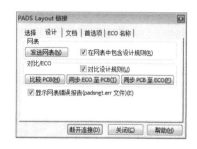

图 9-9　【文件导入】对话框　　　　　　图 9-10　【PADS Layout 链接】对话框

　　（3）在【PADS Layout 链接】对话框中选择【设计】选项卡。

　　（4）单击"发送网表"按钮，则网络表自动输出到 PADS Layout 中。其中，复选框【在网表中包含设计规则】表示在传送网络表过程中包含设计规则。

> 说明：在【PADS Layout 链接】对话框中，"比较 PCB"按钮可以比较原理图和 PCB之间的差异；单击"同步 ECO 至 PCB"按钮可以将原理图所做的更改同步更新到 PCB中；单击"同步 PCB 至 ECO"按钮可以将 PCB 所做的更改同步更新到原理图中。

　　当这个过程完成后，所有元器件将被放置在 PADS Layout 的设计原点处，准备布局。另外，前面在 PADS Logic 部分中定义的所有设计规则和层的定义，都传送到 PADS

Layout 的设计数据库中。如果希望查看这些设计规则，执行菜单命令【设置】|【设计规则】即可。

 ## 9.3 元器件的布局

一般来说，元器件的布局是通过选中元器件，然后移动它们到板框内部的某个位置完成的。PADS Layout 具有各种各样的功能和特点，使得元器件的布局只需要简单的几步即可完成，这将大大地节约布局的时间。

1. 设置移动元器件时的参考点

执行菜单命令【工具】|【选项】，打开如图 9-11 所示的【选项】对话框。

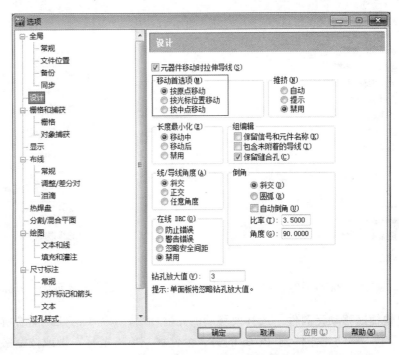

图 9-11 【选项】对话框

在【选项】对话框中选择【设计】选项卡，其中的【移动首选项】区域可以设置移动元器件时的参考点，共有以下 3 种方式。

☺ 通过原点移动，在 PCB 封装中定义的元器件原点作为移动元器件和放置元器件的位置。

☺ 通过光标位置，选中元器件时光标所处的位置就是移动元器件和放置元器件的位置。

☺ 通过中心点，通过计算元器件外框和引脚对角线的中心点作为移动元器件和放置元器件的位置。

> **说明：** 在移动元器件的操作过程中，可以单击鼠标右键，来选择移动元器件的参考点。

2．移动元器件

使用 PADS Layout 的移动命令可以移动元器件。移动命令可以在右键弹出菜单中单独使用，也可以使用快捷键〈Ctrl+E〉及 PADS Layout 定义的快捷键。

1）使用弹出菜单中的移动命令移动元器件　单击鼠标右键，从弹出菜单中选择【选择元器件】项，如图 9-12 所示。单击鼠标左键选择一个要移动的元器件，然后再单击鼠标右键，从弹出菜单中选择【移动】项，如图 9-13 所示。此时元器件将黏附在光标上，移动光标到目标位置，单击鼠标左键即可。

图 9-12　选择对象右键菜单　　　　　　　　　　图 9-13　元器件布局操作右键菜单

2）通过快捷键移动元器件　选择要移动的元器件后，按〈Ctrl+E〉组合键，则元器件将黏附在光标上。移动元器件到 PCB 的另一个位置，单击鼠标左键或按空格键即可完成元器件的移动。

3）通过鼠标拖曳的方式移动元器件　执行菜单命令【工具】|【选项】，在弹出的窗口中选择【常规】选项卡，如图 9-14 所示。在【拖动】区域中可以设置利用鼠标拖曳目标时的拖动方式。

☺ 拖动目标并将目标黏附在光标上，直到单击鼠标左键确认放置目标。
☺ 拖动目标并将目标黏附在光标上，但必须保持按住鼠标左键，否则就释放目标。
☺ 禁止以鼠标拖动模式移动目标。

当设置为允许鼠标拖动目标时，可以方便地通过鼠标操作完成元器件的移动。

> **说明：** 上述移动元器件的方法也可以用于移动其他任何设计项目，如过孔、字符、布线线段、布线拐角或其他任何设计目标。

图 9-14 【选项】对话框【常规】选项卡

3.旋转元器件

1）使用【旋转 90】命令旋转 元器件可以以 90°为增量逆时针绕着原点旋转。可以通过以下两种方式来实现元器件的旋转。

☺ 选择要旋转的元器件，单击鼠标右键，从弹出菜单中选择【旋转 90】项，将元器件逆时针旋转 90°。

☺ 选择要旋转的元器件，按〈Ctrl+R〉组合键，元器件将逆时针旋转 90°。

2）使用任意角度旋转命令【绕原点旋转】旋转元器件 使用任意角度旋转命令【绕原点旋转】，元器件能够沿顺时针或逆时针方向，以任意角度旋转，其操作方法有以下两种。

☺ 选择要旋转的元器件，单击鼠标右键，从弹出菜单中选择【绕原点旋转】项，移动光标到元器件的外面，元器件将跟随光标的移动而绕着原点旋转。状态栏中会实时显示当前角度，单击鼠标左键，完成任意角度旋转。旋转元器件时，若光标靠近元器件的原点，则以一个大致的角度增加；若光标远离元器件的原点，则以一个精确的角度增加。

☺ 选择要旋转的元器件，按〈Ctrl+I〉组合键，则用光标可以以任意角度旋转元器件。

> **提示：** 在元器件属性中可以方便而精确地设置元器件的旋转角度，即选中元器件后，单击鼠标右键选择【属性】项，在【旋转】项目中可以方便地设置旋转角度。

4.元器件翻面

使用【翻面】命令，可以将元器件翻转到 PCB 的另一个安装面。操作方法为，选中元器件，单击鼠标右键，从弹出菜单中选择【翻面】命令，元器件将左右翻转。这时可以通过设置元器件白油外框的颜色来识别元器件位于哪一层。另外，可以使用快捷键〈Ctrl+F〉完成相同的操作。

5.设置元器件放置的状态

用鼠标左键双击元器件，或者通过选中一个元器件，然后单击鼠标右键，从弹出菜单中选择【属性】命令打开【元器件特性】对话框，如图 9-15 所示。可以通过该对话框，查询并修改元器件的布局布线设计数据。

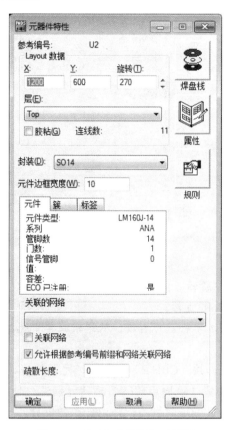

图 9-15 【元器件特性】对话框

 9.4 元器件布局操作

1.设置布局栅格

开始布局前，应先设置【设计栅格】和【显示栅格】，操作方法与 PADS Logic 相同，这里不再赘述。

2.设置元器件自动推挤

PADS Layout 的布局功能可设置为自动地推挤或调整元器件的位置，无论元器件放置得有多近，甚至元器件叠在一起都可以调整。设置方法为，执行菜单命令【工具】|【选项】，打开如图 9-16 所示的【选项】对话框。选择【设计】选项卡，在【推挤】区域选中【自动】，打开自动推挤功能，然后单击"确定"按钮即可。

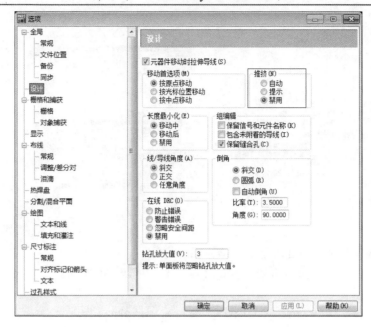

图 9-16　【选项】对话框【设计】选项卡

3. 散开元器件

为了将元器件在 PCB 边框外散开，可执行菜单命令【工具】|【分散元器件】，如图 9-17 所示为元器件被散开的效果图。

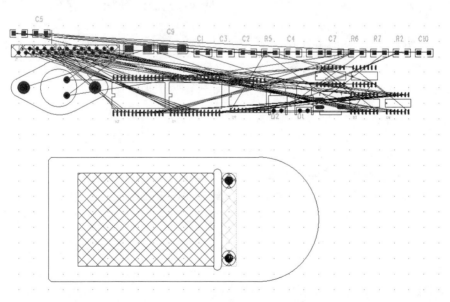

图 9-17　元器件被散开的效果图

4. 设置网络的颜色和可见性

为了辅助布局和正确地放置元器件，有时需要指定网络的显示颜色，如电源或地等。
（1）执行菜单命令【查看】|【网络】，打开如图 9-18 所示的【查看网络】对话框。

图 9-18 【查看网络】对话框

（2）从【网表】中选择要添加的网络，如"+5V"。

（3）单击"添加"按钮或者双击左边【网表】中的"+5V"网络，将"+5V"加到【查看列表】中。

（4）从【查看列表】中选择"+5V"，然后在【按网络焊盘、过孔、未布的线设置颜色】区域中选择一种颜色（如蓝色），则所有到"+5V"网络的元器件引脚和过孔的颜色均为蓝色；在【查看未布的线的详情】区域可以设置网络是否可见。

5. 建立和放置元器件组合

为了简化元器件的布局，减少放置元器件的次数，PADS Layout 中可以定义【创建组合】，如由集成电路和去耦电容组成的组合，一旦这些元器件作为组合存在，它们就可以一起移动。

为了建立组合，可以同时选择要组合的元器件，单击鼠标右键，从弹出菜单中选择【创建组合】项，打开如图 9-19 所示的【组合名称定义】对话框。

在文本框中输入组合的名字，然后单击"确定"按钮即可。

6. 建立相似组合

使用建立相似组合命令可以寻找相同类型的元器件，并且以前面建立的组合为基础，自动地建立组合。其操作方法如下所述。

（1）选择已建立的组合，单击鼠标右键，从弹出菜单中选择【创建相似的组合】选项，如图 9-20 所示。接下来会弹出如图 9-21 所示的询问是否要建立相似组合的对话框。

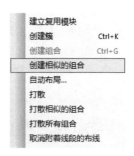

图 9-19 【组合名称定义】对话框 　　　　　　　　图 9-20　右键菜单

（2）同理，如果是要【打散相似的组合】，则弹出如图 9-22 所示的询问是否打散相似的组合的对话框。单击"是"按钮即可（注：软件翻译有误）。

图 9-21　询问是否要建立相似组合的对话框　　　图 9-22　询问是否打散相似的组合的对话框

7. 使用 PADS Logic 进行独特的原理图驱动布局

PADS Logic 的 OLE 功能允许用户在 PADS Logic 和 PADS Layout 之间进行交叉选择。使用这些功能，可以执行原理图驱动的布局、布线设计前的设计预览操作，以及从 PADS Logic 中动态地输入网络表。下面举例说明其操作方法。

（1）调整 PADS Logic 和 PADS Layout 程序窗口的大小，使它们各占显示屏幕的 1/2 大小。然后，调整其内部视图尺寸的大小。按〈Home〉键可使视图以最大的显示比例显示在窗口中。

（2）在 PADS Logic 中，执行菜单命令【文件】|【打开】，并且选择 preview.sch 文件。

（3）执行菜单命令【工具】|【PADS Layout...】，打开如图 9-23 所示的【PADS Layout 链接】对话框。

（4）在 PADS Logic 中选择一个元器件（如 U1），则在【PADS Layout 链接】对话框的【发送选择】区域将显示 U1，如图 9-23 所示；同时，在 PADS Layout 中的 U1 也处于选中状态。

图 9-23　【PADS Layout 链接】对话框

> **注意**：该方法选择元器件是同步的，能够使元器件既在 PADS Layout 中被选中，也在 PADS Logic 中被选中。

8. 使用【项目浏览器】窗口选择元器件布局

通过单击工具条上的按钮，打开【项目浏览器】窗口，可以在该窗口中选择元器件并进行布局。

在弹出的【项目浏览器】窗口中选择【元器件】项，并单击其左边的"+"，如图 9-24 所示。在下拉的元件列表中选择需要的元器件，如果需要不连续地多选元器件，可以按住〈Ctrl〉键，同时选择其他需要的元器件；如果需要连续多选，可选择单击第一个元器件位置，在按住〈Shift〉键的同时，单击最后一个需要的元器件，这样可以将包括中间所有元器件在内的元器件选中。下面举例说明放置元器件的操作过程。

9. 顺序放置元器件

PADS Layout 允许选择多个元器件，然后自动地顺序放置各个元器件，例如，使用这种方法放置电阻 R1、R2 和 R5。

（1）利用上面提到的【项目浏览器】窗口下的【元器件】项，按住〈Ctrl〉键的同时选中 R1、R2 和 R5。

（2）在 PADS Layout 中，单击鼠标右键，从弹出菜单中选择【按顺序移动】项，则会弹出提示窗口，如图 9-25 所示。

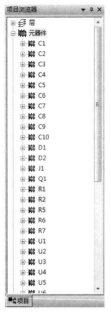

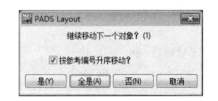

图 9-24　【项目浏览器】窗口　　　　　　　　图 9-25　提示窗口

（3）单击"全是"按钮，组内的第一个元器件将黏附在光标上。一旦元器件放置完后，组内的下一个元器件将自动地黏附在光标上。

（4）将电阻依次放置在下列位置：

R1　2050, 550
R2　2050, 1200
R5　400, 1550

放置完成后的元器件图如图 9-26 所示。

10. 使用【查找】命令放置元器件

选择和移动元器件的另一种方式是使用 PADS Layout 的【查找】命令。【查找】命令提供了快速元器件搜索和定位能力并且自动地应用命令动作，如选择、高亮和旋转 90° 等。下面将使用这个方法，定位、选择和移动晶振 Y1 和电容 C7。

（1）设置光标处于【移动】工作方式。

（2）执行菜单命令【编辑】|【查找】或从鼠标右键菜单中选择【查找】选项，则弹出【查找】对话框，如图 9-27 所示。

（3）在【查找条件】下拉列表中选择"参考编号"。

（4）从【参考编号前缀】列表中选择"Y"。

（5）单击"应用"按钮。晶振"Y1"将黏附在光标上，此时不要关闭【查找】对话框（在放置"Y1"期间，它依然处于打开状态）。

（6）从弹出菜单中选择【旋转 90】命令，将"Y1"旋转 90°，并且移动到（400,1400）的位置。

（7）对于电容"C7"的放置，要 90°旋转两次，并从弹出菜单中选择【翻面】选项，将"C7"翻转到【次元器件面】。放置"C7"在"Y1"的下面，位置是（400,1550），如图 9-28 所示。

（8）单击"取消"按钮，关闭【查找】对话框。

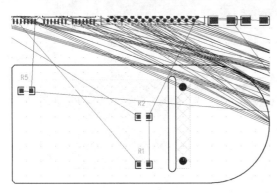

图 9-26 顺序放置电阻图

图 9-27 【查找】对话框

同样，采用上述方法，放置晶体管 Q1 及其滤波电容 C8 和 C9 在如下位置：

Q1 3100, 1200 且旋转 90°
C8 2100, 400
C9 2100, 1800

放置完成后的元器件图如图 9-29 所示。

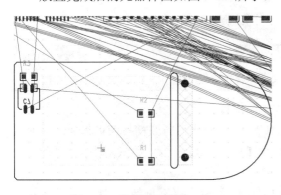

图 9-28 放置元器件图

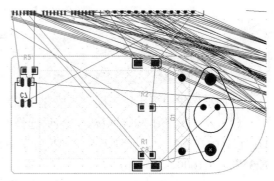

图 9-29 放置完成后的元器件图

11. 以极坐标方式布局放置元器件

PADS Layout 的布局工具允许使用极坐标栅格原点的方式放置元器件，即采用半径和角度来描述具体的位置。径向移动设置工具允许指定极栅格的所有参数。

设置极坐标方式移动栅格可通过如下步骤来完成。

（1）执行菜单命令【工具】|【选项】，单击【栅格】选项卡。

（2）单击"径向移动设置"按钮，打开【径向移动设置】对话框，如图9-30所示。

（3）设置【极坐标栅格原点】在 X:2700、Y:1100 处；设置【内圈半径】为 700；设置【半径增量】为100。

（4）其他设置为默认值，单击"确定"按钮关闭极坐标移动设置对话框，单击"确定"按钮关闭【选项】对话框。

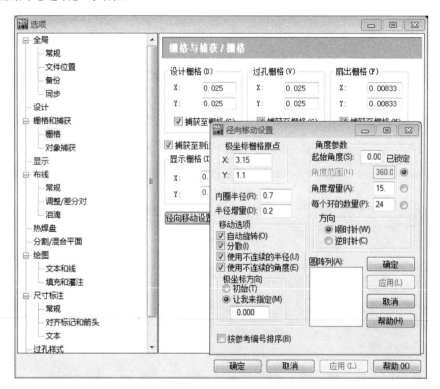

图 9-30　【径向移动设置】对话框

> **提示**：这些设置也可以在进入极坐标方式移动的过程中再次单击鼠标右键，选择【径向移动设置...】调出对话框进行设置或修改参数。

下面举例说明采用极坐标方式放置 LED 和电阻的操作过程。

（1）从工具条中选择图标，然后选择"D1"，此时极坐标方式栅格图形将出现，并且 D1 将黏附在光标上。在弹出菜单中执行菜单命令【旋转 90】3 次，旋转 D1。然后放置在 X:3500、Y:1600、旋转角度为 315° 的位置。

（2）对于 D2，采用相同的方法，使用【旋转 90】命令将它旋转 3 次，并且放置在 X:3500、Y:4600、旋转角度为 225° 的位置。

（3）对于 R7，使用【旋转 90】命令将它旋转 1 次，并且放置在 X:3675、Y:1275、旋转角度为 105° 的位置。

（4）对于 R6，使用【旋转 90】命令将它旋转 3 次，并且放置在 X:3675、Y:925、旋转角度为 255° 的位置。

放置完成后的效果图如图 9-31 所示。

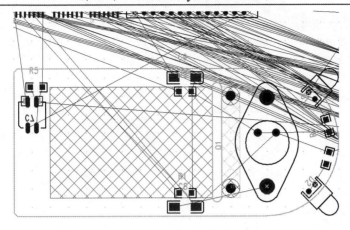

图 9-31　放置完成后的效果图

> 提示：也可以通过先选择元器件（一个或多个），然后单击鼠标右键选择【径向移动】选项的方式进入极坐标方式的移动。

12. 对齐元器件

如果有一排或一列元器件需要对齐，可以按照以下方式进行操作。首先选中一排或一列元器件，然后单击鼠标右键，从弹出菜单中选择【对齐】选项，或者使用快捷键〈Ctrl+L〉，打开如图 9-32 所示的【对齐元件】对话框。

【对齐元件】对话框的上面一排分别为向左对齐、中间对齐、向右对齐，右面一列分别为向上对齐、中间对齐、向下对齐，可根据需要具体选择。

图 9-32　【对齐元件】对话框

9.5　ECO 工程更改

1. 生成工程设计更改

在设计中的任何修改和改变都被认为是一个工程设计更改，这些改变包括引脚或门的交换、删除或添加元器件、删除或添加网络、重新命名元器件、重新命名网络和元器件的改变等。PADS Layout 提供的工具能够快速地执行这些修改，并将这些过程准确地记录在文档资料中，以便进行原理图的反标注过程。

ECO 功能中有一个特别的功能是自动进行元器件编号的重新编排，还可以自定义元器件重新编号和重新命名的方式。下面说明重新编排序号的步骤。

（1）从工具条中选择 图标，打开如图 9-33 所示的【ECO 选项】对话框，这个对话框包含一些选项，如是否将 ECO 变更写入文件、是否要扩充已经存在的文件。

（2）选中【编写 ECO 文件】复选框，并取消【附加到文件】复选框。指定文件名为 "previewole.eco"，选中【关闭 ECO 工具箱后编写 ECO 文件】选项。产生的 ECO 文件默认为与 PCB 文件同名的*.eco 文件，如上面的 previewole.eco 文件；如果需要更改文件，可以通过"浏览"按钮进行指定。

（3）单击"确定"按钮，弹出【ECO 工具栏】工具条，在工具条上选择图标，打开【自动重新编号】对话框，如图 9-34 所示。

图 9-33　【ECO 选项】对话框　　　　　　　　　图 9-34　【自动重新编号】对话框

（4）在【前缀列表】中单击"选择所有"按钮（默认已全部选中，底部显示按钮为"取消所有选择"）。

（5）改变单元尺寸为 X：1、Y：1（其值越小，按其坐标位置扫描的精度越高）。

（6）对于顶面和底面，同时选择从左到右、从顶到底图标。

（7）在【重新编号起始位置】区域，选择【顶面】复选框。

（8）单击"确定"按钮，则自动执行重新编排序号操作。

当退出 ECO 模式时，在 PADS ProjectsSamples 目录下将产生一个 ECO 文件，文件名为"previewplaced.eco"，它具有标准的 PADS ECO 文件格式。

2. 更新 PADS Logic 原理图

具有元器件重新编号的 ECO 文件将直接输入到 PADS Logic，并更新原理图，以便与新的参考编号相匹配。具体操作过程如下所述。

（1）运行 PADS Logic，打开前面保存的原理图文件 preview.sch，执行菜单命令【文件】|【导入】，打开如图 9-35 所示的【文件导入】对话框。

（2）在"Samples"目录下，在文件类型中选择"ECO 文件（*.eco）"，然后选择"previewole.eco"文件并打开。

（3）稍后，原理图中所有的参考编号将被更新，并且原理图也被刷新。

3. 添加元器件

在 ECO 模式下单击图标，打开【从库中获取元件类型】对话框。可以从中选择需要添加的元器件，然后单击"关闭"按钮关闭此对话框。

在工作界面单击元器件 Q1，这时会有一个和 Q1 一样的元器件黏附在光标上，单击鼠标左键放下该元器件，此时和 Q1 一样属性的 Q2 放置完成（系统会自动按序号给新加的元器件命名），若继续单击 Q1 则会出现 Q3，继续放置。单击工具条上的图标，将退出添加元器件模式。

图 9-35　【文件导入】对话框

单击图标 可以添加网络连接。如单击 R2 第 1 个引脚，这时会出现一条细线黏附在光标上，移动光标，将光标定在 R3 的第 1 个引脚上，单击鼠标左键，则 R2 的第 1 个引脚与 R3 的第 1 个引脚连接。细线还黏附在光标上，按〈Esc〉键，退出该网络的添加。再单击 R2 的第 2 个引脚，以同样的方法将 R2 的第 2 个引脚和 R3 的第 2 个引脚连接起来。单击图标 ，退出添加网络连接。

选择 图标可以更改网络名。如单击 R2 第 1 个引脚与 R3 第 1 个引脚的连线，这时整个网络以高亮显示出来，并打开【重命名网络】对话框，如图 9-36 所示。如果需要，可以在【新名称】文本框中输入新的网络名称。

4．引脚或门的交换

在设计 PCB 时，为了布线的顺畅，在不影响逻辑关系的前提下，可能需要调整一下引脚的连接关系，如对于与门、与非门等器件，可以互换它们的两个输入引脚的连接关系，或者从一个门调换到另一个门，而不影响电路的功能和逻辑关系。例如，对于图 9-37 所示的 U5 器件，可以任意交换引脚 1 和引脚 2、引脚 5 和引脚 6，或者可以更换 U5 的 Gate A 和 Gate B 部分。

图 9-36　【重命名网络】对话框

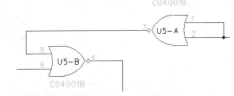

图 9-37　部分原理图

重新打开之前的 PCB 文件 previewplaced.pcb，在颜色设置中设置飞线的连接为可见。

1）引脚的交换

（1）在 PADS Layout 的 ECO 工具栏中，单击图标 。

（2）选择 PCB 中 U5 的第 5 个引脚，在屏幕的左下角提示"Select second pin to swap among highlighted"（在高亮中选择要交换的第 2 个引脚）。

（3）单击引脚 6，这时引脚 5 和引脚 6 的连接关系被调换。

2）门的交换

（1）在 PADS Layout 的 ECO 工具栏中，单击图标。

（2）选择 PCB 中 U5 的第 1 个门（单击引脚 1、2 或 3 中的任意一个），这时在屏幕左下角的状态栏提示"从亮显的项目中选择要交换的第二个管脚"。

（3）单击门 C（Gate C）中的任意一个引脚（引脚 8、9 或 10 中的任意一个），这时 GateA 和 Gate C 被调换。

9.6 布线编辑

PADS Layout 具有几个交互式和半自动的布线工具。这些工具包括动态布线编辑，用于两根或多根导线同时布线的总线布线、圆弧导线、直角导线倒角、"T"形布线，在线设计规则检查和复制布线等。

1．执行布线前的准备工作

在布线之前，通常要执行一系列布线前的准备工作，这些准备工作可分别单独执行。

1）修改标准的过孔定义 PADS Layout 允许定义任意种过孔类型。在交互式布线期间，在 PADS Layout 的设计规则中，可以指定使用哪一类型过孔，或者说明某些网络使用指定的过孔类型。

（1）执行菜单命令【设置】|【焊盘线】，打开【焊盘栈特性】对话框，如图 9-38 所示。

图 9-38 【焊盘栈特性】对话框

（2）在【焊盘栈类型】区域，选中【过孔】复选框，默认的过孔名称"STANDARDVIA"将出现在【封装名称】区域。在【形状：尺寸：层】列表中选择"CNN 35 <开始>"，并且在【参数】区域设置其焊盘直径为 0.035，修改当前标准的过孔定义。

（3）选择内层，改变焊盘尺寸为 0.035；选择结束层，改变焊盘尺寸为 0.035；选择过孔的钻孔尺寸为 0.02。

（4）在对话框的右下角，可以预览所设定的过孔的形状类型和尺寸，单击"确定"按钮，保持改变的焊盘形状设置，关闭【焊盘栈特性】对话框。

2）关闭显示项目　为了在布线期间保持屏幕的整洁，减少屏幕刷新次数，可以在交互布线时关闭一些不需要显示的项目。

（1）执行菜单命令【设置】|【显示颜色】，关闭在地和电源平面层所有项目的显示。

（2）为了隐藏某个目标，只要简单地将它的显示颜色设置为与设计背景颜色相同即可；它还是存在的，只是没有被看到而已。

（3）选择参考编号的顶层和底层，将它们设置为与背景相同的颜色。

（4）从【选定的颜色】区域中选择"淡绿色"（淡绿色）。

（5）从【其他】区域中选择"连线"，使连接线以淡绿色显示，如图 9-39 所示。

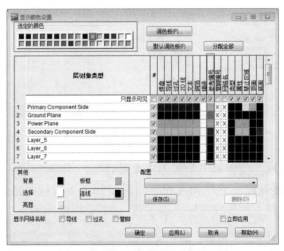

图 9-39　【显示颜色设置】对话框

3）保存分配的颜色　PADS Layout 可以将分配的颜色保存起来，以便在今后的设计中使用。

（1）单击"保存"按钮，打开如图 9-40 所示的【保存配置】对话框。

图 9-40　【保存配置】对话框

（2）在文本框内输入"routing"，单击"确定"按钮，保存配置。新的配置名字将出现在【显示颜色设置】对话框的【配置】区域中。

（3）单击"保存"按钮，保持这些颜色设置，并且关闭【显示颜色设置】对话框。

这时，在菜单【设置】下面将出现刚才应用过的 routing 颜色配置。如果多保存几个类似的颜色配置并应用后，在这里可以出现曾经应用过的颜色配置选项，以便快捷地选择颜色方案。

4）定义布线层对　定义布线层对可以缩短在交互布线期间手工改变层时所花费的时间。布线层对规定了层的改变只能在所定义的层对之间进行。对于一个4层板，定义的布线层对是主元器件面和次元器件面。

（1）执行菜单命令【工具】|【选项】，并选择【布线】选项卡，如图9-41所示。

图 9-41　【布线】选项卡

（2）在【层对】区域，设置第1个层为主元器件面，第2个层为次元器件面即可。

5）定义默认的导线角度　导线角度设置定义了相邻导线线段之间的角度，这些主要在交互式布线期间使用。有3种导线角度可以设置，如图9-42所示。

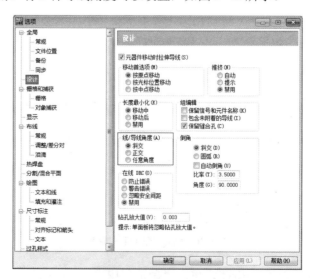

图 9-42　设置导线角度

其中，【斜交】定义线段方向限制为 45° 方式；【正交】定义线段方向限制为 90° 方式；【任意角度】定义线段方向没有限制。根据需要选择相应的选项，然后单击"确定"按钮即可。

6）打开实际宽度显示　可以选择打开或关闭实际宽度显示功能，以便能看到它们的实际宽度。默认的是大于或等于 10mil 宽度的线才显示实际宽度。使用无模命令"R8"，设置实际显示宽度为 8mil，则所有大于或等于 8mil 宽度的线和导线将以实际宽度显示。也可以通过【选项】对话框【常规】选项卡下"图形"区域中的【最小显示宽度】进行设置，如图 9-43 所示。

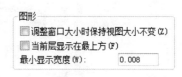

图 9-43　最小显示宽度设置

2．使用手工布线编辑器

手工布线编辑器是 PADS Layout 布线编辑功能的一部分。与 PADS Layout 中的其他操作类似，许多操作在布线编辑器中用于建立布线，如建立多边形和线性目标的操作等。

在 PADS Layout 中，所有的连线被选中后，都将使用鼠标和键盘进行布线、添加新的拐角、改变层，最后转化为已经布好的导线。

1）重新调整视图尺寸大小

（1）输入无模命令"N 24MHz"，按〈Enter〉键，高亮显示 24MHz 网络。

（2）在设计的左上角放大，视图的中心将移到振荡器和电阻之间的 24MHz 网络连接部分，并以适当的比例显示。

（3）输入"N"（后面不要跟网络名），然后按〈Enter〉键，则取消 24MHz 网络的高亮显示。

2）开始布线

（1）单击鼠标右键，从弹出的菜单中选择【选择导线/管脚/未布的线】选项，如图 9-44 所示。

（2）在 PADS Layout 工具条的层组合框中选中主元器件面，将其作为当前层。

（3）选择振荡器和电阻之间的 24MHz 网络连接线部分。

（4）按〈F2〉键或从弹出的鼠标右键菜单中选择【布线】选项，新的布线线段将黏附在光标上。

> **注意**：此时，PADS Layout 处于 DRC 关闭状态，若新的布线线段与其他目标短路，PADS Layout 并不禁止。

开始布线后，移动光标并且注意一段连线结束后连线的尾端是怎样黏附在光标上的，剩余未布的线段将继续以飞线连接，并且结束点为需要布线的终点。这样将指引布线时前进的大致方向，如图 9-45 所示。

在一些由许多连接线组成的大型网络中，连接线的结束点会自动地跳到 PCB 上该网络中最近的引脚上。一旦导线的结束端接近 J1 时，该导线的结束端将自动地跳到 J1 上，向左上方移动光标，结束端又跳回原来的位置。在布线过程中，利用这个功能可以动态地连接导线，避免以后再手工调整这些已经布好的线。

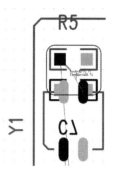

图 9-44　选择【选择导线/管脚/未布的线】选项　　　　图 9-45　布线操作图

从布线开始点新增加的线段总是以 90° 进行的，这是因为当前导线角度方式为正交方式。

在布线过程中，若发现布线的线段结束点没有精确停留在光标所在的位置，而是稍有

图 9-46　捕捉栅格设置

偏差，或者放置过孔时位置有偏差，这时需要设置布线或过孔的捕捉栅格点选项。执行菜单命令【工具】|【选项】，在【栅格】选项卡下，将【设计栅格】和【过孔栅格】下的【捕获至栅格】选项清除，这样布线或加过孔时就不会捕捉栅格点位置，如图 9-46 所示。这种设置同样可以应用于【捕获至测试点栅格】和【扇出栅格】选项。

> 提示：在布线的任何时候，都可以通过按〈Esc〉键退出布线命令状态，也可以选择"撤销"图标撤销前面的操作。

3）改变布线角度方式　在布线期间，通过从右键弹出菜单中选择命令（见图 9-47），可以改变导线的角度方式。当导线黏附在光标上时，选择角度方式，然后从出现的角度方式选项中选择"斜交"，此后移动光标时任何新的布线都将以 45° 添加。

4）添加和删除拐角　单击鼠标左键可以添加新的布线中的拐角。新添加的拐角可以通过按〈Esc〉键删除。

5）改变层　改变层的操作与添加拐角的操作相同，只要按住〈Shift〉键再单击鼠标左键即可。层的改变可以在布线时当前光标位置处或在上一个拐角的位置处进行。

为了在当前光标处定义层的改变，当新的布线线段黏附在光标上时，按住〈Shift〉键，然后在需要改变层时单击鼠标左键，则一个新的过孔将添加到指定的位置，如图 9-48 所示。

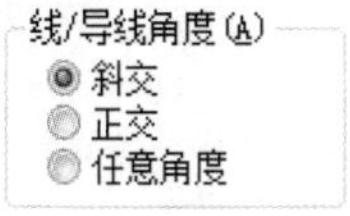

图 9-47　导线角度设置 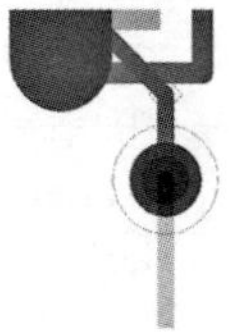　　　　　　　　　图 9-48　改变层

若要在上一个拐角位置处改变布线层，则当新的布线线段黏附在光标上时，按〈F4〉键或从弹出菜单中选择【层切换】项即可。

> **注意**：如果最后一个导线的拐角在通孔元器件的焊盘上，将不添加过孔。

6）结束完成布线对　在 PADS Layout 中，可以选择部分完成或结束布线，其操作方法是按住〈Ctrl〉键的同时单击鼠标左键。

在 PADS Layout 中，一旦进行了新的布线，则有两种方法可以结束布线：使用【完成】命令，或者当黏附在光标上布线线段的结束端在目的地时，单击鼠标左键完成布线。

当新的布线线段黏附在光标上时，从弹出菜单中选择【完成】命令，或快速地双击鼠标左键，则从开始端到目的地处一段新的布线将出现，并且布线的形状是平滑而简洁的。

而当新的布线线段黏附在光标上时，进行布线的形状是从开始点到结束端；当完成符号出现时，单击鼠标左键，此时新的布线只是按照定义的路径完成，既不进行平滑，也不进行线路的优化。

> **注意**：在布线的任何时候，都可以通过按〈Esc〉键退出布线命令。还可以选择撤销图标，来撤销任何动作。

7）删除布线和布线线段　在 PADS Layout 中，布线和布线线段的删除有一定的关系。删除时选择布线线段或引脚对，并且按〈Delete〉键，具体操作如下。

单击右键，从弹出菜单中选择【随意选择】项，然后选择已经完成布线的一段线，并且按〈Delete〉键，则选中的线段将被删除。

如果按住〈Shift〉键的同时单击鼠标左键，可选择整个引脚对，然后按〈Delete〉键，或者单击鼠标右键选择【取消布线】项，则会删除引脚对上已经布的线。

3. 使用在线设计规则检查

在布局和布线期间，可以打开实时设计规则检查，以确保设计约束在整个设计过程中都能够得到保证。这些交互的检查称作在线设计规则检查。可以在菜单【工具】|【选项】的【设计】选项卡中设置在线 DRC，或者通过无模命令"DR*"来完成，如图 9-49 所示。

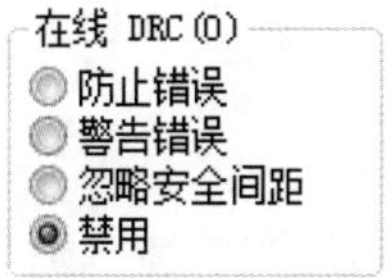

图 9-49　在线 DRC 设置

DRC 的 4 种基本方式见表 9-1。

表 9-1　DRC 的 4 种基本方式

工 作 方 式	描　　　述
禁用	指明不进行检查，在布局和布线期间的规则冲突是允许的。安全间距冲突和插入导线是不禁止的。无模命令为 DRO
忽略安全间距	在布线期间，防止导线的插入，但是其他的工作同 Off 一样。可以从忽略安全间距状态快速地切换到防止错误状态，它比从禁用状态切换到防止错误状态要快一点，因为忽略安全间距是防止错误的一个子集，而禁用不是。无模命令为 DRI
警告错误	在布局和布线期间，生成出错信息报告，但是允许继续建立空间冲突。在警告错误方式下的布线和布线修改禁止建立冲突或导线插入，就像防止错误一样。无模命令为 DRW
防止错误	在布局、布线和布线修改期间，禁止建立冲突。无模命令为 DRP

1）平面层网络的布线　对于典型的 PCB，它们具有嵌入的平面层和表面元器件安装层，平面层网络的布线限制为从焊盘布出一段线后，马上插入一个过孔，将焊盘连接到平面层。

一般在布局期间，先关闭平面层网络的显示，以便屏幕的视图更清晰。当元器件被选中时，可以清楚地看到与元器件有关的网络连接。因此在开始对平面层网络布线之前，要将平面层网络显示开关打开。

（1）执行菜单命令【查看】|【网络】，在【查看列表】框中，在按下〈Shift〉键的同时，用鼠标选中+5V、+12V 和 GND 网络。

（2）在【查看详情】区域，选中【导线以及下列未布的线】复选框，打开这些网络的显示开关。

（3）在【查看未布的线的详情】区域，选中【除已连接的平面网络外的所有网络】复选框。

（4）依次选择+5V、+12V 和 GND 网络，并且在【按网络设置颜色】区域选中【无】，如图 9-50 所示。

图 9-50　【查看网络】对话框

（5）单击"确定"按钮，保存这些设置，关闭【查看网络】对话框。

2）设置长度最短化　平面层网络的显示将指出其长度是否被最短化。为了进行整个 PCB 内的长度最短化，可执行菜单命令【工具】|【长度最小化】，或者使用快捷键〈Ctrl+M〉，设置长度最短化。

3）布线结束方式　为了避免布线在各层之间切换时或结束布线命令时产生到平面层的连接，可以定义布线结束时是否需添加一个过孔，有如下 3 种方式。

☺ 以没有过孔结束：布线结束时，在布线的结束点没有过孔。

☺ 以过孔结束：布线结束时，在布线的结束点有过孔。

☺ 以测试点结束：同以过孔结束一样，但将此过孔设置为一个测试点。

当布线的线段黏附在光标上时，可以在鼠标右键菜单中选择【以过孔结束】项来改变结束过孔模式，如图 9-51 所示。

> **注意**：每次结束平面层网络时，都会有平面层热焊盘的标志（在过孔上有一个"×"），如图 9-52 所示。如果不需要显示此标志，可以执行菜单命令【工具】|【选项】，将【布线】中【热焊盘】选项卡下部检查框的【显示通用平面指示器】选项去除即可，如图 9-53 所示。

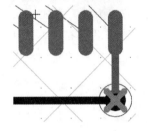

图 9-51　结束过孔设置　　　图 9-52　平面层热焊盘的指示　　　图 9-53　热焊盘属性设置

当使用一个过孔将引脚连接到平面层时，没有布的线将开始出现。这是一个辅助图形，帮助用户定义哪个引脚没有从平面层连接。可见的连接将黏附在平面层网络的引脚上，这是一个线索，指示没有从平面层连接的引脚。当所有引脚都连接到平面层时，所有平面层上的网络都是不可见的。

4）修改布线　修改布线就是选择各种各样的布线线段、过孔和拐角，然后执行布线编辑命令。使用弹出菜单或快捷键，可以定义移动、扩展、分隔、添加拐角、添加过孔或其他的编辑命令。关于这些命令更详细的介绍请参见在线帮助。

5）重新布线　PADS Layout 布线编辑工具的另一个功能是具有改变已经布完线的形状的能力，通常称为重新布线。有两种方法可以完成重新布线，一是选择一个已经存在的线段，并且从鼠标右键菜单中选择【布线】选项，或者按〈F2〉键，进行重新布线；二是使用添加布线动作方式，在 Design 工具栏中单击按钮，然后在需要更改的布线位置单击鼠标左键，建立新的布线形状。完成布线后，双击鼠标即可。

重新布线既可以在 DRC 禁用方式下进行，也可以在 DRC 防止错误方式下进行。

> **注意**：选择线段时，鼠标单击处将作为重新布线的起点。

6）复制布线　PADS Layout 允许复制并放置前面已建立的导线，这样可以加速设计任务的完成。其操作步骤如下所述。

（1）在希望复制的导线的第一个线段上单击鼠标左键，在按住〈Shift〉键的同时在导线的结束线段上单击鼠标左键，此时从刚才选择的第一个线段到最后这个线段之间的所有线段被高亮显示。

（2）执行菜单命令【编辑】|【复制】或按〈Ctrl+C〉组合键，一个导线的复制将黏附在光标上。

（3）移动光标到一个引脚上，单击该引脚，复制的导线将黏附到这个引脚上（请注意设计规则的打开和关闭状态，这将关系到此线段是否可以被粘贴上）。被复制的导线线段仍黏附在光标上，直到从弹出的右键菜单中选择【取消】项，或者按〈Esc〉键。

4．使用动态布线编辑器

动态布线编辑器（DRE）是另一个功能强大的交互式布线工具，具有各种布线拐角的智能方式。作为一个手工布线编辑器，可以简单地开始一个布线、向某个希望布线的方向移动光标，布线的拐角将动态地添加，并且跟随光标移动。

1）开始动态布线　为了使用动态布线编辑器，首先从弹出菜单中选中【选择未布的线/管脚】选项，然后输入无模命令"AD"，并且按〈Enter〉键，设置角度方式为 45°角方式布线。使用无模命令"DRP"，设置 DRC 方式为打开方式。

选择一个网络，并且从弹出菜单中选择动态布线，或者按〈F3〉键，则一段导线将动态地跟随光标移动。在 PCB 上以垂直向上方向移动光标，作为连接线的基本布线方向。

> **注意：** 动态布线编辑器是可以自动地绕过障碍物、选择路径进行布线的。一旦准备完成布线，即可双击鼠标左键或者从弹出菜单中选择【完成】选项。

在动态布线过程中，同样可以通过无模命令来改变布线的拐角方式。而且在布线的任何时候，按〈Esc〉键都可以退出动态布线。

许多应用于手工布线的命令同样可以应用于动态布线，如〈Backspace〉键为删除最后一次添加的线段，按住〈Shift〉键同时单击鼠标左键为在当前光标处插入一个过孔并且改变当前层，按住〈Ctrl〉键同时单击鼠标左键为在光标处以有过孔或无过孔模式结束布线。

利用 DRE 可以避免经常按〈F3〉键或从弹出菜单中选择命令。

2）使用 DRE 的动态重新布线　同手工布线编辑器中的布线方法一样，也可以使用 DRE 进行重新布线。通过选择一个已经存在的导线的线段，并且从弹出菜单中执行菜单命令【动作布线】或按〈F3〉键，即可进行重新布线。

5．总线布线

PADS Layout 的交互式总线布线功能允许用户同时选择数据总线的多个网络，在线进行所有设计规则约束，同时进行动态布线。这将使用较少 PCB 的设计时间并且优化布线形状。总线布线也是动态布线编辑（DRE）方式，如果有必要，为了避免安全间距冲突，导线和过孔同样可以被移动和推挤。

1）准备总线布线　在【项目浏览器】窗口，高亮显示并调整将要进行总线布线网络周围的视图尺寸大小。

（1）打开【项目浏览器】窗口，在目录树中选择【网络】选项，并单击其左边的"+"，展开所有的网络名，如图 9-54 所示。

（2）选择"$$$5799"、"$$$5801"和"$$$5803" 3 个网络，调整视图区域的大小，以便能够在视图区域观察到这 3 个网络，如图 9-55 所示。按〈Esc〉键，取消其高亮选中状态。

图 9-54　【项目浏览器】窗口

图 9-55　网络的选择

（3）设置布线栅格和过孔栅格为 25，角度方式为对角线方式。

2）开始总线布线　单击鼠标右键，从弹出菜单中选择【选择引脚/过孔/标记】选项（为了满足总线布线的需要，限制可选择内容），在"设计"工具栏中单击图图标。选择对象，如 U2（大的 SOIC 器件）的 3 个引脚连接的网络连线。

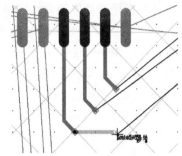

交互的总线布线方式现在有效了。如果采用 DRE 进行单根连线的操作，则对应的是单根线。现在对应的是多根被选择的连线。当前的布线线段将黏附在光标上，并指导布线。每次对于一根导线添加一个布线拐角或过孔，总线的其他连线将跟随着它进行布线，如图 9-56 所示。

最后，执行菜单命令【完成】，完成总线布线。总线的所有成员都将完成布线并且进行平滑处理。

图 9-56　总线布线图

3）选择过孔模式进行总线布线　总线布线还具有自动采用某种过孔模式、插入过孔的能力。当添加过孔到一根指导布线的导线时，总线的成员也在导线中添加过孔。按〈Ctrl+Tab〉组合键，可以切换过孔类型。如果总线成员之一不适合以这种过孔类型添加一个过孔，总线布线器将暂停，允许调整过孔类型。

6．建立和增加重复使用电路

1）建立可重复使用电路　打开已布线完成的 previewrouted.pcb 设计文件，选择其中一部分作为一个重复使用电路模块，供后续设计使用，如图 9-57 中框线包围的部分。

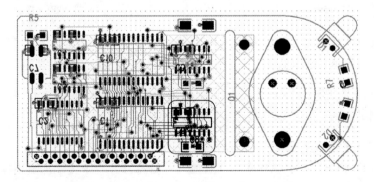

图 9-57　手机 PCB

单击鼠标右键，选择【设置组原点】项，然后单击鼠标左键设置群原点。以后在打开这个重复使用电路时，光标将依附在设置的群原点处。这主要是为了后续对产生的重复使用模块进行精确定位。为了精确定位，可以利用无模命令"S"，输入精确的 x 轴和 y 轴的坐标。

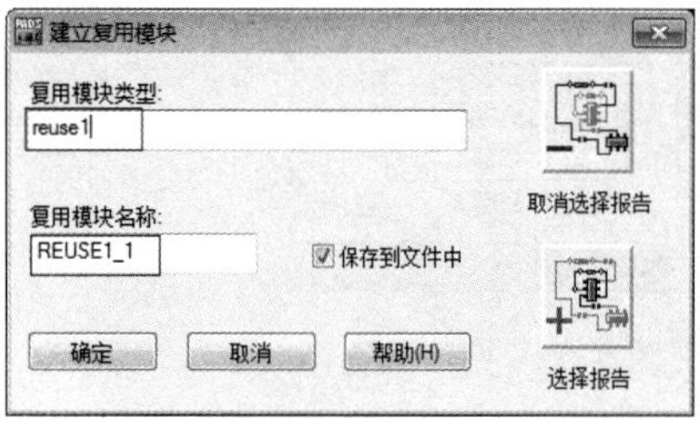

单击鼠标右键，在弹出的菜单中选择【建立复用模块】命令，打开【建立复用模块】对话框，如图 9-58 所示。

在【复用模块类型】区域输入"reuse1"，则【复用模块名称】栏中会自动弹出"REUSE1_1"，单击"确定"按钮，打开【复用模块另存为】对话框，输入"reuse1"文件名，单击【保存】按钮，保存重复使用电路。这样就保存了这个连接关系的 Reuse 模块。

图 9-58 【建立复用模块】对话框

2）调用重复使用电路 打开 previewpreroute.pcb 设计文件。在"设计"工具栏中单击按钮，在打开的对话框中选择 reuse1.reu 文件打开即可。系统在 PCB 中未布线的元器件中查找与此 Reuse 连接关系和封装类型完全相似的部分，并将其布局布线完成后黏附在光标上，此时可以将其放置于任何地方。这时如果需要精确定位，就可以利用前面提到的无模命令"S"进行坐标的定位。

再次单击按钮时，系统将会自动找出并建立另一个相似 Reuse 模块电路，将其放到PCB 上的合适位置。

当第 3 次单击按钮时，系统将提示找不到与其匹配的电路部分，如图 9-59 所示。

但是，这时建立的 Reuse 还是一个整体，不能对 Reuse 里的某一元件或电路做单独的操作。可以通过单击鼠标右键，在弹出的菜单中选择【打散复用模块】项，弹出提示窗口，单击【确定】按钮，打散 Reuse 组合，如图 9-60 所示。

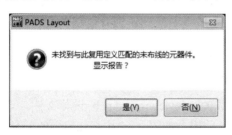

图 9-59 提示窗口

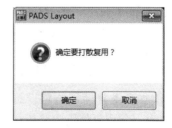

图 9-60 提示窗口

3）增加重复使用电路 如果需要在 PCB 中增加一个电路单元模块，而通过 Make Like Reuse 又找不到与其匹配的电路，这时可以使用 ECO 下的 Add Reuse 功能。

> **注意：** 因为使用了 ECO 功能，可能改变了原有的原理图的连接关系，这将造成PCB 与原理图的不一致，所以应通过反向标注使其保持一致。

（1）单击工具栏上的按钮，在弹出的【ECO 选项】窗口中单击"确定"按钮。

（2）在 ECO 弹出的工具条中单击按钮，这时将打开一个【添加复用模块】对话框，选择需要增加的 Reuse 模块 reuse1.reu，单击【打开】按钮。在打开的如图 9-61 所示的对话框中，单击【确定】按钮。

（3）这时将打开【复用模块特性】对话框，如图 9-62 所示。在"编号首选项"区域可以选择【等高或次高】。也可以选择一个如以 100 起始的元器件标注序号，或者增加一个前缀、后缀等，以便区别于原有 PCB 的元器件序号。

图 9-61　询问对话框

图 9-62　【复用模块特性】对话框

（4）单击"确定"按钮，提示增加了一个 Reuse，是否显示报告，报告显示增加的 Reuse 各方面信息，如增加的元器件及序号，以及网络等信息。

> 提示：利用这种方式可以增加无限数量的 Reuse 模块。

7．泪滴的自动生成和修改

（1）执行菜单命令【工具】|【选项】，选中【布线】选项卡下的【生成泪滴】选项，如图 9-63 所示。

（2）执行菜单命令【工具】|【选项】，选中【泪滴】选项卡，进行泪滴形状的选择和编辑，如图 9-64 所示。

图 9-63　生成泪滴设置

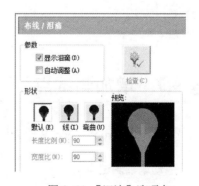

图 9-64　【泪滴】选项卡

在"形状"中可以更改泪滴的形状。

☺ 默认形状泪滴，如图 9-65 所示。

☺ 自定义线形泪滴，如图 9-66 所示，可根据需要更改长度比例值和宽度比值。

☺ 自定义曲线形泪滴，如图 9-67 所示，可根据需要更改长度比例值和宽度比值。

（3）如果需要修改现有的泪滴形状，可先选择一段布线，然后单击鼠标右键，选择【泪滴特性…】项，打开【泪滴特性 导线】对话框，如图 9-68 所示。

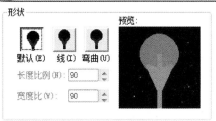

图 9-65　默认形状泪滴

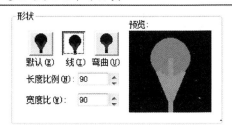

图 9-66　自定义线形泪滴

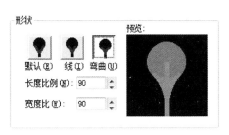

图 9-67　自定义曲线形泪滴

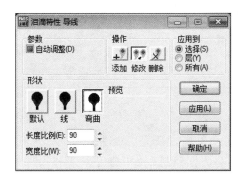

图 9-68　【泪滴特性 导线】对话框

（4）在打开的【泪滴特性 导线】对话框中，根据需要更改泪滴的形状及参数。

☺ 添加：增加泪滴，如果原来没有。

☺ 修改：修改原来的泪滴。

☺ 删除：删除存在的泪滴。

在【应用到】区域可以选择应用此更改的范围，如下所示。

☺ 选择：选中的布线段处。

☺ 层：本层。

☺ 所有：全部。

 # 9.7　增加测试点

本节以 previewrouted.pcb 文件为例，介绍如何增加测试点。

1．手动增加测试点

在"Design"工具栏中单击图标，再用鼠标左键单击作为测试点的过孔或焊盘。在增加测试点的过孔或焊盘上将会有测试点标号的特殊标志，如图 9-69 所示。

2．自动增加测试点

手动增加测试点，是必须加在一个已存在的过孔或焊盘上。而自动增加测试点，系统会按设置要求增加测试点。执行菜单命令【工具】|【DFT Audit...】，打开如图 9-70 所示的【DFT Audit】对话框。

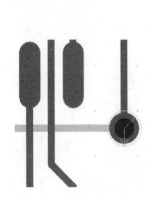

图 9-69　增加测试点的过孔

图 9-70　【DFT Audit】对话框

在【DFT Audit】对话框中【选项】选项卡的【创建测试点】区域，选中【对不可到达的网络添加板外测试点过孔】和【对现有导线添加测试点】，在【使用测试点过孔】栏中选择"STANDARDVIA"，选中【允许拉支线】复选框，【探测方式】类型为【过孔】，其他的为默认设置。单击"运行"按钮，弹出运行的窗口，如图 9-71 所示。

运行完以后，会弹出两个记事本文件，是关于增加测试点的报告文档，显示增加测试点的具体信息。关闭这两个记事本文件，单击"确定"按钮关闭【DFT Audit】对话框，调整 PCB 视图，观察增加测试点的效果，如图 9-72 所示。

图 9-71　运行的窗口

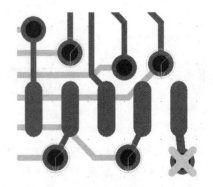

图 9-72　增加测试点的效果图

 ## 9.8　定义平面分隔

本例中的电源层需要分隔成数个不同的独立区域，每个区域分配一个网络属性。PADS Layout 提供了一个自动的工具，可以快速地定义和分隔这些平面。

为了定义分隔平面，可以为这些网络指定与其他网络不同的显示颜色，然后在整个平面上为各个网络定义各自独立的区域。下面以 previewrouted.pcb 文件为例，介绍如何定义平面分隔。

1．选择网络并指定不同的显示颜色

为了使两个电源网络更容易区分，可以给它们指定不同的显示颜色，操作步骤如下所述。

（1）执行菜单命令【查看】|【网络】，打开【查看网络】对话框。

（2）在【查看列表】区域中选择+5V 网络，然后从【按网络设置颜色】区域选择蓝色。

（3）在【查看列表】区域中选择+12V 网络，然后从【按网络设置颜色】区域选择黑色。

（4）在【查看列表】中选择默认的（Default）和地线（GND）网络，然后去掉【导线以及下列未布的线】复选框的选择，关闭 Default 和 GND 网络的显示。

（5）单击"确定"按钮，执行这个改变，并且关闭【查看网络】对话框。

2．设置各层的显示颜色和平面层的属性

为了便于进行分隔平面层的定义，需关闭所有不相关层的显示颜色。

（1）执行菜单命令【设置】|【显示颜色】，弹出【显示颜色设置】对话框，在【层/对象类型】区域选中【Power Plane】复选框，打开电源平面层的显示开关，并去掉所有其他的层上选择，关闭所有其他层的显示颜色，如图 9-73 所示。

（2）单击"保存"按钮，打开【保存配置】对话框，如图 9-74 所示。

图 9-73　显示颜色设置　　　　　　　　　图 9-74　【保存配置】对话框

（3）在字符框内输入"plane split"，然后单击"确定"按钮，关闭【保存配置】对话框，并且保存颜色配置。回到【显示颜色设置】对话框，单击"确定"按钮。

（4）此时通过无模命令"L3"可以将当前显示切换到第 3 层，这样就很清楚地看到了+5V 和+12V 的所有网络连接点，而其他的网络不显示，如图 9-75 所示。

在定义平面层区域之前，一般要设置分隔平面层参数，操作如下所述。

（1）执行菜单命令【工具】|【选项】，弹出【选项】对话框，选择【分割/混合平面】选项卡，如图 9-76 所示。

（2）选中【混合平面层显示】区域的【平面层热焊盘指示器】。

（3）单击"确定"按钮，关闭【选项】对话框。

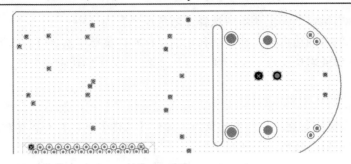

图 9-75　设置完显示颜色的电路板图

3．建立和灌注平面层

1）定义平面层区域　如果目前不在第 3 层，则从主工具栏的层下拉列表框中选择【Power Plane】，如图 9-77 所示。

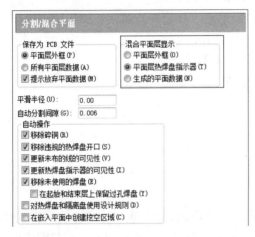

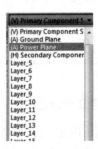

图 9-76　【分割/混合平面】选项卡　　　　　　　　　图 9-77　层设置

（1）建立一个矩形。从绘图工具栏中选择图标 ，并且设置设计栅格为 25，然后单击鼠标右键，从弹出菜单中选择【矩形】项。绘制一个同板框形状一样的封闭矩形，但是在 PCB 边框以内 25mil 处。将光标放在 PCB 的左上角 X225、Y1875 处，单击鼠标左键开始定义矩形。向右下方拖动光标，绘制出一个矩形。在 X3000、Y325 处单击鼠标左键，完成矩形绘制。此时打开【添加绘图】对话框，如图 9-78 所示。

从【网络分配】列表中选择+5V，单击"确定"按钮。热焊盘指示将出现在所有+5V 引脚上，可以在工具栏上选择撤销和恢复来观察实际的情况。一旦灌注了这个外框，将会看到真实的热焊盘连接。

（2）改变矩形的右面边框线为弧形。

① 从绘图工具栏中单击按钮 。

图 9-78　【添加绘图】对话框

② 单击鼠标右键，从弹出菜单中选择【随意选择】项。

③ 选择矩形的右面边框线，然后从弹出的鼠标右键菜单中选择【拉弧】项。

④ 向矩形边框的右边拉出一个圆弧，以便能够和 PCB 的边框相匹配，单击鼠标左键完成圆弧。

⑤ 单击鼠标右键，从弹出的菜单中选择【选择形状】项，然后单击刚才修改完成的图形外框线，再单击鼠标右键，从弹出的菜单中选择【特性】项，打开属性对话框。设置宽度值为 0.1，单击"确定"按钮，关闭对话框。

图 9-79 【覆铜管理器】对话框

2）灌注平面层　定义了平面层后，必须灌注，以便能够看到分隔的整个效果。

（1）执行菜单命令【工具】|【覆铜管理器】，打开如图 9-79 所示的【覆铜管理器】对话框。

（2）选择【平面链接】选项卡，并从【层】列表中选择"Power Plane"。

（3）单击"开始"按钮，在弹出的询问窗口中单击"是"按钮，开始灌注。

（4）单击"关闭"按钮，关闭【覆铜管理器】对话框。

在保存文件之前，可以重新设置显示颜色。

9.9 覆铜

1．建立覆铜边框

覆铜边框定义了需要覆铜的几何图形。当使用灌注命令建立被灌注的铜区域时，覆铜边框暂时是不可见的。因为 PADS Layout 中填充铜箔后，并不同时显示覆铜边框。如果输入无模命令"PO"，就可以看到覆铜边框（这个命令可以在显示覆铜边框和已经覆铜填充之间切换）。

下面以 previewsplit.pcb 文件为例，介绍如何定义覆铜边框。

（1）在绘图工具栏中单击按钮，采用与绘制平面层区域边框相同的方法绘制覆铜边框。

（2）设置设计栅格为 25，设置当前层为主元器件面层，将覆铜边框画在第 1 层。

（3）单击鼠标右键，从弹出菜单中选择【多边形】项。

（4）通过在下面位置处单击鼠标左键，建立一个矩形：

```
X2500,Y1875
X2500,Y325
X3000,Y325
```

（5）在 X3000、Y1875 处双击鼠标完成操作，则打开【添加绘图】对话框，如图 9-80 所示。

（6）改变已经存在的宽度值为 0.012，并在【网络分配】区域的下拉列表框内选择"GND"。

（7）单击"确定"按钮，关闭【添加绘图】对话框。

（8）把矩形的右边边框拉出圆弧，使得它与 PCB 的边框相对应。

2．灌注覆铜边框

选择覆铜边框，从弹出菜单中选择【灌注】项，弹出如图 9-81 所示的提示窗口，单击"是"按钮。

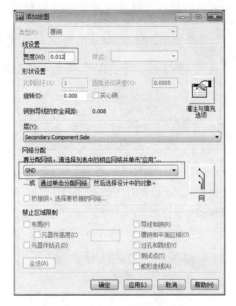

图 9-80　【添加绘图】对话框　　　　　　图 9-81　提示窗口

在所有覆铜边框被灌注后，就可以看到已经覆了铜的区域，如图 9-82 所示。

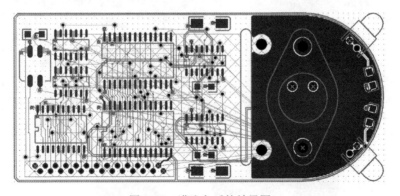

图 9-82　灌注之后的效果图

3．编辑覆铜填充

填充区域是根据填充边框建立起来的区域。可以采用与编辑铜箔边框相同的方法编辑这些填充边框，即先选中它们，然后从弹出菜单中选择命令执行。当改变填充边框以后，必须重新生成内部的具体填充内容。使用下面两种方法可以重新生成内部的具体填充内容。

☺ 从绘图工具栏单击按钮▦，对于被选择的区域重新生成。

图 9-83 【填充】选项卡设置

☺ 执行菜单命令【工具】|【覆铜管理器】，然后单击【填充】选项卡，如图 9-83 所示，选择【全部填充】或【快速填充】重新生成填充。【全部填充】将重新填充所有的区域，包括以前灌注过的或被修改的；【快速填充】将重新填充被修改的，但不包括已经填充的。单击"开始"按钮，执行重新填充过程。单击"关闭"按钮，退出【覆铜管理器】模式。

注意：在编辑完任何填充边框后，避免使用【全部填充】命令，灌注仅仅是灌铜，而填充仅仅是对应需要的边框。

4. 覆铜的一些高级功能

1）通过鼠标单击分配网络　当完成一个灌铜边框的绘制后，选中整个边框，然后单击鼠标右键，在弹出菜单中选择【通过单击分配网络】项，如图 9-84 所示，然后到 PCB 版图上直接查找需要分配的网络位置，单击鼠标左键即可完成网络的选择，而不需要到网络列表中查找。此时，可以观察到 PADS Layout 工作界面左下角出现的提示："分配要覆铜的网络：单击要分配的网络的管脚、过孔、铜、未布的线或导线"。

2）过孔全覆盖的设置　如果在灌铜时需要将过孔全覆盖，应单击【特性】界面右上角的【灌注与填充选项】按钮，打开如图 9-85 所示的【灌注 填充选项】对话框。

图 9-84　选择【通过单击分配网络】项

图 9-85　【灌注 填充选项】对话框

选中【过孔全覆盖】复选框即可。两种灌铜效果如图 9-86 所示，图 9-86（a）所示的是正常的热焊盘的灌铜效果，图 9-86（b）所示的是过孔全覆盖的灌铜效果。

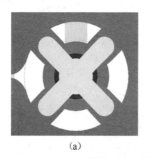　

(a)　　　　　　　　　　　　(b)

图 9-86　两种灌铜效果

注意：这项设置只针对被设定的这块灌铜，而且它只影响过孔，对焊盘若需此效果，需要另外设置。

3）定义灌铜的优先级　当有多个灌铜重叠时，可以设置各个灌铜的优先级等级来进行灌铜。为了便于区别；可以给不同的网络分配不同颜色。

选择一个边框，然后单击鼠标右键，选择【特性】项，在打开的对话框中单击右上角的【灌注与填充选项】按钮，打开【灌注 填充选项】对话框，在其右下角位置的【灌注优先级】处输入数字即可设置优先级，如图 9-87 所示。设置的数字越低，其优先级越高。

提示：可以设置的优先级数字范围为 0～250 之间的整数。

5. 贴铜功能

贴铜与灌铜的不同点在于，贴铜是在绘制完外形框后，对其内部全部覆铜，而不避让任何的网络和元器件等目标；灌铜则以安全间距的距离避开不同网络的焊盘、过孔等目标，而对于同一网络的目标，采用花孔或填满进行连接。下面介绍贴铜的操作过程。

（1）在绘图工具栏中单击按钮 █。

（2）单击鼠标右键，从弹出菜单中选择外形线为【多边形】。

（3）绘制完成一个封闭的多边形后，这时打开一个【添加绘图】对话框，如图 9-88 所示。如果所绘制的铜箔属于某个网络，请在【网络分配】列表中选择一个网络名，分配这个铜为此网络，如选择"GND"网络。当然，也可以采用前面介绍的使用 Assign Net by Click 方法进行网络的分配。另外，这里也需要在【层】列表指定此铜所在的层。

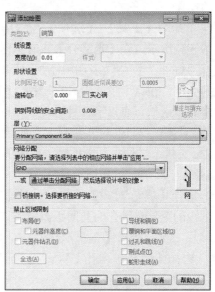

图 9-87　【灌注 填充选项】设置　　　　图 9-88　【添加绘图】对话框

（4）分配完成后，单击"确定"按钮，完成一个铜箔的绘制，如图 9-89 所示。

现在在这个图形的中间挖出一个圆形，操作过程如下所述。

（1）单击工具栏上的图标 █，单击鼠标右键，在弹出菜单中选择【圆形】项。

（2）在刚才的图形上，选择圆心位置，单击鼠标左键。拖动鼠标，将出现一个圆形，根据需要，拖出一个合适半径的圆形，再次单击鼠标左键完成。

（3）这时，因为两个图形重叠在一起了，所以还看不出有什么变化。取消绘图状态，并选中这两部分铜箔，单击鼠标右键从弹出菜单中选择【合并】选项。

这时两部分铜箔合并在一起了，其效果如图 9-90 所示。

图 9-89　铜箔的绘制

图 9-90　挖出圆形的铜箔图

 9.10　射频设计模块

在 PADS9.5 中有专门针对射频设计的功能模块，可以方便地在高速或高频 PCB 设计中，在 PCB 边，或者在高速、高频信号线周围，或者在 PCB 上的空余区域添加屏蔽地过孔。

1. 自动添加 GND（或其他网络）过孔

下面以 previewpour.pcb 文件为例，介绍 PADS Layout 中自动添加 GND（或其他网络）过孔的操作。

执行菜单命令【工具】|【选项】，在打开的【选项】对话框中选择【过孔样式】选项卡，如图 9-91 所示。在【当缝合形状时】区域单击"添加"按钮，在下面的【网络】下拉列表中选择"GND"网络，表明将添加 GND 过孔作为屏蔽地过孔；在【过孔类型】下面选择过孔的类型，在这个设计中只有一种"STANDARDVIA"过孔类型。

在"样式"区域，有以下 3 种选择。

☺ 填充/对齐：以过孔对齐排列方式的填充。

☺ 填充/交错：以过孔交错排列方式的填充。

☺ 沿周边：沿 Shape 周围打过孔。

这里，选择【填充/对齐】模式。另外，在【过孔到形状】和【过孔间距】中可以设置过孔到外框线的距离和过孔的孔间距。单击"确定"按钮，关闭【选项】对话框。

单击鼠标右键，选择【选择形状】项，然后选择视图右边填充边框的外框线，再单击鼠标右键，选择【选择缝合孔】项，这时就可以看到所有空余的区域全部被自动加上了 GND 的过孔，如图 9-92 所示。

采用类似的方法可以对信号线进行打地过孔屏蔽。执行菜单命令【工具】|【选项】，在打开的【选项】对话框中选择【过孔样式】选项卡，在【当屏蔽时】区域的【从网络添加过孔】下拉列表中选择"GND"网络，表示将在信号线周围加 GND 屏蔽地过孔。为了防止过孔打在违反安全间距的地方，必须打开 DRC 规则检查，通过无模命令输入"DRP"即可。然后选择"CLKIN"网络，单击鼠标右键，选择【添加屏蔽孔】选项。这样就自动增加了屏蔽地过孔到所选择的网络上，如图 9-93 所示。

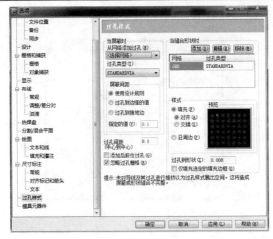

图 9-91　【过孔样式】选项卡

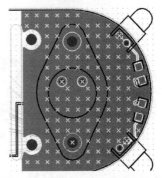

图 9-92　自动添加过孔后的效果

2．自动转换斜面拐角

（1）在 PCB 版图中选择一个（或多个）已布线的网络或引脚对，单击鼠标右键，选择【转换为倾斜角路径】选项，则打开【将管脚对转换为倾斜角路径】对话框，如图 9-94 所示。

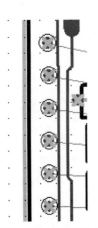

图 9-93　增加了屏蔽地过孔的网络

图 9-94　【将管脚对转换为倾斜角路径】对话框

（2）在【选定的管脚对】区域可以选择需要进行转换的引脚对；在【多边形边框宽度】栏中设置转换后的铜框的线宽；在【拐角斜面宽度比率】栏中设置斜面宽度与线宽的比值，如设置为 1，表示斜面宽度与线宽相等；在【角度小于或等于】栏中设置将小于等于此角度的拐角进行转换。

（3）单击"确定"按钮后，转换完成，转换前后的效果如图 9-95 所示。

3．创建斜面铜箔

用户也可以采用直接画出一个斜面的铜箔路径（不闭合的铜箔）的方法来创建一个特殊类型的布线。

单击工具栏上的图标■，然后在工作区域单击鼠标右键，选择【倾斜角路径】选项，打开如图 9-96 所示的【添加倾斜角路径】对话框。

转换前　　　　转换后

图 9-95　转换前后的效果图

图 9-96　【添加倾斜角路径】对话框

在【添加倾斜角路径】对话框中，各项参数的意义如下所述。

☺ 多边形边框宽度：填充铜箔多边形所使用的线宽，如 0.8mil（0.000 8），这个值越小所画的多边形精度越高。

☺ 倾斜角路径宽度：多边形路径的宽度，如 10mil（0.01）。

☺ 拐角斜面宽度比率：斜面宽度与路径宽度的比值，如 1:1。

设定完成后，单击"确定"按钮，即可在工作区域画一个铜箔路径，双击鼠标左键，完成后自动打开【添加绘图】对话框，如图 9-97 所示。

在此对话框中，可以修改铜箔的填充线宽、旋转角度、是否填充固体铜箔，设定所在层及分配网络等参数。最后完成的效果如图 9-98 所示。

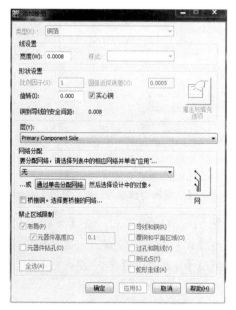

图 9-97　【添加绘图】对话框

图 9-98　斜面铜箔效果

 ## 9.11　自动尺寸标注工具

PADS Layout 提供了一个 PCB 设计外形物理尺寸标注的工具。用户可以使用"自动尺寸标注"工具栏中的各种工具，来完成尺寸标注。下面以 previewpour.pcb 文件为例介绍尺寸标注的方法。

1．改变视图和显示颜色

（1）单击鼠标右键，选择【筛选条件】选项。

（2）在【对象】选项卡下，选择【板边框】复选框，如图 9-99 所示。然后单击"关闭"按钮，关闭过滤器并保持这些改变。

（3）执行菜单命令【设置】|【显示颜色】，在【显示颜色设置】对话框中去掉【Power Plane】层复选框，关闭电源平面层的显示。

（4）滚动层指示，并在钻孔绘图层（Drill Drawing Layer）（24 层）分配红颜色给文本和连线。

（5）单击"确定"按钮，关闭【显示颜色设置】对话框。

2．设置尺寸标注的单位

尺寸标注是以当前设计单位为基础进行的，执行菜单命令【工具】|【选项】，在打开的【选项】对话框中选择【常规】选项卡，然后在【设计单位】区域设置尺寸标注的单位，如图 9-100 所示。

图 9-99　【对象】选项卡

图 9-100　设计单位设置

3．指定尺寸标注目标层

在【选项】对话框中选择【尺寸标注】选项卡，从【常规】的【层】区域选择"Drill Drawing"（钻孔绘图）层对应的字符和线性项目，然后单击"应用"按钮应用该设置，如图 9-101 所示。

图 9-101 【尺寸标注】选项卡【常规】项

4. 分配字符属性

在【选项】对话框中选择【尺寸标注】选项卡，选择【文本】选项，在【后缀】区域删除字尾；设置【默认方向】为【水平】；设置【默认位置】为【内部】；设置精度线性为2，角度为 0；在【替代】区域选择【居中】，如图 9-102 所示。设置完成后，单击"确定"按钮，关闭对话框。

图 9-102 【尺寸标注】选项卡 【文本】项

5. 加横向尺寸标注

从【尺寸标注】工具栏中选择图标，单击鼠标右键，在弹出菜单中选择【捕获至拐角】选项，选择 PCB 边框多边形左边的垂直线段，这时一个直线标志将出现；接下来从鼠标右键弹出菜单中选择【捕获至圆/圆弧】选项，在 PCB 边框右边选择圆弧顶点，这样就完成了在 PCB 边框上加横向尺寸标注操作，如图 9-103 所示。

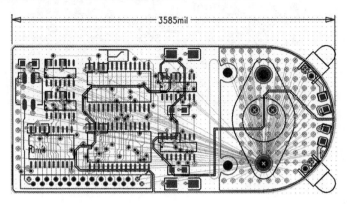

图 9-103 加横向尺寸标注

6．添加垂直标注

从【标注尺寸】工具栏中选择图标，单击鼠标右键，在弹出菜单中选择【捕获至拐角】选项，选择 PCB 边框顶部的横向线段，然后选择 PCB 边框底部的横向线段，一个新的尺寸标注将建立并黏附在光标上，最后放置新的标注在 PCB 的边框外即可，如图 9-104 所示。

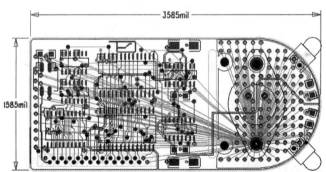

图 9-104 加垂直标注

7．加引线标注

在 PCB 边框的左面边缘的两个拐角有倒角，可以加一个引线标注在外面，来说明倒角的详细情况。

从【尺寸标注】工具栏中选择图标，单击鼠标右键，在弹出菜单中选择【不捕获】选项；选择倒角靠近中心的一点，则一个新的引线标注将黏附在光标上，移动光标，双击鼠标完成这根引线，在弹出的引线字符框内输入 ".035 x .035 2

图 9-105 引线字符框

PLACES"，如图 9-105 所示。单击"确定"按钮，添加字符到引线标注，如图 9-106 所示。

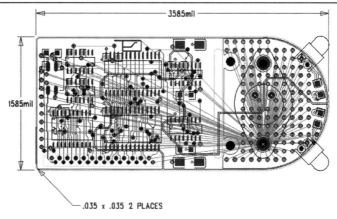

图 9-106　添加字符到引线标注

8．加圆弧标注

从【尺寸标注】工具栏中选择图标，选择 PCB 边框圆弧中间的一点，则一个新的尺寸标注将黏附在光标上，单击左键放置圆弧标注，如图 9-107 所示。

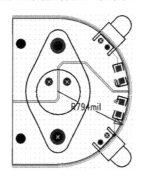

图 9-107　加圆弧标注

9.12　添加中/英文文本

通过前面的步骤，PCB 布线已完成，现在需输入一些文本文字，如公司名称、产品名称及版本号、日期等信息。

下面以 previewdim.pcb 文件为例介绍如何添加文本。

1．英文文本的添加

（1）在【绘图】工具栏上选择图标，打开如图 9-108 所示的【添加自由文本】对话框。

（2）在【文本】栏中输入需要添加的文本内容，如"KGS Technology Ltd."。在【字体】下拉菜单中选择需要的字体形式，在【层】下拉菜单中选择需要将文本放置在哪一层，【位置和尺寸】及【对齐】用于调整字体的大小及对齐方式等。单击"确定"按钮，光标上将黏附此文本。

（3）将光标移动到需要放置文本的地方，单击鼠标左键即可将文本放下。

2．中文文本的添加

如果添加中文文本，需要先进行设置。执行菜单命令【工具】|【选项】，选择【常规】选项卡，在【文本译码】下拉列表中选择"Chinese Simplified"，如图 9-109 所示。然后执行与添加英文文本相同的操作，就可以添加中文文本。

图 9-108 【添加自由文本】对话框　　　　　图 9-109 【常规】选项卡

9.13　验证设计

使用验证设计命令，可以检查设计中的安全间距、连接性、高速电路和平面层的错误。可以对所有的网络、相同的网络、导线宽度、钻孔到钻孔、元器件到元器件和元器件外框之间等项目，进行设计安全间距规则检查；可以对整个 PCB 是否已经全部完成布线，进行连接性检查；可以对平面层网络进行检查，主要验证热焊盘是否在平面层已经产生；还有动态电性能检查，主要是针对平行、树根、回路、延时、电容、阻抗和长度冲突的检查，避免在高速电路设计中产生问题。

下面以 previewdim.pcb 文件为例，介绍如何来验证设计。

1．安全间距检查

调整视图，显示整个 PCB，执行菜单命令【工具】|【验证设置】，打开如图 9-110 所示的【验证设计】对话框。

在【检查】区域选择【安全间距】选项，单击"设置"按钮，在打开的【安全间距检查设置】对话框中选择【对于所有的网络】和【钻孔到钻孔】复选框，如图 9-111 所示。

单击"确定"按钮，退出【安全间距检查设置】对话框。单击"开始"按钮开始检查，如果没有错误则会弹出如图 9-112 所示的确认窗口。

若人为地设置一处间距违规，执行上述操作，则可在【验证设计】对话框内查看错误。任何屏幕上发现的错误，都将在错误处以一个小的符号表示检查出错误的类型。不同的符号代表安全间距、钻孔、连续性和高速电路设计错误，如图 9-113 所示。

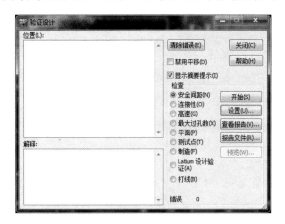

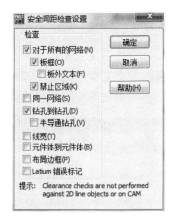

图 9-110 【验证设计】对话框　　　　　　　　图 9-111 安全间距设置

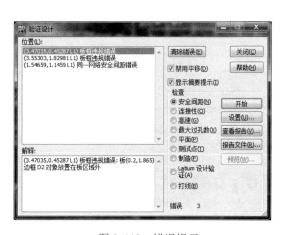

图 9-112 确认窗口　　　　　　　　　　图 9-113 错误提示

从【位置】列表框中选择一个错误，刷新屏幕，则在视图中心以当前高亮的颜色显示被选择的错误，【解释】列表框将描述错误的详细内容。如果希望关闭刷新和中心显示，则选择【禁用平移】复选框即可。为了观察正确的定位和整个错误的描述，还可以单击"查看报告"按钮。

2．连接性检查

在检查之前，先执行菜单命令【工具】|【覆铜管理器】，并选择【平面链接】选项卡，对 Power Plane 层进行灌铜处理。单击"开始"按钮，开始灌铜，以便将混合/分割层的两个电源连接上。为了显示问题，可以使用"SPO"无模命令将此层灌铜内容不予显示。

（1）人为地选择一小段线，按〈Delete〉键将其删除。

（2）执行菜单命令【工具】|【验证设计】，并选择【连接性】开始检查，如图 9-114所示。

（3）提示有多个错误，可以在【位置】和【解释】框中找到相应的错误定位于什么坐标位置和某个器件的某个引脚。可以在【位置】框选择它们，还可以通过选中【禁用平移】选项观察这些错误所在 PCB 上的位置。单击"查看报告"按钮，可以看到错误列表报告。

图 9-114　连接性错误提示

（4）不能在表格里改正这些错误，但是单击"清除错误"按钮可以清除屏幕上的错误标志。这并不能改正连接错误，仅仅是删除了错误标志。要真正消除这些错误，必须在 PCB 版图上进行连线编辑。

3．使用动态电性能检查

动态电性能检查（EDC）的设置比简单的间距检查更复杂，因为 EDC 进行串行导线检查，或者在交叉层上进行平行违规检查，必须描述层的厚度、铜的厚度和介电常数等，以及所有关于 PCB 的制造材料和误差说明。

1）指定高速电路设计规则　为了演示 EDC 的功能，可以对 24MHz 网络添加一个网络长度规则。

（1）执行菜单命令【工具】|【选项】，并在【常规】选项卡下设置设计单位为密尔。

（2）执行菜单命令【设置】|【设计规则】，在【规则】对话框中单击按钮，打开【网络规则】对话框，如图 9-115 所示。

（3）选择"24MHZ"，单击按钮，则打开【高速规则：24MHZ】对话框，如图 9-116所示。

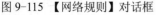
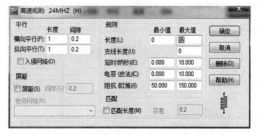

图 9-115　【网络规则】对话框　　　　　图 9-116　【高速规则：24MHZ】对话框

（4）将最大允许长度改为 12，然后退出【高速规则：24MHZ】对话框，并关闭【网络规则】对话框。

2）设置 EDC 检查

（1）执行菜单命令【工具】|【验证设计】，在【验证设计】对话框的【检查】区域选中【高速】。

（2）单击"设置"按钮，打开如图 9-117 所示的【动态电性能检查】对话框。在这里，要设置"添加网络"或"添加类"，以指定需要检查的内容。

（3）单击"添加网络"按钮，并加入 24MHz 网络。这将使 EDC 的所有检查都针对网络 24MHz，如电容、阻抗、平行、串行、长度、延时、树根和回路。

3）说明检查的详细内容 下面设置希望检查的详细内容。

（1）在图 9-117 所示对话框中，单击"参数"按钮，打开【EDC 参数】对话框，如图 9-118 所示。

图 9-117 【动态电性能检查】对话框

图 9-118 【EDC 参数】对话框

（2）将【平行】区域中的【检查对象】栏设为【网络/管脚对】。

（3）对【入侵/受害】设置报告详细情况。

（4）设置【菊花链】区域，对分支报告详细情况。

（5）取消【报告线段坐标】复选框。

（6）选中【仅报告违规】复选框。

图 9-119 【验证设计】对话框

（7）在【其他检查】区域，设置【检查对象】栏为【网络/管脚对】。

（8）设置【报告详情】栏为【网络】。

（9）选中【包含覆铜】复选框。

（10）退出 【EDC 参数】对话框。

（11）在 【动态电性能检查】对话框中选择 24MHz 网络，选择所有的检查项目（电容、阻抗、平行等）。单击"确定"按钮，关闭【动态电性能检查】对话框。

（12）开始验证，查看错误报告，报告 24MHz 网络长度已经超过了设定值，如图 9-119 所示。

9.14 习题

（1）定义一块宽为 2 000mil、长为 3 000mil 的 PCB，并在四角建立距边框 50mil、直径为 280mil 的圆形挖空区。

（2）将第 3 章习题（2）的原理图保存为 ASCII 文件，导入 PCB 中并进行布局。

（3）在 PADS Logic 中绘制图 9-120，并导入 PADS Layout 中布局。

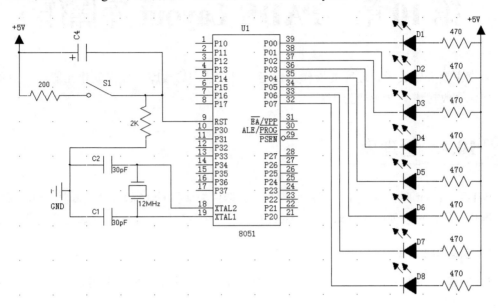

图 9-120　习题（3）图

（4）在 PADS Layout 中如何验证一个设计？

（5）如何在 PCB 文件中添加文本说明？

第 10 章　PADS Layout 库操作

本章主要介绍关于管理库的操作，包括如何创建和修改库、如何创建元器件类型和封装、如何修改封装、如何创建焊盘等。

 ## 10.1　管理库

PADS Layout 的库保存了元器件的封装、元器件类型和属性标签，库管理器支持 65 536 个元器件。用户可以使用【Library Manager】对话框来创建库、显示库目录及管理库目录。

1. 创建和修改库

1）创建库　执行菜单命令【文件】|【库…】，打开【库管理器】对话框，如图 10-1 所示。

图 10-1　【库管理器】对话框

单击"新建库"按钮，在弹出的【新建库】对话框中指定文件夹和库文件名，保存即可。

2）编辑库　编辑库的内容包括：显示库的项目、添加项目到库、编辑库的项目、删除库的项目、复制一个库的个别项目到另一个库。

从【库】列表选择一个库，如果选择"All Libraries"，则按钮"新建"、"编辑"、"删除、"复制"、"导入"、"导出"和"列表到文件"都不可用；如果选择的是一个只读库，则按钮"新建"、"编辑"、"删除、"复制"、"导入"都不可用。

当选择一个可编辑的库后，在【筛选条件】区域的下列按钮用于分类显示库中的项目类型。

▓：PCB 封装或元器件封装，选择该项后，可以单击【新建】或【编辑】按钮打开PCB 封装编辑器。

▓：元器件，选择该项后，可以单击【新建】或【编辑】按钮打开元器件信息对话框。

▱：线条（草图）对象，没有特殊的库线条编辑器，必须使用绘图工具来创建或编辑线条，然后再保存到库。

▱：CAE 封装或逻辑符号，必须使用 PADS Logic 来创建或编辑 CAE 封装。

"删除"按钮可以删除库中的一个或更多的所选项目，但是不可删除只读库的内容；"复制"按钮可以将所选项目复制到另一个库。

> **说明**：为了便于查找，还可以在【筛选条件】文本框中输入通配符或表达式设置过滤属性。

2．设置库的有效性和查找选项

使用【管理库列表】对话框来指定设计中可用的库、库查找顺序和其他查找有关的选项。在【库管理器】对话框中单击"管理库列表"按钮，打开【库列表】对话框，如图 10-2 所示。

单击"添加"按钮，在【添加库】对话框中指定要添加的库的文件夹和文件名，然后打开即可；而在库列表中，选择一个或更多的库，然后单击"移除"按钮，就可以删除库，但库文件并不会从计算机中删除。

在库列表中选择一个库，然后根据需要单击"上"或"下"按钮，可以调整该库在列表中的顺序。

另外，在库列表中选择一个库，可根据需要选择或清除下列复选框。

图 10-2 【库列表】对话框

- ☺ 只读：设置库为只读，选择该复选框可防止对库文件做任何修改。如果库文件在Windows 中的属性为只读，则该复选框不可用。
- ☺ 共享：通过网络共享库，允许多个用户同时访问库文件。
- ☺ 允许搜索：在执行针对库的操作时包括库，如添加元器件。

3．管理库属性

使用【属性管理器】对话框，可以为个别库或所有库中的所有元器件或封装添加、删除和重命名属性，也可以显示库的所有属性，无论属性是应用到所有项目还是个别项目。

注意：这个对话框不能管理设计中的属性，要管理设计中的属性必须通过【管理库属性】对话框来完成。

在【库管理器】对话框中单击"属性管理器"按钮，打开【库管理属性】对话框，如图 10-3 所示。

然后在【选择库】下拉列表中选择某个库或所有库；在【项目类型】下拉列表中选择要在【库中的属性】列表显示的项目类型；再单击"添加属性"按钮，打开【将新属性添加到库中】对话框，如图 10-4 所示。

图 10-3　【管理库属性】对话框　　　　图 10-4　【将新属性添加到库中】对话框

单击"浏览库属性"按钮，选择一个属性名，然后输入属性值，单击"确定"按钮即可。

如果在【库中的属性】列表中选择一个或更多要删除的属性，然后单击"删除属性"按钮，则可删除属性。

如果在【库中的属性】列表中选择一个或更多的属性，然后单击"添加"按钮，则被选择的属性将被添加到重命名区，只要单击"编辑新名称"按钮，就可以重命名属性了。

4. 导入/导出库

可以从一个以前导出的库 ASCII 文件中导入库数据。打开【库管理器】对话框，从【库】列表框选择接收库数据的库，然后单击"封装"、"元件"、"2D 线"或"逻辑"按钮中的任意一个，再单击"导入"按钮，在弹出的【库导入】对话框中指定文件夹和库文件名，然后打开即可。

注意：如果接收导入项目的库是只读的，则"导入"按钮不可用。

在【库管理器】对话框中的【Part Types】列表中选择一个或更多项目，然后单击"导出"按钮，在弹出的【库导出文件】对话框中指定文件和库文件名，然后保存，就可以将库数据导出到一个 ASCII 库文件中。

如果单击"列表到文件"按钮，则弹出【报告管理器】对话框，如图 10-5 所示。

选择一些属性，然后单击"运行"按钮，在【库列表文件】对话框中指定文件和库文件名，最后保存。这样将创建一个 ASCII 文件，这个文件包含了库中项目的属性信息列表。

图 10-5　【报告管理器】对话框

10.2　创建元器件类型

1. 设置元器件信息

使用元器件信息对话框可以指定新的或已有的元器件的属性。执行菜单命令【文件】|
【库...】，弹出【库管理器】对话框，从【库】列表中选择一个库，并在【筛选条件】区域
单击"元件"按钮，然后单击"新建"或"编辑"按钮，弹出【元件的元件信息】对话
框，如图 10-6 所示。

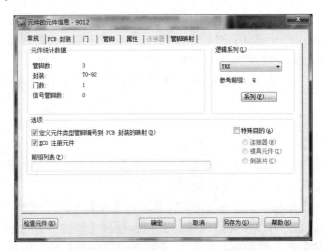

图 10-6　【元件的元件信息】对话框

单击不同的选项卡，就可以对相应的属性进行修改，下面逐一介绍。

2．设置常规

1）查看元器件统计信息　在【元件的元件信息】对话框中单击【常规】选项卡，【元件统计数据】区中所有的信息都是只读的，如引脚数、封装、门数、信号引脚数等。如果多个封装被分配了不同的引脚数，则将显示从最小到最大封装引脚号的范围。

图 10-7　【逻辑系列】对话框

2）设置逻辑系列　使用【逻辑系列】对话框来添加、删除或编辑逻辑系列，以及指定其参考编号前缀。

单击"系列"按钮，弹出【逻辑系列】对话框，如图 10-7 所示。

☺ 单击"添加"按钮，在【系列】单元格输入名称；并在【前缀】单元格双击，然后输入参考编号前缀，就添加了一个逻辑系列。

☺ 在要删除行的任何地方单击鼠标左键，然后单击"删除"按钮，即可删除一个逻辑系列。

☺ 在已有的【系列】或【前缀】单元格双击鼠标左键，然后输入新的值，即可完成逻辑系列的编辑。

3）设置元器件选项　在【元件的元件信息】对话框的【选项】区域勾选【定义元件类型管脚编号到 PCB 封装的映射】复选框，来激活【管脚映射】选项卡。在【管脚映射】选项卡中，可以为逻辑引脚编号映射不同的物理数字引脚编号。但是，只要为元器件类型添加了一个或多个有编号的封装，这个复选框就不可用。

选择【连接器】复选框以确定该元器件作为连接器。与其他的元器件类型相比，连接器不需要前缀列表或门定义。

选择【ECO 注册元件】复选框以确定该元器件作为已注册的 ECO，这样就可在正向标注或反向标注期间使得该元器件符合在设计文件和原理图文件之间的转换。对于非电气元件，必须清除该复选框。

若要将元器件信息应用到库中的其他元器件，可在与其他元器件名相匹配的【前缀列表】框中输入前缀和通配符以便于工作更新。

最后，可以单击"检查元件"按钮，来检查元器件信息是否有缺少的或不一致的地方。

3．设置 PCB 封装

使用【元件的元件信息】对话框的【PCB 封装】选项卡可以为元器件指定封装，封装决定了元器件的引脚数及其物理尺寸信息。

打开【PCB 封装】选项卡，如图 10-8 所示。在【库】下拉列表中，选择一个库或选择所有库（All Libraries）。可以在【筛选条件】列表框和【管脚数】栏中设置过滤属性，来过滤【未分配的封装】列表的内容。然后从【未分配的封装】列表中选择一个未分配的封装，最后单击"分配"按钮即可。

☺ 已经分配的 PCB 封装可以有不同数量的引脚。

☺ 必须为所有在【管脚】选项卡中定义的门引脚或信号引脚分配有足够引脚的封装。

☺ 只有带有连续数字引脚编号的封装才能与【管脚映射】一起使用。

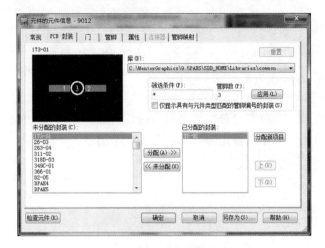

图 10-8　【PCB 封装】选项卡

☺ 要分配库中没有的封装，单击"分配新项目"按钮，在【分配新的 PCB 封装】对话框中输入封装名即可。这个功能允许指定在自己库中没有而其他 PCB 设计者使用的库中有的封装名，或者是即将为元器件创建的封装名。

☺ 一个元器件最多可以分配 16 个 PCB 封装，且分配的封装必须有相同数量的引脚。

要移除封装，选择【已分配的封装】列表中的封装，单击"未分配"按钮即可；若要修改【已分配的封装】列表中封装的顺序，可选择封装，然后单击"上"或"下"按钮。在列表顶部的封装是默认封装，并在添加元器件到设计的时候使用。

4．设置门

使用【元件的元件信息】对话框的【门】选项卡分配门信息，如 CAE 封装和门交换选项到元器件。

打开【门】选项卡，单击"添加"按钮，就可在视窗中出现一行，如图 10-9 所示。同样，要删除一行，单击该行的任意地方，再单击"删除"按钮即可。

图 10-9　【门】选项卡

双击"交换"单元格，输入 0～100 的交换 ID，可使连线不交叉或使布线变得容易，具有相同交换 ID 的（0 除外），可以在一个元器件内或与其他相同类型的元器件进行交换。当输入 0 时禁止交换。

双击"CAE 封装 1"单元格，在【CAE 封装】栏输入封装名，或者单击旁边的按钮，可使用【为元件的门 A 分配封装】对话框来分配主 CAE 封装到门，如图 10-10 所示。

要分配封装，选择【未分配的封装】列表中的封装，然后单击"分配"按钮即可。若要分配库中没有的封装，则单击"分配新项目"按钮，在弹出的【分配新的门封装】对话框中输入名称，然后单击"确定"按钮即可，如图 10-11 所示。

图 10-10 【为元件的门 A 分配封装】对话框　　　　图 10-11 【分配新的门封装】对话框

☺ 最多可以为一个元器件分配 4 个 CAE 封装。

☺ 分配的封装必须有相同数量的引脚。

选择【已分配的封装】列表中的封装，单击"未分配"按钮可以删除封装，单击"上"或"下"按钮可以调整封装次序（在列表顶部的封装是默认封装，并在添加元器件到原理图时使用）。

如果要分配一个或多个可选 CAE 封装到门，则在其余的 CAE 封装单元格中重复执行上述步骤即可。【管脚】列显示了在每个门中定义的引脚数，而门引脚是在【管脚】选项卡中添加的。

5. 设置引脚

使用【元件的元件信息】对话框的【管脚】选项卡为元器件分配门引脚、信号引脚和未使用的引脚，分配的引脚数必须与 PCB 封装的引脚数一致。

1）添加一个或多个引脚到元器件　有多种方法添加引脚到元器件：可以通过分配封装自动添加所有引脚；可以添加一个引脚到元器件、添加一系列引脚，从一个数据库粘贴引脚；可以用逗号分隔值（CSV）文件导入引脚。

打开【管脚】选项卡，单击"添加管脚"按钮，则在对话框中会出现一行信息，如图 10-12 所示。

如果这是添加的第一个引脚，则它将作为属于 Gate-A 的默认引脚。如果引脚已经存在，则新的引脚将属于当前所选引脚的引脚组。

单击"添加管脚"按钮，打开【添加管脚】对话框，在【管脚数】栏输入要添加的引脚数量，即可添加一系列引脚，如图 10-13 所示。

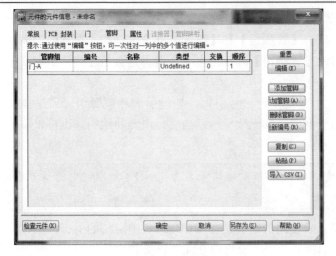

图 10-12　【管脚】选项卡　　　　　　　　图 10-13　【添加管脚】对话框

> **注意**：元器件的总引脚数不能超过 32 767。在【起始管脚编号】区域的【前缀】和【后缀】栏中有选择地输入数值，可以指定前缀或后缀。在输入数值基础上的引脚号的预览显示在框下方。

☺ 这两个栏中字母和数字都可以用，如"A1"或"1A"。如果输入字母数字，而封装使用数字，则必须用管脚映射标签将字母数字映射到封装。

☺ 对单一数字，既可使用前缀栏，也可使用后缀栏，而将另一个栏空着。

在"增量选项"区域，选中【前缀递增】或【后缀递增】可以决定如何递增；在【步长】栏中输入正整数或负整数，能以连续或步进的值递增或递减引脚号。

如果使用字母数字，则应选中【验证有效的 JEDEC 管脚编号】复选框，以确保使用的是合法的字母数字值。

对于引脚信息，还可以使用复制、粘贴等操作，或者使用 CSV 文件导入。

2）编辑引脚数据　单击要编辑的引脚行的一个单元格即可编辑单元格的内容，或选择同一列的一个或多个单元格，然后单击"编辑"按钮进行编辑。

（1）单击【管脚组】单元格，在列表中选择"门"、"信号管脚"或"未使用的管脚"；【管脚组】单元格列表中的门是在【门】选项卡中添加的；若为信号引脚，则需要在【名称】单元格中输入信号名。

（2）单击【编号】单元格，输入引脚序号。引脚序号必须与 PCB 封装一致。例如，PCB 封装为字母数字，则该单元格中也必须为字母数字。

（3）单击【名称】单元格，输入引脚信号或功能名称，如"Clock"或"CLK"。引脚名称不是必需的，并且对未使用的引脚是没有用的。名称最多可包含 40 个字符。所有文字、数字及字符都是允许使用的，但不可使用诸如"："、"？"、"{"、"}"、"*"、"。"、","及空格等特殊字符。

（4）单击【类型】单元格，在下拉列表中选择一个引脚类型。类型列只用于门引脚。

（5）单击【交换】单元格，输入交换编号，或者使用向上/向下箭头进行选择。

（6）单击【顺序】单元格，输入门的序号。该序号决定了 CAE 门引脚与 PCB 封装引脚的映射。序号是自动分配给备选 CAE 封装的。例如，它将指出引脚序号是如何出现在 CAE

门封装的。所以，在 Gate-A，序号 1 可能是引脚 1；而在 Gate-B，序号 1 可能是引脚 4。但是，在为连接器编辑引脚数据时，只有【管脚组】和【顺序】列是关联的。在其他列输入的数据将被拒绝。连接器没有门，因此【管脚组】列仅指出一个引脚是否是连接器引脚或未使用的引脚。

将信号名分配给隐含引脚时，不需要使用信号引脚，如地引脚和电源引脚就是典型的隐含引脚，因为它们在原理图中的任何门中都无须显示。当然，电源和地引脚也可以添加到门，或者为其创建一个独立的门。

> 注意：在 PADS Logic 元器件库中，标准的地信号名为 GND，标准的电源信号名为 +5V。

可以为未使用的引脚分配引脚。未使用的引脚是在 PCB 封装中定义的引脚，但在元器件类型中没有电气属性。未使用的引脚信息是不会保存在元器件类型中的，但在分配的门和信号引脚序号的基础上会自动派生出已分配 PCB 封装中的引脚序号。

对于各项列表中的数据，可以通过双击列标题来升序排序列。其他，如对引脚重新编号、删除引脚等操作方法显而易见，在此不做说明。

3）错误检查　当单击"检查元件"、"确定"按钮、"另存为"按钮或单击另一个选项卡时，都会弹出一个提示窗口，询问是否继续操作。错误检查的内容如下。

☺ 空引脚号、带有空格的引脚号或非法字符。

☺ 在一个单独门中的空白的、不连续的序号。

☺ 信号引脚或未使用引脚的非空白型单元格，或门引脚的空白型单元格。

☺ 门引脚的引脚名中有非法字符、信号引脚的网络名中有非法字符、未使用引脚的非空名称、信号引脚的空白名称。空白引脚名称对门引脚是允许的。

☺ 门引脚的空白引脚交换、信号和未使用引脚的非空引脚交换。门引脚的引脚交换值超出范围 0~100。

6. 设置属性

使用【元件的元件信息】对话框的【属性】选项卡，可以管理所选元器件的属性，以及定义新元器件的默认属性。

1）添加新属性　打开【属性】选项卡，如图 10-14 所示。

单击"添加"按钮，输入属性名，在【值】单元格输入属性值；单击"浏览库属性"按钮，搜索所有库中已有的属性。

对于属性的其他编辑操作，如复制、粘贴和删除等操作方法显而易见，在此不做说明。

2）定义新元器件的默认属性　当属性列表编辑完成后，单击"另存为"按钮，在弹出的【将元件类型保存到库中】对话框中输入存储路径和文件名，就可以保存一组默认的属性，以便自动地使用到每一个新元器件，如图 10-15 所示。

7. 设置连接器

使用【元件的元件信息】对话框中的【连接器】选项卡，可以为一个引脚类型分配一个或多个 CAE 封装或特殊符号。特殊符号指出了在 PADS Logic 中的引脚类型的功能，如可以使用不同的特殊符号来指定输入（源）或输出（负载）的引脚类型。

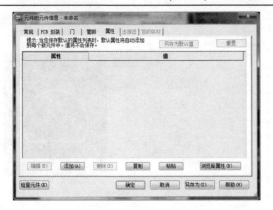

图 10-14　【属性】选项卡

图 10-15　【将元件类型保存到库中】对话框

当【常规】选项卡中的【连接器】复选框被清除时，或者已经在【门】选项卡中将一个门分配给元器件时，这个选项卡不可用。

打开【连接器】选项卡，单击"添加"按钮，单击━━按钮，在弹出的【浏览特殊符号】对话框中选择一个 CAE 封装，如图 10-16 所示。

图 10-16　【浏览特殊符号】对话框

返回上一页面，双击【管脚类型】单元格，选择引脚类型即可，如图 10-17 所示。

若要删除已分配的 CAE 封装，只需单击要删除行的任意地方，然后单击"删除"按钮即可。

8．设置引脚映射

使用【元件的元件信息】对话框中的【管脚映射】选项卡，可以将字母数字引脚号覆盖到数字 PCB 封装引脚。

打开【管脚映射】选项卡，进行如下设置：

☺ 在【常规】选项卡中选中【定义元件类型管脚编号到 PCB 封装的映射】复选框，使得【管脚映射】选项卡可用。

☺ 在【PCB 封装】选项卡，分配一个有连续数字引脚号的封装，以便使用【管脚映射】选项卡。这个封装决定了元器件中的引脚数。

1）映射字母数字引脚号到数字封装　在预览窗口上方的封装列表中选择已经分配的封装（这个封装应该是想要映射字母数字引脚的封装），如图 10-18 所示。

图 10-17　【连接器】选项卡

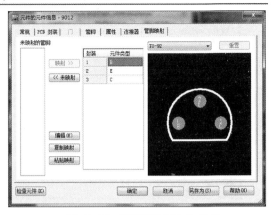

图 10-18　【管脚映射】选项卡

使用以下方法中的一种来映射引脚。

☺ 在【未映射的管脚】列表中选择一个或多个字母数字。如果有一个要映射的连续的列表，则在【元件类型】列选择一行或起始行，单击"映射"按钮。

☺ 在【元件类型】列选择一个单元格，单击"编辑"按钮，或者简单地双击该单元格，然后用键盘输入。

☺ 在【未映射的管脚】列表中选择一个字母数字，然后在封装预览窗口中双击该引脚将字母数字映射到该引脚；同时，在【未映射的管脚】列表中的下一行变成要映射的下一个所选字母数字。

☺ 单击"复制映射"按钮来复制映射表格中的两栏，然后粘贴映射表格到 Excel 中集中编辑。从 Excel 中复制数据，然后在【管脚映射】选项卡中单击"粘贴映射"按钮。这种操作只对整个引脚映射表格进行操作，而不对某些选择的行操作。

2）取消映射引脚　选择一个封装引脚号，单击"未映射"按钮，就可以取消映射。最后，可以单击"检查元件"按钮来检查元器件信息是否有缺少的或不一致的。

> **注意**：在预览窗口中可以通过单击并拖拉来定义一个缩放框，或者按下〈Shift〉键，同时单击鼠标左键或右键来放大或缩小。可以放大到初始比例的 16 倍。预览窗口只缩小到适合整个封装。

10.3　创建封装

1. 启动 PCB 封装编辑器

PADS Layout 库中的每个元器件都使用与其类型相关联的封装，使用 PCB 封装编辑器可创建或编辑这些封装。

执行菜单命令【工具】|【PCB 封装编辑器】，即可打开封装编辑器。然后执行菜单命令【文件】|【库...】，在弹出的【库管理器】对话框中打开库，选择作为库类型的封装，单击"新建"按钮新建封装，或单击"编辑"按钮编辑现有的封装。

可以修改 PCB 封装编辑器的默认颜色和层，然后执行菜单命令【文件】|【另存为启动文件...】，在弹出的【启动文件输出】对话框中选择【PCB 参数】和【层数据】复选框，

然后单击"确定"按钮，如图 10-19 所示。这样就修改了 PCB 封装编辑器的启动文件的默认值，当下次打开封装编辑器时，将应用该设置。

2. 在 PCB 封装编辑器中编辑封装

打开 PCB 封装编辑器，单击按钮，弹出【从库中获取 PCB 封装】对话框，如图 10-20 所示。

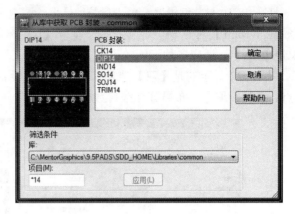

图 10-19　【启动文件输出】对话框　　　　图 10-20　【从库中获取 PCB 封装】对话框

在【库】下拉列表中选择要打开的库，然后从【PCB 封装】列表中选择封装，PADS Layout 支持每个元器件类型有 16 个替代封装，此时预览区将显示这个 PCB 封装的图形。如果这个封装被分配给了 PADS 库中的任意元器件类型，单击"确定"按钮后，将弹出【封装的元件类型列表-DIP14】对话框，如图 10-21 所示。

图 10-21　【封装的元件类型列表-DIP14】对话框

另外，在 PCB 封装编辑器中执行菜单命令【工具】|【元件类型】，也可以打开【封装的元件类型列表-DIP14】对话框，其中各列说明如下。

☺ 库：显示关联的元器件类型库。

☺ 元件类型：显示元器件类型名称。

☺ 管脚映射：显示引脚映射是否已经定义。

☺ 错误状态：显示存在的任何逻辑错误或不匹配引脚错误。

当出现逻辑错误或引脚不匹配错误时，单击"编辑元件"按钮，在【元件信息】对话框中修改后保存即可。

在 PCB 封装编辑器中可以使用尺寸标注，但是在保存封装时尺寸标注将被转换为 2D 线条和文本。另外，为了避免发生 DRC 冲突或短路，一般在丝印顶层放置文本和属性值。

编辑完成后，执行菜单命令【文件】|【保存】或【另存为】，可以将封装保存到库。此时，将检查所有相关联的元器件类型是否在引脚号中有矛盾。

3．自动创建封装

打开 PCB 封装编辑器，单击封装编辑器绘图工具栏中的 ▒ 按钮，弹出如图 10-22 所示的【Decal Wizard】对话框。有四个选项卡【双】、【四分之一圆周】、【极坐标】、【BGA/PGA】，适应多种不同的设置。

图 10-22 显示的是【双】选项卡，主要完成设备类型，如通孔或 SMD 及方向、高度、原点、引脚、编号、布局等详细参数的设置。

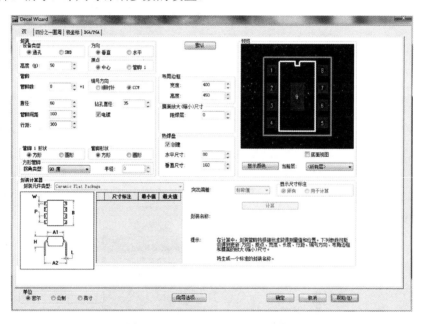

图 10-22 【Decal Wizard】对话框

1）【双】向导   在【Decal Wizard】对话框中，选择【双】选项卡，如图 10-22 所示。

（1）封装。

☺ 设备类型：选择通孔或 SMD。

☺ 高度：设置封装高度。

☺ 原点：指定封装的原点是封装的中心还是第 1 引脚。

☺ 方向：指定该封装是垂直还是水平。

（2）管脚。

☺ 管脚数：设置管脚数。

☺ 直径：以当前单位设置引脚直径。

☺ 管脚间距：以当前单位设置引脚之间的中心间距。

☺ 钻孔直径：以当前单位设置钻孔直径。

☺ 行距：以当前单位设置引脚两列之间的中心间距。

☺ 管脚 1 形状: 指定第 1 引脚是圆形还是方形。

☺ 电镀: 设置引脚是否电镀。

（3）预览: 该窗口显示封装, 当对封装的设置进行修改后会更新显示。【底面视图】复选框用于设置在预览区从底面显示封装。单击"默认"按钮, 可以设置所有封装选项为默认设置。

2）【四分之一圆周】向导　在【Decal Wizard】对话框中, 选择【四分之一圆周】选项卡, 如图 10-23 所示, 主要参数如下。

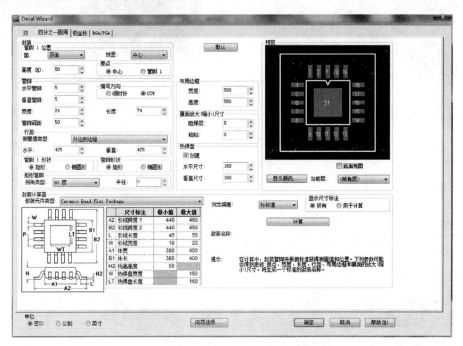

图 10-23　【四分之一圆周】选项卡

（1）封装。

☺ 管脚 1 位置: 有顶面、底面、左、右 4 个选项。

☺ 放置: 有中心、左、右 3 个选项。

☺ 原点: 指定封装的原点是封装的中心还是第 1 引脚。

☺ 高度: 指定引脚高度。

（2）管脚。

☺ 水平管脚: 设置水平排列的引脚数量, 默认为 5 个。

☺ 垂直管脚: 设置垂直排列的引脚数量, 默认为 5 个。

☺ 行距: 以当前单位设置引脚两列之间的中心间距。

☺ 宽度: 设置引脚宽度。

☺ 管脚间距: 设置引脚间的距离。

☺ 编号方向: 分为顺时针方向或逆时针方向（CCW）。

☺ 长度: 设置引脚长度。

该向导有封装计算器, 把尺寸标注的参数设置好后, 单击"计算"按钮, 可自动计算出各个参数。

3）【极坐标】向导 在【Decal Wizard】对话框中，选择【极坐标】选项卡，如图 10-24 所示，主要参数如下。

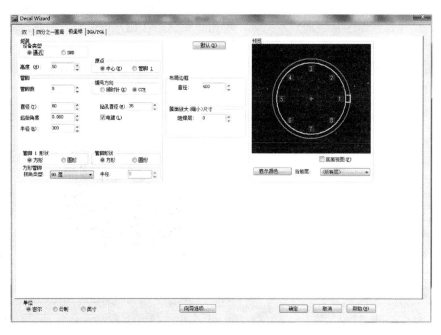

图 10-24 【极坐标】选项卡

（1）封装。

☺ 设备类型：选择通孔或 SMD。

☺ 高度：设置封装高度。

☺ 原点：指定封装的原点是封装的中心还是第 1 引脚。

（2）管脚。

☺ 管脚数：设置管脚数。

☺ 直径：以当前单位设置引脚直径。

☺ 起始角度：默认起始角度为 0。

☺ 半径：默认大小为 300。

（3）预览：该窗口显示封装，当对封装的设置进行修改后会更新显示。【底面视图】复选框用于设置在预览区从底面显示封装。单击"默认"按钮，可以设置所有封装选项为默认设置。

4）【BGA/PGA】向导 在【Decal Wizard】对话框中选择【BGA/PGA】选项卡，使用 BGA/PGA 向导标签创建 BGA/PGA 封装，如图 10-25 所示。

（1）封装。

☺ 设备类型：选择通孔或 SMD。

☺ 高度：设置封装高度。

☺ 原点：指定封装的原点是封装的中心还是第 1 引脚。

☺ 封装类型：指定该封装是元器件还是基板。

图 10-25　【BGA/PGA】选项卡

（2）管脚。

☺ 管脚数：设置封装中引脚的数量。该项不能编辑，它决定于行数量、列数量和交错间距数值。

☺ 焊盘栈：设置直径和钻孔直径。

☺ 电镀：设置是否为电镀引脚。

☺ 分配 JEDEC 管脚：用于设定以 JEDEC 标准为阵列中的每一个引脚分配字母数字名。引脚行以 A 开始从上至下标上字母，字母 I、O、Q、S、X 和 Z 不用。对于超过 20 行的阵列，第 21 行将被指定为 AA，以后的行依次指定为 AB、AC 等。引脚列从 1 开始编号。列编号对于元器件类型是从左至右，对基板类型则是从右至左。

☺ 行距：以当前单位指定引脚的行间距。

☺ 列距：以当前单位指定引脚的列间距。

☺ 行数：设置封装中的引脚行数。

☺ 列数：设置封装中的引脚列数。

☺ 中间删除的行数：指定低密度封装中的行数。无效行从封装的中心算起，如果设置了无效行，必须设置无效列。如果引脚行数是偶数，无效行数也应该是偶数；如果引脚行数是奇数，无效行数也应该是奇数。

☺ 中间删除的列数：指定低密度封装中的列数。无效列从封装的中心算起，如果设置了无效列，必须设置无效行。如果引脚列数是偶数，无效列数也应该是偶数；如果引脚列数是奇数，无效列数也应该是奇数。

☺ 中心行：指定封装中无效行中心的引脚行数，如果设置了中心行，必须设置中心列。如果引脚行数是偶数，无效行数也应该是偶数；如果引脚行数是奇数，无效行数也应该是奇数。

☺ 中心列：指定封装中无效列中心的引脚列数，如果设置了中心列，必须设置中心行。如果引脚列数是偶数，无效列数也应该是偶数；如果引脚列数是奇数，无效列数也应该是奇数。

（3）预览：该窗口显示封装，当对封装的设置进行修改后会更新显示。【底面视图】复选框用于设置在预览区从底面显示封装。单击"默认"按钮，可以设置所有封装选项为默认设置。

4．手动创建封装

1）添加端点 端点是与封装相关联的焊盘或引脚。打开 PCB 封装编辑器，从绘图工具栏中单击按钮 📷，弹出如图 10-26 所示的【添加端点】对话框。

在【起始管脚编号】区域的【前缀】或【后缀】栏输入引脚编号值，同时在栏的下方会显示预览。在这两个栏中可以使用字母和数字，如"A1"或"1A"。如果是一个单独的数字，可使用【前缀】栏或【后缀】栏中的一个，而另一个空着不用。

在【增量选项】区，选中【前缀增量】或【后缀增量】来选择递增方式；在【步长】栏中输入一个正数或负数，引脚号将以该输入值连续或步进地递增或递减。

如果使用字母数字，则可以选择【验证有效的 JEDEC 管脚编号】复选框以确保使用的是合法的字母数字值。但该选项只能保证使用的是合法的字母和数字组合，若要按照 JEDEC 来排列行和列，则应执行菜单命令【工具】|【分配 JEDEC 管脚...】。

设置完成后，单击"确定"按钮，然后在需要放置端点的位置单击鼠标左键即可。根据需要重复此操作，另外，还可使用【单步和重复】命令来添加端点或复制端点。以一个 16 引脚的双列直插元器件为例，按照上述方法放置端点后的图形如图 10-27 所示。

图 10-26 【添加端点】对话框

图 10-27 16 引脚的双列直插元器件

2）绘制元器件外框 从绘图工具栏中单击按钮🖉，然后单击鼠标右键，在弹出菜单中选择【路径】项，如图 10-28 所示。在上方工具栏的层列表中选择【所有层】项，单击鼠标左键，画一个外框，并添加圆弧（为了保证对称性，可以双击所画的线，通过修改属性的坐标值来调整位置），如图 10-29 所示。

画好封装后，单击按钮💾，弹出如图 10-30 所示的对话框。

在【库】列表中选择要保存的库，然后在【PCB 封装名称】栏中输入封装名，单击"确定"按钮，弹出如图 10-31 所示的询问窗口。

因为此时只是创建了封装，并非完整的元器件，所以还要继续编辑元器件类型。单击"是"按钮，弹出如图 10-32 所示的【元件的元件信息-未命名】对话框。

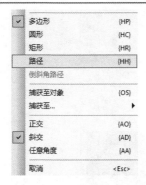

图 10-28 绘图属性菜单

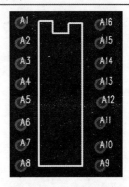

图 10-29 画完外框的元器件

图 10-30 保存封装对话框

图 10-31 询问窗口

该对话框的设置在前面已详细介绍，此处不再赘述。设置完成后，单击"确定"按钮，弹出如图 10-33 所示的【将元件类型保存到库中】对话框。

图 10-32 【元件的元件信息-未命名】对话框

图 10-33 【将元件类型保存到库中】对话框

在【库】列表中选择要保存的库，然后在【元件类型名称】栏中输入元器件类型名，单击"确定"按钮保存即可。

5. 创建焊盘

通过对焊盘属性的设置，可以在给定焊盘中建立每个焊盘和钻孔的大小和形状，包括元器件和过孔焊盘。在 PADS Layout 中打开系统自带的例子（previewrouted.pcb 文件），执行菜单命令【设置】|【焊盘栈…】，弹出【焊盘栈特性】对话框，如图 10-34 所示。

1）【焊盘栈类型】区域

☺ 封装：选择焊盘选项。

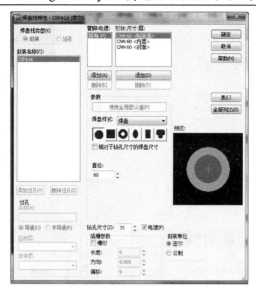

图 10-34 【焊盘栈特性】对话框

☺ 过孔：选择过孔。

☺ 封装名称：列出封装或过孔的封装名。

☺ "添加过孔"按钮：添加过孔到【封装名称】列表。

☺ "删除过孔"按钮：从【封装名称】列表中删除过孔，但是不能删除 STANDARDVIA。

2）【过孔】区域

☺ 名称：为新过孔分配名称。首先单击"添加过孔"按钮，然后在【名称】栏中输入名称。

☺ 导通：设置当前过孔为通孔，穿过 PCB 上所有的层。

☺ 半导通：设置当前过孔为非通孔，穿过 PCB 上的某些层。选择【半导通】项，然后可在下面设置起始层和结束层。

3）【管脚：电镀：】区域　用于选择要编辑的引脚，即设定焊盘形状、尺寸，以及是否电镀。但该设置不会应用到过孔焊盘，因为所有的过孔都认为是电镀的。首先选择封装名，然后单击"添加"按钮，从弹出的列表中选择引脚即可。

4）【形状：尺寸：层：】区域　对于过孔和元器件焊盘，可以设置所选层上焊盘的大小和形状。内层焊盘尺寸可以稍微大一些，因为这些焊盘常用于平面层，而在作为平面图输出时焊盘大小将变成绝缘区。

5）【参数】区域

☺ 使用全局默认值：在【焊盘样式】列表设置为"热焊盘"时可用。热焊盘的形状在【选项】对话框的【热焊盘】选项卡中设置。

☺ 焊盘样式：指定焊盘的样式（焊盘或热焊盘）。

☺ 形状按钮：给在列表中选择的层分配焊盘形状。可以分配过孔焊盘为圆形、方形、环形、椭圆形、矩形或异形。

☺ 相对于钻孔尺寸的焊盘尺寸：显示相对于钻孔尺寸的内部和外部焊盘尺寸。焊盘尺寸选项的改变根据所选的形状而定。

6）【钻孔尺寸】栏　用于设置焊盘的钻孔尺寸。

7）【电镀】复选框　用于设置焊盘是否要镀铜，一般有孔的焊盘都要电镀。要创建没有铜的非电镀孔，如安装孔，可清除电镀复选框。非电镀孔将以真实的钻孔直径钻孔，而不扩大孔径，并且任何扩大孔径都不应用于它。

8）【插槽参数】区域

☺ 槽形：允许所选的焊盘或引脚有长圆孔。

☺ 长度：设置长圆孔的长度，该选项在选择【槽形】复选框时可用。

☺ 方向：设置长圆孔的方向，该选项在选择【槽形】复选框时可用。

☺ 偏移：设置长圆孔的偏移量，该选项在选择【槽形】复选框时可用。

9）【封装单位】区域　显示和设置所选封装的当前单位。如果在【焊盘栈类型】区选择【过孔】，或在 PCB 封装编辑器中使用这个对话框，则该区不可用。

☺ 表：产生描述所选焊盘的报告。焊盘报告显示焊盘、长圆孔和单位信息。

☺ 全部列出：产生描述数据库中所有封装的所有焊盘的报告。焊盘报告显示焊盘、长圆孔和单位信息。

☺ 【预览】窗口显示当前选项下的焊盘形状和尺寸。

10.4　习题

（1）创建一个名为 mypcb 的元器件库，并练习将 intel 库中名为"80*"的元器件复制到该库。

（2）创建一个 7400 元器件类型，并指定两种封装形式，一种为 DIP 形式，另一种为表面贴装式。

（3）利用向导创建一个表面贴装式的元器件封装，其尺寸要求如图 10-35 所示。

（4）将习题（3）中元器件封装的第一引脚形状改成矩形。

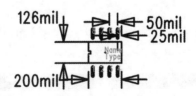

图 10-35　习题（3）图

第 11 章　PADS Layout 文件输出

本章主要介绍绘图的输出方法，包括如何创建绘图的不同文档、如何生成项目报告，以及如何开发利用计算机辅助制造功能。

11.1　不同的装配版本输出

PADS Layout 可以让设计者以单个 PCB 设计为基础，快速、简捷地生成设计的不同文档版本。这种不同文档版本的变换是通过简单表格驱动的用户界面进行的。下面以 PADS9.5自带文件"previewole.pcb"为基础，介绍定义不同的装配版本并保存新的装配选项的详细过程。

（1）从标准工具栏中单击"打开"图标☞，在 PADS 安装路径下"PADS Projects\Samples"文件夹中找到并打开名为"previewole.pcb"的文件。

（2）执行菜单命令【工具】|【装配变量】，打开【装配变量】对话框，如图 11-1 所示。这个对话框包含所有安装元器件的列表。从图 11-1 中可以看到，此时的"创建"按钮为灰色未激活状态。

（3）在【新变量名称】栏中输入"Assembly01"，这时"创建"按钮变为激活状态。

（4）在【变量】区域中，单击"创建"按钮，现在准备定义"Assembly01"不同的装配版本。

（5）滚动元器件列表，单击鼠标左键并拖动鼠标，从【名称】元器件列表中选择"U1"和"U2"。

（6）在【状态】区域中选择"已安装"，U1 和 U2 的状态将改变为"已安装"，如图 11-2 所示。

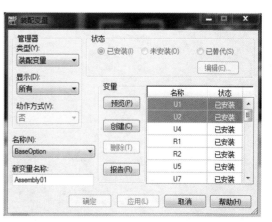

图 11-1　【装配变量】对话框　　　　　图 11-2　设置后的【装配变量】对话框

（7）一旦选择并改变了元器件的状态，从【变量】区域中单击"预览"按钮，"Assembly01"的预览将出现在一个新的窗口中，此时 U1 和 U2 将不出现，如图 11-3 所示。

（8）在"Assembly01"预览窗口的右上角单击"变量"按钮，将会出现【预览/选项】窗口。注意此窗口的下方，在"Assembly01"选项上，用鼠标左键双击【未安装】区域（默认为"否"，即不显示），将产生一个视图选项的滚动条，如图 11-4 所示。

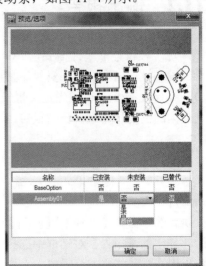

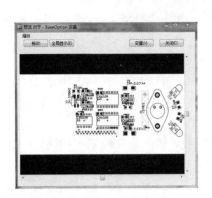

图 11-3 "Assembly01"的预览窗口   图 11-4 【预览/选项】窗口

（9）在图 11-4 中选择"颜色"选项，将打开【颜色】对话框，如图 11-5 所示。

（10）选择红色颜色框，单击"确定"按钮，所有不安装的元器件将显示为红色，如图 11-6 所示。

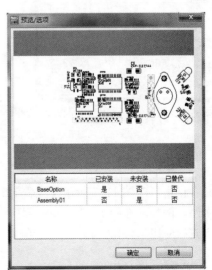

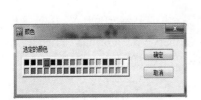

图 11-5 【颜色】对话框   图 11-6 设置颜色后的"Assembly01"预览窗口

在"Assembly01"的预览窗口中，可以看到 PCB 中哪些元器件安装，哪些元器件不安装。可以用鼠标左键放大预览，用鼠标右键缩小。

（11）关闭【预览/选项】窗口及"Assembly01"的预览，在【装配变量】对话框中单击"确定"按钮，保存定义的装配选项，并且关闭【装配变量】对话框。

（12）执行菜单命令【文件】|【另存为】，在保存对话框中输入新的文件名"previewassy"，单击"保存"按钮，这样便完成了新的装配版本的创建。

11.2 输出报告

为了满足工程设计的设计需要，PADS Layout 还可以生成一些报表文件，用于给用户提供设计过程和设计内容的详细资料，主要包括 PCB 状态信息、引脚信息及布线信息等。

PADS Layout 提供了可预先定义报告格式的功能。使用 PADS Layout 的报告生成语言可以定义数据的宽度，建立自己的报告。

1．建立元器件列表报告

（1）从标准工具栏中单击图标 🖼️，并在文件打开对话框中双击 11.1 节保存过的"previewassy.pcb"文件。

（2）执行菜单命令【文件】|【报告】，弹出【报告】对话框，如图 11-7 所示。

（3）在弹出的【报告】对话框中选择"Parts List 1"报告，单击"确定"按钮，一个新的报告将出现在默认的文本编辑器中，如图 11-8 所示。通过此报告可以查看各元器件的符号、逻辑类型及元器件类型等信息。

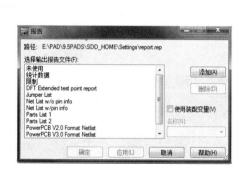

图 11-7　【报告】对话框

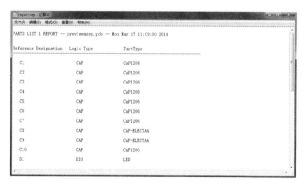

图 11-8　元器件列表报告

2．生成网络表文件

设计者也可以在图 11-7 所示【报告】对话框中选择生成 PowerPCB V2.0 或 3.0 格式的网络表文件。例如，在图 11-7 中选择列表中的"PowerPCB V3.0 Format Netlist"，单击"确定"按钮或"应用"按钮，将产生 V3.0 格式的网络表文件，如图 11-9 所示。

3．生成 PCB 统计报告

PCB 的统计报告用于给用户提供 PCB 的完整信息，包括元器件数量、焊盘数量、非钻孔焊盘数量、过孔数量、PCB 尺寸、布线密度等信息。

在图 11-7 所示【报告】对话框中，选择列表中的【统计数据】选项，将产生此 PCB 的统计报告，如图 11-10 所示。

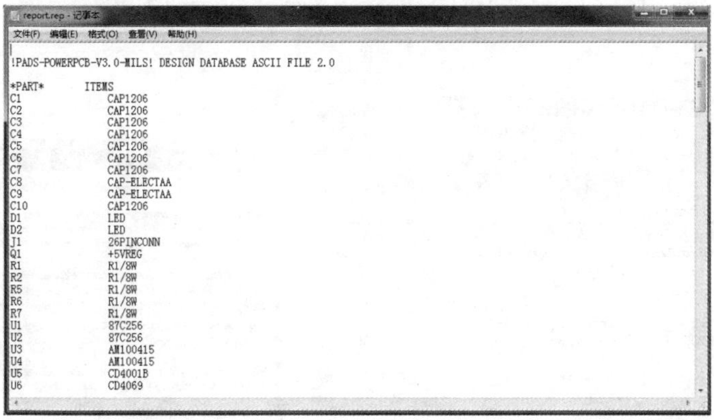

图 11-9　网络表文件

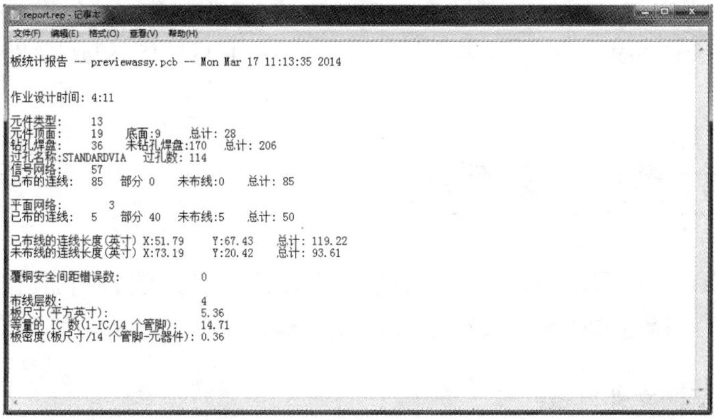

图 11-10　PCB 的统计报告

4．Basic Scripts 功能生成报告

除了采用上述的菜单命令【文件】|【报告…】生成报告的方式外，还可以通过菜单命令【工具】|【基本脚本】来自编程定义，得到不同形式的报告输出。具体操作步骤如下所述。

（1）执行菜单命令【工具】|【基本脚本】|【基本脚本】，打开【基本脚本】对话框，如图 11-11 所示。

（2）选择图 11-11 所示列表中的第 17 项 "Excel Part List Report"，然后单击右上角的 "运行" 按钮，这时将生成一个 Excel 格式的元器件列表，如图 11-12 所示。列表中包括元器件的各种信息。

图 11-11　【基本脚本】对话框

（3）此处【基本脚本】对话框运行的是一个 VB 的脚本文件，设计者也可以对其进行编辑，以便输出需要的各项信息。如果需要对某个脚本文件进行编辑，可以在图 11-11 所示列表中选择需要编辑的文件，单击右边的 "编辑" 按钮。

（4）设计者也可以通过【基本脚本】列表中的"PADS Layout Script Wizard"逐步生成需要的报告文件，图 11-13 所示是 PADS Layout Script Wizard 功能的界面，详细内容此处不再多叙。

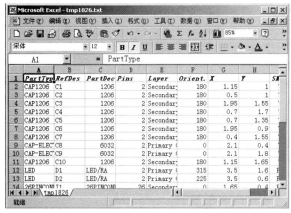

图 11-12　Excel 格式的元器件列表报告　　　　图 11-13　PADS Layout Script Wizard 功能界面

11.3　计算机辅助制造

当完成了 PCB 设计后，还要生成计算机辅助制造文件，然后才能进行 PCB 加工。通常，设计者可以直接使用 PADS Layout 的辅助制造模块来生成计算机辅助制造文件。

1. 建立一个新的文件目录

（1）执行菜单命令【文件】|【CAM…】，弹出【定义 CAM 文档】对话框，如图 11-14 所示。

图 11-14　【定义 CAM 文档】对话框

（2）在图 11-14 所示对话框底部的【CAM 目录】栏的下拉列表中选择"<创建>"，将弹出【CAM 问题】对话框，提示新建一个存放 CAM 文件的子目录，如图 11-15 所示。

（3）单击"浏览"按钮，弹出如图 11-16 所示的路径目录浏览对话框，选择需要在哪个目录下建立子目录，然后单击"确定"按钮，一个子目录就建立了，所有的 CAM 文件将输出保存在那里。

图 11-15　【CAM 问题】对话框

2. 建立 CAM 文档

各个笔绘、光绘和数控钻孔数据，都认为是 CAM 文档。各个 CAM 文档定义包含所有的输出数据类型、选择项和其他参数。

（1）在图 11-14 所示对话框中单击"添加"按钮，显示【添加文档】对话框，如图 11-17 所示。

图 11-16　路径目录浏览对话框

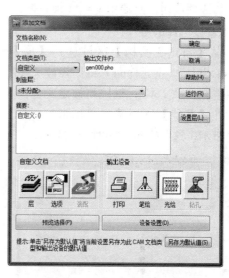

图 11-17　【添加文档】对话框

（2）在【文档名称】栏输入"Photo-Primary Component Side"。

（3）从【文档类型】下拉列表中选择"布线/分割平面"，如图 11-18 所示，接着会弹出如图 11-19 所示的【层关联性】对话框。

图 11-18　文档类型选择

图 11-19　【层关联性】对话框

（4）单击"确定"按钮，接受"Primary Component Side"，【摘要】区域中将显示层的名字和被选择的定义。

（5）在【输出设备】区域单击"光绘"按钮，指定一个 Gerber 光绘文件作为文档的输出。

（6）单击预览选择对象按钮"**预览选择**"，可以预览将要输出的文件。

（7）单击"设备设置"按钮，系统会弹出一个相应的设置对话框，用户可以设置所需要的"打印"、"笔绘"、"光绘"、"钻孔"。设置完毕后，单击"确定"按钮，则会生成所设置文档类型的输出文件。

（8）如果单击默认保存"另存为默认值"按钮，则可以将当前设置的文档保存为该 CAM 文档类型和输出文件的默认设置。

3．定制输出文档

当添加或编辑输出文档时，在添加文档或者编辑文档对话框中，可以单击【自定义文档】区域的选项按钮，对输出文档实现定制。

1）配置被选择的层

（1）从【自定义文档】区域选择【层】选项，弹出【选择项目】对话框，"Primary Component Side"（主元件面）将作为被选择的区域。选择"焊盘"、"导线"、"2D 线"、"过孔"、"铜箔"和"文本"，这些将被定义为输出内容，如图 11-20 所示。

（2）在【其他】区域选择"板框"，然后单击"预览"按钮，预览所选择的项目，如图 11-21 所示，这些将是光绘时的实际内容。

图 11-20 【选择项目】对话框

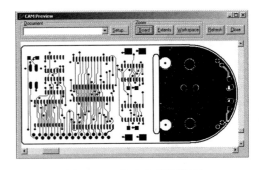

图 11-21 输出文档预览窗口

（3）在预览窗口的【缩放】区域单击"板"按钮，观察整个 PCB 的内容。在预览窗口中进行缩放的具体方法是：按住鼠标左键向上拖动光标，然后松开鼠标，可以实现放大操作；按住鼠标左键向下拖动光标，然后松开鼠标，可以实现缩小操作。或者单击鼠标左键进行放大操作，单击鼠标右键进行缩小操作。

（4）关闭预览窗口，单击"确定"按钮，返回到【添加文档】对话框。

2）设置设备 在【输出设备】区域可以设置输出设备。通常，可以直接打印输出或生成电子文档，然后送到制造厂去制造。在设计过程中，也可以将文件打印出来，以确保设计的正确性，然后将文件送到制造厂。打印设备的选择可以通过设置添加文档或编辑文档对话框来实现。

PADS Layout 的 CAM 可以选择 4 种输出设备，即"打印"、"笔绘"、"光绘"和"钻孔"。其中，笔式绘图仪常用于 PCB 设计时打印输出，而光绘绘图仪则用于 PCB 制造时打印输出。因此用户可以在纸上打印或出图，或者将光绘文件送给制造厂。另一种类型的输出文件是 NC 钻孔文件，该文件和光绘文件类似，也是送到制造厂的文件，制造厂需要使用NC 钻孔文件来进行 NC 钻孔机床编程，从而在 PCB 上钻出所有过孔。

在设置输出设备时，根据需要可以选择所需的输出设备。如果只是为了打印输出以便检查设计的正确性，可以单击打印按钮 🖨 或笔绘按钮 🖊；如果需要将输出文件送到制造厂，则可以单击光绘按钮 ▦ 或钻孔按钮 ⬚。

选择了输出设备后，单击"设备设置"按钮，系统会弹出设置对话框。选择的输出设备不同，其设置对话框也不同。

（1）在图 11-17 所示【添加文档】对话框的右下方单击"设备设置"按钮，将会弹出【光绘图机设置】对话框，如图 11-22 所示。

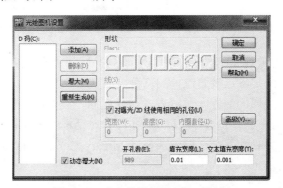

图 11-22　【光绘图机设置】对话框

（2）单击"添加"按钮，当提示"输入开孔数"时输入 10，然后单击"确定"按钮。

（3）在【形状】区域选择图标 ●，在【宽度】区域输入"0.02"。

（4）如果让软件自动添加光圈表，则单击"增大"按钮，并且在弹出的【PADS Layout】询问对话框中单击"是"按钮。

（5）如果【动态增大】被选中，程序计算在光绘所需要的"孔径"时，将添加它们到用户没有交互定义列表中。

（6）单击"确定"按钮，返回【添加文档】对话框。

4．建立多个 CAM 文档

下面以一个 4 层板的例子说明几个常用 CAM 输出文档的创建。本例所要建立的各层文件如下：

☺ 各个布线层（布线/分割平面），共 4 个；

☺ 顶层和底层的丝印层（丝印层，也叫白油层），共 2 个；

☺ 顶层和底层的阻焊层（阻焊层，也叫绿油层），共 2 个；

☺ 钻孔文件和孔位图，共 2 个。

具体 CAM 文件的配置过程如下所述。

1）CAM 平面 在【添加文档】对话框的【文档类型】下拉列表中选择"CAM 平面"，如图 11-23 所示。这时弹出一个【层关联性】对话框，在其中选择"Ground Plane"，单击 确定 按钮。因为在此例中，只有"Ground Plane"为 CAM 平面类型，如果是更多层的 PCB，可能就有多个 CAM 平面，所以必须逐个选择并配置。

可以通过【自定义文档】下的"层"按钮 ，进入各个项目的配置界面，配置方法与上面提到的类似。然后可以单击"预览"按钮进行预览，如图 11-24 所示。

图 11-23　选择"CAM 平面"

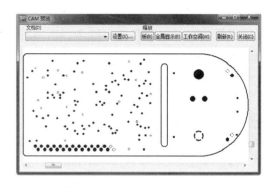

图 11-24　CAM 平面预览窗口

与前面的"布线/分割平面"输出的正片不同，CAM 平面输出的是负片，即所看到的白色部分为铜，而黑色部分是应该被腐蚀掉的部分。

第 3 层和第 4 层布线层的配置、预览方式与此相同，读者可以自己操作。

2）丝印层 如图 11-25 所示，在【添加文档】对话框的【文档类型】下拉列表中选择"丝印"。在弹出的【层关联性】对话框中选择"Primary Component Side"，建立顶层的丝印层文件，如图 11-26 所示。

图 11-25　选择"丝印"

图 11-26　【层关联性】对话框

可以通过【自定义文档】下的"层"按钮 ，进入各个项目的配置界面，如图 11-27 所示。其配置方法与上面介绍的类似。

> **注意：** 在【已选定】选择框中，可以看到有"Primary Component Side"和"Silkscreen Top"两个项目，需要某一层的项目时，可单击相应的层名，然后在下面"主元件面上的项目"的项目中进行设置。

设置完成后可以预览，检查是否有丝印字体与其他项目重叠等问题，如图 11-28 所示。

设置完第 1 层的丝印层文件后，接着进行丝印层文件的配置，方法类似于以上的过程，在【层关联性】对话框中选择"Second Component Side"即可。

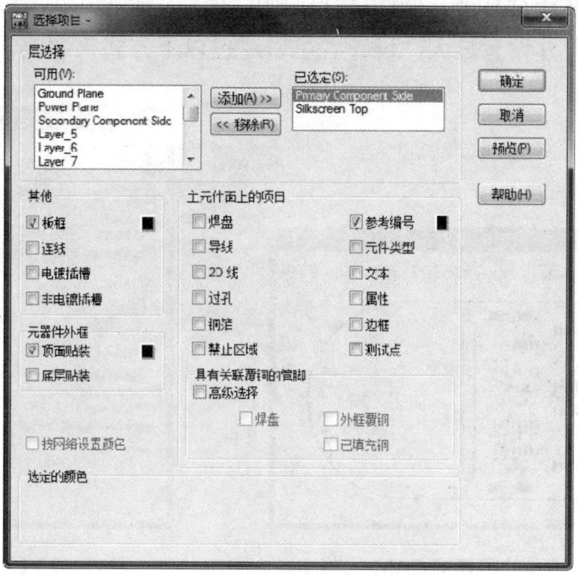

图 11-27　【选择项目】对话框

3）阻焊层　阻焊层的配置类似以上的丝印层，也需要配置顶层和底层各一次，具体步骤不再赘述。配置完成后，其预览效果如图 11-29 所示。

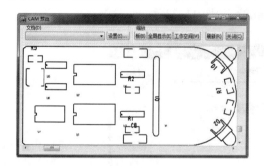

图 11-28　印制层预览图

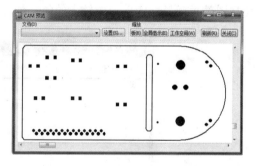

图 11-29　阻焊层 CAM 预览图

以上预览图中没有包含过孔部分，见图 11-27 中的【主元件面上的项目】区域，这样生产出来的 PCB 过孔上是封阻焊剂（如绿油）的。如果有些调试的 PCB 需要将过孔露出作为测试点用，则在进行项目配置时必须将其选上，如图 11-30 所示。这时出来的预览效果如图 11-31 所示。

图 11-30　选中【过孔】项

在进行"焊接掩膜"的输出时，经常会设置一个对每个焊盘尺寸进行增大（或减小）一定数量的参数，这可以在相应配置文件的"选项"中设置。单击"选项"按钮 后，弹出【绘图选项】对话框，如图 11-32 所示。

在图中的【焊盘尺寸放大（缩小）至】栏中输入需要放大或缩小的尺寸，注意单位的设置。如果需要放大一定的尺寸，可输入正的值，如输入"4"；若要缩小一定的尺寸则输入负值，如可以输入 "-4"。但是以上的设置有局限性，它只能对全局所有的元器件引脚进行统一的设置，如果需要针对某个元器件进行单独的设置，如在某些引脚间距很小的 BGA 封装中，就不能将焊盘尺寸设置过大。设计者可以通过以下方式来解决。

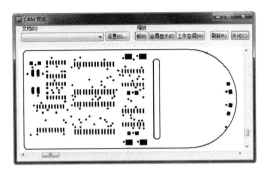

图 11-31　包含过孔的阻焊层 CAM 预览图

图 11-32　【绘图选项】对话框

在 PCB 图上，单击选择需要特殊设置的元器件，如 D2。然后单击鼠标右键，选择"属性"，在弹出的【对象属性：元器件 D2】对话框中，单击右边的"添加"按钮，在列表新增栏中选择 "CAM.Solder mask.Adjust"，在其【值】栏中输入一个特殊设置的值，这里为了使视图效果明显，输入一个较大的值，如 20mil，如图 11-33 所示。

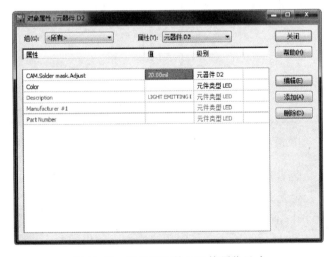

图 11-33　单独设置某元器件预览尺寸

当通过上面介绍的方法建立"焊接掩膜"文件后，预览中可以发现 D2 焊盘的尺寸明显比其他同类元器件的尺寸大许多。在建立 "Paste mask" 文件时，同样也可以做类似的设置，此处不再重复介绍。

4）钻孔图　在【添加文档】对话框的【文档类型】下拉列表中选择"钻孔图"，如图 11-34 所示。

弹出【层关联性】对话框后，单击"确定"按钮即可。这时如果进行预览操作，可以发现图形很混乱，一个表格和钻孔图重叠在一起。可以通过【自定义文档】区域下的"选项"按钮进入校正位置，如图 11-35 所示。

图 11-34　选择"钻孔图"

图 11-35　钻孔绘图下的【绘图选项】对话框

在对话框中单击"钻孔符号"按钮，进入【钻孔图选项】对话框，如图 11-36 所示。

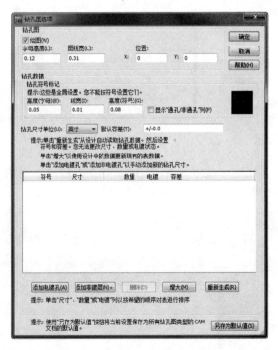

图 11-36　【钻孔图选项】对话框

在【钻孔图】选项下面的【位置】栏输入合适的 X 值和 Y 值，便可以将钻孔表移动到合适的位置。例如，输入"X：0，Y：2.5"，单击"确定"按钮，退回到【添加文档】对话框，单击下面的"预览选择"按钮，可以看到如图 11-37 所示的效果图。

5）数控钻孔文件　如图 11-38 所示，在【添加文档】对话框的【文档类型】下拉列表中选择"数控钻孔"。在【添加文档】对话框中单击"预览选择"按钮，得到预览图，如图 11-39 所示。

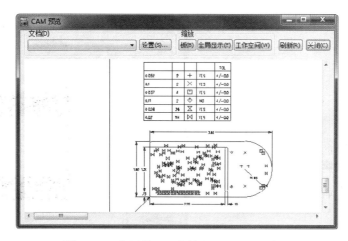

图 11-37　位置校正后的钻孔图 CAM 预览图

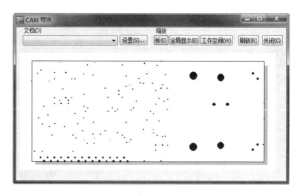

图 11-38　选择"数控钻孔"　　　　　　　图 11-39　数控钻孔文件 CAM 预览图

　　完成这几个 CAM 文件就可以生产 PCB 了，如果需要给车间的表贴生产线做网板（或叫钢板），则需要生成一个锡膏文件，方法与上面类似。

　　注意： 上面生成这些 CAM 文件的过程，可以使用 PADS Layout 的一个自动生成无模命令"@camdocs"，如图 11-40 所示。

图 11-40　无模命令输入窗口

　　按 Enter 键后，执行菜单命令【文件】|【CAM...】观察，如图 11-41 所示，可以发现软件已经自动配置了各层的 CAM 文件，但是没有钻孔文件，需要手动配置。

图 11-41　自动定义的 CAM 文档

11.4　习题

（1）简述丝印层与阻焊层文档的创建过程。

（2）以 PADS9.5 自带文件"previewole.pcb"为例，练习生成网络表文件，并利用基本脚本生成报表。

第 12 章　PADS Router 布线操作

本章主要介绍 PADS 软件中的另一重要模块——PADS Router，主要内容包括 PADS Router 的设计规则、设计布局，以及几种常用的布线方法。

 ## 12.1　PADS Router 功能简介

PADS Router 是 PADS 软件的一个重要模块，它可以单独作为 PCB 设计工具，主要用于布局、设置设计规则并布线。它也可以和 PADS Layout 一起使用，用 PADS Layout 进行布局和规则设置，用 PADS Router 进行布线。

PADS Router 从开始阶段就准确布线，可以尽可能地减少布线的重复工作，从而减少反复设计，提高设计效率。PADS 系统的 PADS Router 与 PADS Layout 装载在一起，可以完全脱离 PADS Layout 独立运行，也可以集成在 PADS Layout 中。其主要功能和特点如下所述。

☺ 智能化的用户图形界面，使用户可以更容易地实时查看 PCB 的设计过程。

☺ "推挤"和"rip-up/retry"技术在批处理自动布线中的使用，使得设计结果在质量和美观上可以与交互式布线相媲美。

☺ 焊盘入口方式控制、网络间距规则和铺铜分配三者的结合，能自动满足加工制作的需要。

☺ 完整的测试点布线法和布线后审查，适合现有的设计测试流程。

☺ 真正的任意角度和对角线布线算法，最大限度地减少导线长度和设计层数，具有智能的图形美学控制效果。

☺ PADS Router HSD（High-Speed Design）可以对差分线对的布线进行精确的约束控制，也可以进行线长匹配约束条件的布线。

 ## 12.2　PADS Router 的操作界面

PADS Router 的操作界面注重易用和实效性。当使用 PADS Router 进行设计时，操作界面与其他的 Windows 应用程序相似，尤其是 PADS Layout。同样，可以通过界面下的工具栏、菜单、热键等命令进行相应的操作。

1. 启动 PADS Router 界面

通常采用如下 3 种方法进入 PADS Router。

（1）在 Windows 操作系统的桌面上执行菜单命令【开始】|【所有程序】|【Mentor Graphics SDD】|【PADS9.5】|【Design Layout & Routing】|【PADS Router】。

（2）打开某个"*.pcb"文件，进入 PCB 设计窗口，然后在 PCB 设计窗口执行菜单命令【Tools】|【PADS Router…】。

（3）在 Windows 操作系统的文件管理窗口中选中 PCB 文件，然后以 PADS Router 打开方式进入 PADS Router。

启动 PADS Router 后，在"文件"文件夹中打开"preview.pcb"，可以看到如图 12-1 所示的 PADS Router 操作界面。

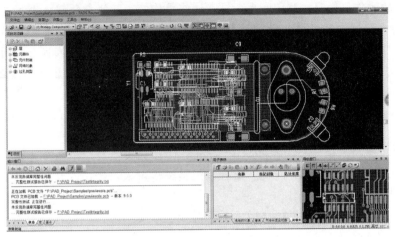

图 12-1　PADS Router 操作界面

2．四个子窗口

打开文件后，整个工作界面如图 12-1 所示，有如下 4 个可隐藏、可移动的子窗口。

☺ 项目浏览器窗口：一个树状的数据浏览器，用户通过它可以知道这个项目中的设计对象和规则。

☺ 输出窗口：主要功能是记录在操作过程中的系统信息；允许用户记录、执行和编辑宏；提供一个 Visual Basic 应用程序开发环境，用于用户开发 VB Script。

☺ 电子表格窗口：可以查看或修改所有设计对象的属性，用户也可以自定义信息如何显示，并输出这些信息到一个 HTML 文件中，从而让其他设计人员在网络中共享。

☺ 导航窗口：提供 PCB 设计窗口经过过滤的不同视图，可以只显示需要的对象。导航子窗口有显示过滤按钮，可以对元器件、铜箔、图形、文本、导线等进行选择性显示。

除了单击各个子窗口上面的关闭按钮关闭各子窗口外，还可以执行【查看】菜单下相应的切换命令关闭或打开各个子窗口。

3．几种常用菜单

1）启动自动布线的菜单命令　在 PADS Router 中执行菜单命令【工具】|【自动布线】，调出如图 12-2 所示的两级菜单命令。

☺ 开始〈F9〉：执行此命令则开始对整个 PCB 进行全自动布线。全自动布线期间，除了缩放命令、

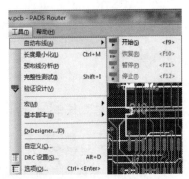

图 12-2　全自动布线命令

对工具栏和子窗口的控制及导航子窗口的操作外，其他命令都被禁止。自动布线按照在【选项】对话框的【策略】选项卡、【布线顺序】选项卡和【测试点】选项卡中的设置进行。

☺ 恢复〈F10〉：重新启动被暂停的全自动布线过程。

☺ 暂停〈F11〉：在执行完当前的子布线过程后，暂停全自动布线过程。全自动布线的过程被记录下来。暂停期间，除了缩放命令、对工具栏和子窗口的控制、对导航子窗口的操作、保存、打印和生成报表这些操作外，其他命令都被禁止。

☺ 停止〈F12〉：在完成当前的连线后终止全自动布线。终止全自动布线后，在【选项】对话框的【策略】选项卡中的设置全部恢复为系统默认状态，用户不能使用"恢复〈F10〉"命令重新启动被终止的全自动布线操作。要重新开始全自动布线，必须重新设置策略，执行"开始〈F9〉"命令。

在全自动布线期间，能够在任何时候暂停、停止或继续全自动布线过程。它允许检查当前的布线结果，确定需要改变策略还是继续进行当前的布线操作。

2）撤销布线的菜单命令　在 PADS Router 中，如果执行菜单命令【编辑】|【取消布线】之前没有选中任何对象，则执行此命令后系统将进入撤销布线状态，这时选中任何对象，就会撤销与此对象有关的所有布线。

如果执行菜单命令【编辑】|【取消】之前选中了某对象，则执行此命令后系统将撤销与此对象有关的所有布线。

与撤销布线的菜单命令等价的按键是〈Backspace〉键，它们都是切换命令。若重复执行，系统就会在选择状态和取消布线状态之间转换。

3）【查看】菜单

☺ 缩放：视图缩放命令。执行该命令后，单击鼠标左键放大视图；单击鼠标右键缩小视图；按〈Esc〉键，退出视图缩放状态。

☺ 板：整板显示。等价的快捷键是〈Ctrl+B〉或〈Home〉键。

☺ 全局显示：显示 PCB 设计窗口的所有对象。等价的快捷键是〈Ctrl+Alt+E〉。

☺ 状态栏：可以显示或隐藏 PADS Router 用户界面最下面的状态栏。这个状态栏最右边显示的是 PCB 设计窗口中鼠标所处的位置坐标 X 和 Y。在 PCB 设计窗口中移动光标，X 和 Y 实时地跟随着变化。

4．工具条

在 PADS Router 的界面中，菜单栏下面是标准工具条，如图 12-3 所示。下面分别介绍标准工具条上一些主要按钮的作用。

图 12-3　标准工具条

☺ "层清单"按钮 (V) Primary Componen ▾：单击此按钮，显示当前有效层，也用于选择一个新的层。

☺ "特性"按钮 📇：对于当前被选择的对象，单击此按钮调出它的【特性】对话框。如果没有选中任何对象，则单击此按钮调出当前设计项目的【平面分割特性】对话框。

☺ "选项" 按钮：单击此按钮，调出 PADS Router 系统的【选项】对话框。

☺ "原位查询" 按钮：这是一个具有切换功能的按钮。打开 "原位查询" 方式时，在光标的上方立即显示光标所指目标的简短信息，如元器件编号和引脚编号、网络名等，这样用户就不必打开这个目标的属性对话框。

☺ "循环" 按钮：单击此按钮，在光标附近对于可选择的对象循环选择，它与按〈Tab〉键的功能相同。

☺ "选择筛选条件" 按钮：单击此按钮，将会在标准工具栏下方弹出一个过滤器工具栏。

☺ "DCR 筛选条件" 按钮：单击此按钮，将会在标准工具栏下方弹出一个设计规则（DCR）过滤器工具栏。

☺ "布局" 按钮：单击此按钮，将会在标准工具栏下方弹出一个布局工具栏。

☺ "布线" 按钮：单击此按钮，打开 "布线" 工具栏，该工具栏包括 "开始自动布线"、"恢复自动布线"、"暂停自动布线"、"停止自动布线" 等按钮。

☺ "布线编辑" 按钮：在 PADS Router 的 PCB 设计窗口，自动布线完毕后，还可以交互式地修改已经存在的布线。单击该按钮，打开 "布线编辑" 子工具栏。

☺ "查看板" 按钮：调整显示比例，直至最大限度地显示整板的内容。

12.3　PADS Router 设计规则

在 PADS Router 中，设计规则包括间距、布线、高速布线规则，可以对网络、层、元器件等设置约束规则，同时也可以对差分布线、封装信息等设置约束规则。

通常，使用 PADS Layout 进行 PCB 设计时，会设置好设计规则，然后再启动 PADS Router 进行自动布线，这样 PADS Router 会自动引用 PADS Layout 设置的设计规则。

> 注意：建议进行 PCB 设计时，在 PADS Layout 中设置所有的设计规则。

1．设置默认间距规则

为了在 PADS Router 中设置设计规则，可以单击标准工具栏中的特性命令图标，或者执行菜单命令【编辑】|【特性】，或者在设计窗口的空白处双击鼠标左键，系统会弹出【设计特性】对话框，如图 12-4 所示。

（1）选择【安全间距】选项卡，在间距栏中包括一个数据矩阵，可对其中的任何数据值进行设定。对全局间距做默认设置，单击对话框左边的 "所有" 按钮，在弹出窗口中输入设定值。如图 12-5 所示，将间距值设为 "0.02"，然后单击 "确定" 按钮，矩阵中所有值同时改为 8。

（2）选中【布线】选项卡，如图 12-6 所示。在布线宽度区域中，将最小布线值设为 "0.006"，默认值设为 "0.008"，最大布线值设为 "0.012"。在【最大过孔数】区域可以设置最大的过孔数或者设置为不限制过孔数。在【布线】区域可以设置是否允许自动布线、允许删除布线，或者允许推挤布线，以便完成布线。如果选中【需要时推挤导线以完成连线】项，则在需要时可以推挤导线。

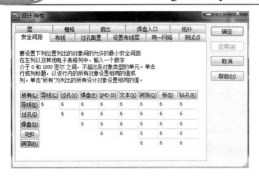 

图 12-4 【设计特性】对话框   图 12-5 间距值设置对话框

（3）选择【同一网络】选项卡，如图 12-7 所示。在【对象安全间距】区域可以设置各相同网络对象的安全距离。单击左边的"所有"按钮，弹出一个对话框，可以对同一网络的默认间距值进行设置。

 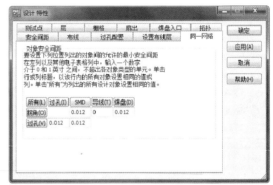

图 12-6 【布线】选项卡   图 12-7 【同一网络】选项卡

2．设置默认布线规则

层设置状态栏中包含了所有层的布线参数，可以通过对这些参数的设定来约束其在平面层的布线。选择【设置布线层】选项卡，如图 12-8 所示。

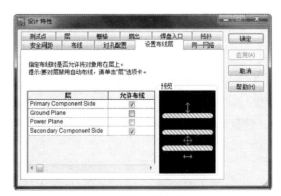

图 12-8 【设置布线层】选项卡

为了指定可以布线的层，可选择与层对应的【允许布线】选项，则可以布线的层在右边预览窗口中的箭头呈绿色。如果要设定的层不可以布线，则可取消选中与该层对应的【允

许布线】选项。当某层设置为非布线层时，该层在右边预览窗口中的箭头呈红色。图 12-8
中取消了"Power Plane"和"Ground Plane"层的布线。

3．设置网络间距规则

设置网络间距规则时，单击标准工具栏上的项目浏览器图标，系统会弹出项目浏览
器，具体操作如下。

（1）打开项目浏览器后，就可以单击【网络对象】选项左边的"+"符号，然后再单击
其扩展目录中【网络】选项左边的"+"符号，系统会展开设计项目中的所有网络，如
图 12-9 所示。在【网络】目录中按住〈Ctrl〉键后选取"+5V"、"+12V"和"GND"，单击
鼠标右键选择"特性"，将弹出这 3 个网络的属性对话框，如图 12-10 所示。然后可以分别
设置"安全间距"、"布线"、"拓扑"等设计规则，具体的设置方法与前面讲述的相同。

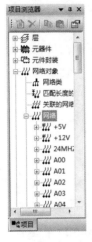

图 12-9　项目浏览器

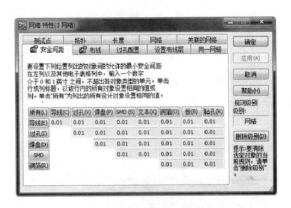

图 12-10　网络属性对话框

（2）当设置了相关的网络规则后，单击"应用"按钮，就可以将设置应用到网络中
了。为网络设置了相应的规则后，对话框的设置编辑框均显示为黄色，表明这些设置值与默
认的设置值不同。所有已经设置新设计规则的选项卡上会有红色的标志，表明已经为所选择
的网络设置了与默认设置不同的设计规则。

（3）选择【布线】选项卡，设置新的推荐布线宽度和最小与最大布线宽度。如图 12-11
所示，在布线宽度区域，最小值设为"0.01"，默认值设为"0.012"，最大值设为"0.015"。

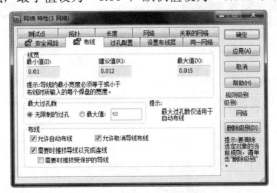

图 12-11　设置新的布线宽度

如果想删除所设置的某个属性，则可以在该属性选项卡中单击"删除级别"按钮，即可删除所设置的该属性规则，而该属性将取默认的规则。

（4）为所选网络设置好设计规则后，单击"确定"按钮即可退出属性对话框，可以看出这 3 个网络具有一个红色标志，表明已经设置网络规则。

4．同类网络规则设置

在 PADS Router 设计环境中，也可以设置网络类规则，对一类网络进行规则设置。设置网络类规则时，首先打开项目浏览器，然后按照如下所述的操作步骤进行网络类规则的设置。

（1）在对象目录中单击【网络对象】选项左边的"+"将其展开，然后再单击其扩展目录中【网络】选项左边的"+"符号，系统会展开设计项目中的所有网络，如图 12-9 所示。

（2）在"网络"分支中选中"A00"，但不要将其展开，可以看到在工作区域里该网络被同时选中。按下〈Shift〉键然后选中"A14"，这时 A00～A14 网络被同时选中，在工作区里新的网络类如图 12-12 所示。

（3）使用鼠标拖拉的方式（或者使用〈Ctrl+C〉组合键和〈Ctrl+V〉组合键的键盘操作方式），将选中的 A00～A14 复制到"网络类"里，然后在"网络类"列表中会生成一个新的类"Class1"，如图 12-13 所示。用户可以通过"网络类"对其中的网络进行统一的规则设置。此时也可以将该类名修改为所需要的设置名。若想删除某个网络类，在选择后直接按〈Delete〉键即可。

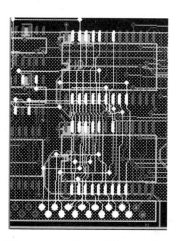

图 12-12　工作区中新的网络类

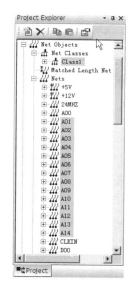

图 12-13　生成新的网络类

（4）选中所生成的网络类，然后单击鼠标右键，执行弹出的快捷菜单中的【特性】命令，系统会弹出这个网络类属性对话框，如图 12-14 所示。该对话框中各选项卡的设置可以参考前面的讲解。

当设置了某属性规则后，单击"应用"按钮，即可将设置应用到该网络类上。为该网络类设置了相应规则后，对话框中的设置编辑框均显示为黄色，表明这些设置值与默认的设置值不同。所有已经设置新设计规则的选项卡上会有红色的标志，表明已经为所选择网络设置了与默认设置不同的设计规则。

图 12-14　网络类属性对话框

5. 条件规则设置

条件规则设置是对某些特殊的规则进行设置，如某些网络间的布线过近，有可能产生窜扰。条件规则设置可以对"网络"之间、"网络"和"类"之间、"类"和"类"之间、"网络"和"层"之间等进行特殊的规则设置。

（1）打开项目浏览器，在对象目录中单击【网络对象】选项左边的"+"将其展开，然后再单击其扩展目录中【网络】选项左边的"+"符号，系统会展开设计项目中的所有网络，如图 12-9 所示。

（2）在"网络"分支中选中"+5V"，在工作区中可以看到所有"+5V"网络都被选中。按下〈Ctrl〉键的同时，单击选中"+12V"，单击鼠标右键，执行菜单命令【复制】，将选中的网络对象复制到条件规则列表中。再在条件规则列表中生成一个新的条件规则，如图 12-15 所示。

如果想删除某个条件规则，在选择后直接按〈Delete〉键即可。

图 12-15　生成新的条件规则

（3）双击"条件规则 s"将其展开，可以看到在目录下有以下信息："+12V: +5V（All Layers）"。

（4）选择条件规则中的"+12V:+5V（All Layers）"，单击鼠标右键，在弹出的快捷菜单中执行菜单命令【特性】，系统会弹出条件规则对话框，如图 12-16 所示。此时可以对网络指派一个条件规则。

图 12-16　条件规则对话框

（5）设置完毕后，单击"确定"按钮，退出设置对话框。

 12.4　PADS Router 设计准备

当在 PADS Layout 中设置了所有需要的设计规则后，进入 PADS Router 就可以布线，而不用进行其他参数的设置，PADS Router 会引用 PADS Layout 中设置的参数。但是对于没有经过 PADS Layout 设置规则和设计参数的 PCB 文件，如果直接使用 PADS Router 进行布局布线，则需要设置 PADS Router 的设计参数，如显示颜色、视图、布线参数等。

1．设置显示颜色

设置显示颜色，可单击标准工具栏上的"选项"图标，打开【选项】对话框，选择【颜色】选项卡，如图 12-17 所示。

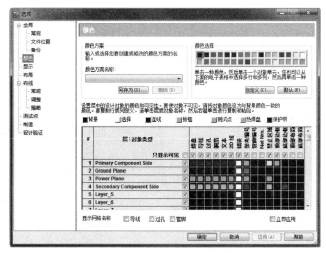

图 12-17　【颜色】选项卡

在【颜色】选项卡中，可以在【颜色选择】区域选择颜色，然后单击需要设置的对象，如"背景"、"选择"等对应的按钮，这些对象的显示颜色就会改变。

通过该选项卡，也可以对每层的对象颜色进行设置，可以取消不想显示的层或层上单元的选择，只要取消所对应选择框的选择即可。在 PADS Router 中，可以在图 12-17 中的【颜色方案】区域将设置好的颜色保存起来，以便进行其他设计时可以直接调用。

2．设置设计和显示栅格

在进行 PCB 布局布线时，设计（电气）栅格和显示栅格是很重要的参数。显示栅格是可见的栅格，有助于显示图形和便于辅助设计。设计栅格是电气栅格，包括布线栅格、扇出栅格、过孔栅格等。设置栅格时，单击标准工具栏上的"特性"图标，打开【设计特性】对话框，选择【栅格】选项卡，如图 12-18 所示。

在该选项卡中，可以分别设置显示栅格、布线栅格、测试点栅格、过孔栅格、扇出栅格和元器件栅格。

另外，也可以使用无模命令来设置栅格。可以直接用键盘输入"G"，系统会弹出快捷键提示框，如图 12-19 所示。

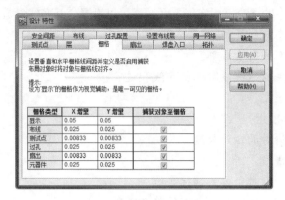

图 12-18　【栅格】选项卡

图 12-19　无模命令快捷键提示框

使用鼠标选择设置哪种栅格（或者用键盘输入其快捷键命令，如"GD"为显示栅格），并在编辑框中输入栅格设置值。当选择了栅格类型后，就可以在快捷命令字符后输入设置值了，最后单击"执行"按钮，即可完成栅格的设置。

3．设置布线参数

单击标准工具栏上的"选项"图标▤，打开【选项】对话框，选择【布线】选项卡，如图 12-20 所示。通过该选项卡可以设置 PADS Router 的基本布线参数，如定义层对、设置布线角度、设置设计和显示栅格等。

图 12-20　【布线】选项卡

1）定义层对　当设置一个布线层后，在设计中对布线增加过孔，将自动在层对范围内相互转换。图 12-20 中，在层对区域（层对）中，如在第一层可以选择"Primary Component Side"，第二层可以选择"Ground Plane"。

2）设置默认布线角度　在图 12-20 中的【布线角度】区域，可以对布线的拐角角度进行设置。有以下 3 种布线角度可以选择。

☺ **正交**：布线拐角限制为 90°。

☺ **斜交**：布线拐角限制为 45°。

☺ 任意角度：布线拐角可为任意角度。

3）设置交互布线参数 在图 12-20 中的【交互式布线】区域，可以设置交互布线参数。

☺ 动态布线：允许交互布线实现动态布线操作。

☺ 重新布线时允许回路：允许重新布线时生成环。

☺ 创建线段时保护导线和过孔：在生成布线段时保护导线和过孔。

☺ 允许导线颈缩：允许导线产生缩颈。

☺ 调整围绕障碍的线段：允许布线绕过障碍。

☺ 显示管脚对的估计长度：显示引脚对的估计长度。

☺ 平滑邻近的线段：平滑相邻的导线段。

☺ 允许以斜交角度捕获至导线：允许以对角方式捕捉导线。

☺ 推挤时，线段绕开障碍物：可以将导线段推挤，以便避开障碍。

☺ 完成时平滑导线：当完成布线时，对布线进行平滑处理。

☺ 平滑时保留圆弧：进行平滑处理时保留弧度。

4）设置布线推挤 通常，当布线遇到障碍或光标方向没有足够空间时，会使用推挤功能，以便为布线获得足够的空间。在图 12-20 中的【拉线器】区域可以设置是否允许布线推挤。当选择【启动拉线器】选项后，可以设置采取何种方式进行布线推挤。

☺ 用指针拉线：随光标进行布线推挤。

☺ 实时拉线：进行实时推挤。

☺ 按照参考拉线：按照光标的方向进行引导推挤。

☺ 单击拐角后拉线：在拐角处单击鼠标后再进行推挤。

☺ 平滑拉线：平滑地推挤导线。

☺ 允许推挤拉线器背后的导线：允许在拉线器后面推挤导线。

☺ 拉线力度：可以根据设计复杂程度选择，如可以选择"中"。

4. 设置图形显示

单击标准工具栏上的"选项"图标 ，打开【选项】对话框，选择【常规】选项卡，如图 12-21 所示。通过该选项卡可以设置 PADS Router 的图形显示属性。

图 12-21 【常规】选项卡

☺ 在【显示设置】区域，可以设置图形的显示参数。例如，在该区域中选中"将导线和焊盘作为外框显示"，设置保护区域，以便在动态布线时，PADS Router 能够实时显示所有对象的间距保护区域，在布线过程中可以很好地避免违反布线规则。

☺ 在【最小线宽】栏中可以设置实际显示的布线宽度。对于那些小于该设置值的布线，将只显示一个轮廓。

☺ 在【对象移动】区域，可以设置移动对象时的显示方式，如以原点为基点移动对象，或者对象拖动的显示方式。

 ## 12.5　交互式布线

在 PADS Router 中，交互式布线是布线编辑功能中的核心部分。许多布线编辑选项和 PADS Layout 中的编辑选项相同。PADS Router 中将所有的连接转换为布线，通过鼠标与键盘相结合的方式选中连接并走出拐角和在新的层中继续布线。

下面以 PADS9.5 自带文件"previewpreroute.pcb"为例，介绍如何进行交互式布线。

在 PADS 安装路径下的"PADS Projects\Samples"文件夹中打开文件"previewpreroute.pcb"，如图 12-22 所示。

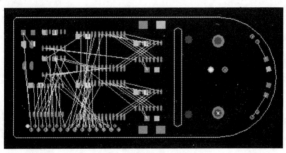

图 12-22　需要布线的 PCB

1．使用在线规则检查

开启在线规则检查，可以在元器件的摆放和布线过程中进行实时规则检查。DRC（规则检查）有以下 4 种模式。

☺ DRC 关闭模式：关闭设计规则，无论是在摆放元器件还是布线过程中都将忽略设计规则。

☺ DRC 打开模式：打开设计规则，所有操作都将遵守设计规则。

☺ DRC 说明模式：当设计中的操作违反设计规则时，下方的表格中会列出操作出现错误的原因。

☺ DRC 警告模式：在对设计进行操作时，提醒是否违反设计规则。

如果需要将 DRC 设置为打开模式，可首先单击标准工具栏上的"DRC 筛选条件"图标 ^{DRC}，再单击"DRC 设置"图标，打开【设计规则检查】对话框，如图 12-23 所示。

图 12-23　【设计规则检查】对话框

在图 12-23 所示的【设计规则检查】对话框中选择所有的或需要的规则检查项。也可以通过单击 DRC 过滤器工具栏中的"启用所有 DRC"命令按钮 开启所有的规则检查。

2．手动布线

（1）在项目浏览器中选中并展开"网络对象"目录，然后展开"网络"目录。

（2）在"网络"目录下选中"24MHz"，工作区域中该网络连接会被白显（在工作颜色设置中设置选中为"白色"）。在工作区域任意空闲处单击鼠标左键，放弃选择 24MHz。

（3）将光标移到工作区域，单击鼠标右键，弹出如图 12-24 所示的快捷菜单。此时可以执行菜单命令【随意选择】，将所选择网络按照设置的规则布线，如图 12-25 所示。

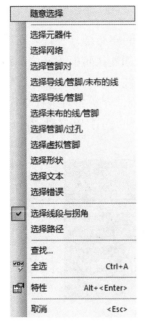

图 12-24   快捷菜单

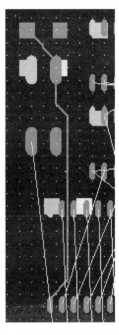

图 12-25   对选中的网络布线后效果

下面介绍图 12-24 中基本的布线操作命令。

☺ 布线：对选择的对象进行布线。

☺ 优化：对元器件的布线进行优化。

☺ 中心：选择布线的中心。

☺ 层：子菜单可以选择布线层。

☺ 宽度：子菜单可以设置布线宽度。

☺ 添加过孔：可以添加过孔。在布线时也可以按〈Shift〉键添加过孔，并切换到另一层进行布线。

☺ 查看网络：查看网络对象。

☺ 建立类：生成所选对象的网络类。

☺ 建立匹配长度的网络组：生成匹配长度的网络组。

☺ 建立差分网络：生成差分网络（该命令在选中差分对时有效）。

☺ 关联网络：如果选择的对象为没有保护的布线，则该命令有效。

☺ 保护：对选中的布线设置保护。

☺ 解除保护：取消所选中对象的保护设置。

☺ 特性：打开特性对话框，设置所选对象的特性。

☺ 取消：取消当前的操作。

3．交互布线

当选择的对象是引脚或未布导线时，可以进行手动交互布线。例如，在图 12-22 中选择振荡器连接 24MHz 网络的焊盘，然后单击鼠标右键，执行菜单命令【交互布线】，就可以进行交互布线操作。移动光标，可以看到随着光标的移动，布线的另一端始终停留在光标最后停留的位置，如图 12-26 所示。

此时单击鼠标左键，可以增加布线拐角；若要去除拐角，按〈Backspace〉键即可。一个网络会有多个连接，连接的终点自动捕捉到该网络最近的元器件引脚，也可以自行将布线连接到需要的位置。在交互布线过程中，可以按〈Esc〉键退出当前操作，也可以通过单击标准工具栏上的"撤销"图标 按钮取消当前操作。

4．改变布线角度

在交互布线过程中，当布线随着光标移动，单击鼠标右键弹出快捷菜单，选择【布线角度】子菜单，如图 12-27 所示。若选择执行布线命令【斜交】，则布线拐角默认为 45°斜角。

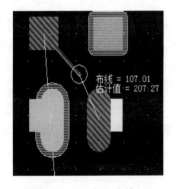

图 12-26 交互布线

图 12-27 【布线角度】子菜单

5．增加过孔和修改过孔类型

在布线过程中，当要将布线布到新的层中去时，可以先将布线停在当前位置，再按住〈Shift〉键同时单击鼠标左键，即可添加过孔，如图 12-28 所示。

PADS Router 通常默认一个过孔类型，要使用不同类型的过孔时，可以在添加过孔时单击鼠标右键，在"过孔类型"中选择一个过孔类型。如图 12-29 所示，过孔类型选择了标准类型。

6．改变布线宽度

在设计中开始新的布线时，通常按照默认的布线宽度来布线。当设计者要改变布线宽度时，可以按如下步骤进行操作。

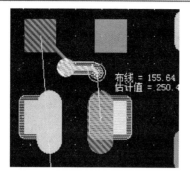

图 12-28　增加过孔和改变布线层

图 12-29　【过孔类型】子菜单

（1）布线过程中停下，单击鼠标右键，在快捷菜单中选择【宽度】子菜单，然后在子菜单目录下选择一个布线宽度值。该目录下有 4 个值，即【当前值】、【最小值】、【建议值】、【最大值】，如图 12-30 所示。

（2）如果设计者需要设置一个特殊的布线宽度，可以在"宽度"中执行菜单命令【设置】，在弹出的对话框中输入需要的布线宽度值（该值必须是在最小值和最大值范围内）。也可以在布线的过程中直接使用快捷命令"W"，此时将弹出对话框，在其中可以输入布线的宽度值，如输入"W 12"，将布线宽度变为 12mil。

一旦改变了布线宽度，接下来的布线将按照新的布线宽度值来显示。

7．布线结束与结束过孔模式

当要暂时结束布线（布线还没有完成）时，可以按住〈Ctrl〉键，然后在结束位置单击鼠标左键；也可以直接在结束位置单击鼠标右键，执行菜单命令【结束】。当结束布线时，系统会根据布线结束模式的设置，相应地以设置的模式结束。

为了避免布线在各层之间切换时和结束布线命令时产生到平面层的连接，可以定义布线结束时是否添加一个过孔。当布线的线段黏附在光标上时，单击鼠标右键，从弹出的快捷菜单中选择【以过孔结束模式】，然后从其子菜单中选择布线结束方式，如图 12-31 所示。布线结束有以下 3 种方式。

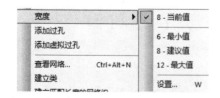

图 12-30　快捷菜单中的【宽度】子菜单

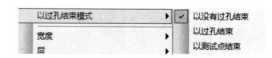

图 12-31　【以过孔结束模式】子菜单

☺ 以没有过孔结束：布线结束时，在布线的结束点没有过孔。
☺ 以过孔结束：布线结束时，在布线的结束点有过孔。
☺ 以测试点结束：布线结束时，在布线的结束点有一个测试点。

8．完成布线

在 PADS Router 中，一旦完成了新的布线，有两种方法可以结束布线，即使用【完成】

命令，或者当黏附在光标上布线线段的结束端到达目标焊盘时，单击鼠标左键完成布线。

1）使用【完成】命令来完成布线　当新的布线线段将黏附在光标上时，单击鼠标右键，然后执行菜单命令【完成】，或者双击鼠标左键。执行菜单命令【完成】后，从开始端到目标端的新布线会显示在当前 PCB 中，并且布线的形状是平滑而简洁的。

2）不使用【完成】命令来完成布线　当新的布线线段将黏附在光标上时，布线形状已经到达结束端，此时单击鼠标左键即可完成当前布线。单击鼠标左键后，新的布线就按照用户定义的路径完成，并根据设计规则的设置决定是否进行平滑和优化操作。

9．删除布线和线段

在 PADS Router 中可以在任何时候删除已布的线，具体操作方法如下所述。

（1）在没有选择任何对象的状态下，单击鼠标右键，执行菜单命令【随意选择】。

（2）使用鼠标选中需要删除的布线线段，然后按〈Backspace〉键即可删除所选中的布线线段。如果想撤销删除操作，可以执行菜单命令【撤销】。

在 PADS Router 中，可以一次性删除所有已布的线，具体操作方法如下所述。

（1）在没有选择任何对象的状态下，单击鼠标右键，执行菜单命令【选择网络】或【随意选择】。

（2）单击鼠标右键，执行菜单命令【选择所有】，选中所有的布线网络或对象，也可以使用鼠标在屏幕上选择所有的网络或对象。

（3）按〈Backspace〉键，即可删除所选中的布线。

10．设置平面网络可见性

在布线时，常常需要设置某些网络可见，并且以亮显颜色显示。这样有助于在内部平面上布线时，可以清楚地看见内部平面上的网络。对于 PCB 上的网络，可以对不同的网络设置不同的显示颜色，从而清楚地辨认网络的连接及布线方向。

为了设置网络的可见性，可以执行菜单命令【查看】|【网络】，打开【查看网络】对话框，如图 12-32 所示。

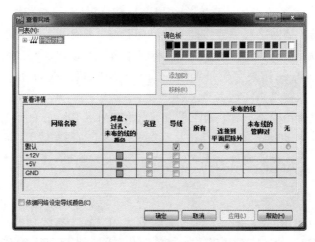

图 12-32　【查看网络】对话框

在【查看网络】对话框中，可以从【网表】列表框中选择需要设置可见性的网络，然后单击"添加"按钮，则该网络被加入到下面的【查看详情】列表中。然后可以在【查看详情】列表中选择需要设置的网络，在【调色板】列表中设置该网络的可视颜色。

在【未布的线】区域，可以选择哪些类型的网络可见。

☺ 连接到平面层除外：除连接的网络外其他未布线网络都可见。

☺ 未布线的管脚对：只有未布线的引脚对可见。

☺ 无：不显示所选择网络。

如果想亮显所设置的网络，可以选择【亮显】选项。如果选择【导线】选项，则会显示该网络的连接导线。

如果需要在内部平面上布线，可以设置内部平面上的未布线网络为可见，即取消选择【无】选项，而选择其他选项。

11. 动态布线

动态布线是 PADS Router 的一个功能强大的交互式布线功能，它不需要在布线过程中每次单击布线的拐角地方，只需要简单地单击开始布线的点，然后移动光标，它将根据光标移动方向进行动态的布线，布线的拐角会根据光标的移动自动地添加上去，动态布线的过程与布线的拐角会动态地显示，并且跟随光标移动，从而使布线呈可视化，使布线更加直观容易。

动态布线操作的具体步骤如下所述。

（1）进行交互动态布线，首先应该设置允许动态布线。单击标准工具栏上的"选项"图标 ，从弹出的【选项】对话框中选择【布线】选项卡，如图 12-20 所示。然后选择【动态布线】选项，允许交互布线实现动态布线操作。

（2）选中需要布线的网络连接或引脚对等，单击鼠标右键，执行菜单命令【交互布线】，就可以进行可视化动态布线。

（3）执行该命令后，当手动将光标移动到布线的目标位置时，一条虚拟的布线会显示在引脚对之间。如果设计者觉得这个布线的位置符合要求，则双击鼠标左键，可将这条布线变为真正的布线，实现引脚对之间的网络布线。

（4）在动态布线时移动光标，动态布线器会自动绕过障碍物，建立一条直角拐角的布线，直到将布线与另一端网络对象连接即完成动态布线。如果要在任意时刻退出当前操作，可以按"Esc"键退出当前操作，也可以通过单击【撤销】按钮返回之前的操作。当进行动态布线时，如果想将布线在某个位置结束，而并不想将整条线布完，可在光标处，按住"Ctrl"键，单击鼠标左键结束布线命令。

实际上，除了设置命令不一样，PADS Layout 和 PADS Router 的动态布线操作基本是一样的。PADS Layout 启动动态布线是通过执行菜单命令【动态布线】，而 PADS Router 则是通过设置布线参数，预先设置允许动态布线，然后执行菜单命令【交互布线】。

12. 推挤布线

推挤布线是 PADS Router 的又一项高效、强大的交互式布线功能，特别是针对一些高密度、高精度的 PCB 设计，它可以节省大量的设计时间，收到满意的布线效果。

（1）为了在布线过程中进行动态布线推挤，首先应该设置布线参数，允许在布线过程中推挤布线。单击标准工具栏上的"选项"图标 ，打开【选项】对话框，选择【布线】

选项卡，如图 12-20 所示。

（2）在【布线】选项卡的【拉线器】区域，先选择【启动拉线器】选项，推挤方式可以根据具体情况进行选择，如可以选择【实时拉线】，表示进行实时推挤；【拉线力度】可以根据设计复杂程度进行选择。

（3）设置了布线参数允许布线推挤后，如果布线时遇到其他已经布好未保护的布线，则会推挤这些导线。

（4）如果在布线过程中想对保护的布线进行推挤，则需要执行菜单命令【编辑】|【特性】，进入设计属性对话框、网络属性对话框或引脚对属性对话框的布线选项卡中，然后选择【选择受保护的对象】选项，则在需要时可以推挤保护的布线。当布线穿过的区域有过孔时，过孔也可以被推挤，但焊盘是不能被推挤的。

12.6　高速布线

当设计高速信号 PCB 或复杂的 PCB 时，常常需要考虑信号的干扰和抗干扰的问题，即需要提高 PCB 的电磁兼容性。为了实现这个目的，除了在原理图设计时增加抗干扰的元器件外，在设计 PCB 时也必须考虑这个问题，而最重要的实现手段之一就是使用高速信号布线的基本技巧。

高速信号布线的基本技巧包括控制布线长度、蛇形布线、差分对布线和等长布线，使用这些基本的布线方法，可以大大提高高速信号的质量和电磁兼容性。下面分别介绍这些布线技巧。

1．控制布线长度

在对重要的信号线布线时，如时钟信号、高频信号等，通常要设置布线的长度显示。高频信号的布线长度越长，信号品质就会变得越差，并产生很强的电磁干扰或更易受其他信号的电磁干扰。因此，布线长度的限制对于 PCB 的设计具有很重要的意义。

为了控制布线的布线长度，可以对需要布线的网络或引脚对设置布线长度限制，将布线长度控制在一定的范围之内。控制布线长度的操作步骤如下所述。

（1）选择需要控制布线长度的网络。在项目浏览器中展开网络，然后选择需要控制布线长度的网络，如在“网络”目录中选择“CLKIN”，可以看到该网络在工作区域高亮显示。

（2）单击鼠标右键，执行菜单命令【特性】，弹出【网络特性】对话框，选择【长度】选项卡，如图 12-33 所示。此时可以设置布线长度的限制。

选择【限制长度】选项，然后分别在【最小长度】栏中输入最小的长度值，在【最大长度】栏中输入最大的长度值。如图 12-33 所示，最小的长度值设置为 100mil，最大的长度值设置为 50 000mil。则在完成“CLKIN”这个网络布线时，布线长度最小要有 1in 长，布线长度最长只能有 2in 长。

（3）设置了长度限制值后，单击“确定”按钮，退出设置对话框。设置网络布线长度限制后，布线时将遵守该长度设置，将布线控制在设置范围内。

设置长度限制规则后，在布线时就会显示布线长度监视器，动态显示布线的实际长度。布线长度监视器能以图形的方式帮助设计者控制布线的长度。当布线长度控制器打开后，布线长度信息便作为布线时光标的一部分显示出来，这样可以很好地控制布线的长度。

图 12-33   布线长度设置选项卡

布线长度监视器在获得小于最大设置长度和大于最大设置长度的长度后，会显示不同的颜色。在 PADS9.5 中默认设置情况下，当已布的布线长度小于设定的最大布线长度时，长度监视器显示为绿色；当已布的布线长度大于设定的最大布线长度时，长度监视器显示为红色。

2．蛇形布线

蛇形布线是布线中经常使用的一种布线方式，其主要目的是为了调节延时，满足系统时序设计要求。但是设计者首先要有这样的认识：蛇形布线会破坏信号质量，改变传输时延，布线时要尽量避免使用。然而在实际设计中，为了保证信号有足够的保持时间，或者减小同组信号之间的时间偏移，往往不得不故意进行绕线。

蛇形布线的示例如图 12-34 所示，其中关键的两个参数是耦合幅度（Ap）和耦合距离（Gap）。耦合幅度表示蛇形布线的高度，耦合距离是指蛇形布线之间的距离。很明显，信号在蛇形布线上传输时，相互平行的线段之间会发生耦合，呈差模形式，耦合距离越小，耦合幅度越大，则耦合程度也越大。这可能会导致传输时延减小，以及由于窜扰而大大降低信号质量。

图 12-34   蛇形布线示例

在 PADS Router 中，可以设置蛇形布线的耦合幅度和耦合距离，并且在布线过程中添加蛇形布线，具体步骤如下所述。

（1）单击标准工具栏上的"选项"图标▤，打开【选项】对话框，选择【调整】选项卡,如图 12-35 所示。

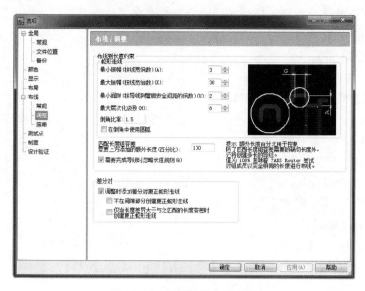

图 12-35　设置蛇形布线参数

(2) 在【布线到长度约束】区域设置蛇形布线参数,如在振幅栏【最小振幅】中将最小值设为 3,表示蛇形布线的振幅最小值被设置为布线宽度的 3 倍;在间隙栏【最小间隙】中将最小值设为 2,表示蛇形布线的间隙最小值被设置为布线到拐角间距的 2 倍。

(3) 设置了蛇形布线参数后,进行布线时就可以添加蛇形布线了。在交互式布线过程中单击鼠标右键,执行菜单命令【添加蛇形走线】,在布线过程中就可以动态地添加蛇形布线。每单击一次鼠标左键,就会添加一个蛇形线段,可以通过光标位置选择来定义蛇形布线及幅度值。

(4) 当完成蛇形布线定义后,双击鼠标左键或单击鼠标右键并执行菜单命令【完成蛇形走线】,回到交互式布线状态。

3.差分对布线

差分布线是两个反相的信号分别在两个相邻传输线上传输的布线方法。它是提高 PCB 的信号品质和电磁兼容性的有效方法,常用于高速信号电路中,电路中关键的信号往往都要采用差分结构设计。

理论上,所有差分传输是不受共模噪声干扰的。差分布线的阻抗和单端布线的阻抗不同,对于差分布线配置,线和参考平面之间的阻抗可以通过使用单端布线阻抗来计算。差分信号和普通的单端信号布线相比,最明显的优势体现在以下 3 个方面。

☺ 抗干扰能力强:因为两条传输线之间的耦合很好,当外界存在噪声干扰时,几乎是同时被耦合到两条线上的,而接收端关心的只是两个信号的差值,所以外界的共模噪声可以被完全抵消。

☺ 能有效抑制 EMI:由于两个信号的极性相反,因此它们对外辐射的电磁场可以相互抵消,耦合得越紧密,辐射到外界的电磁能量越少。

☺ 时序定位精确:由于差分信号的开关变化是位于两个信号的交点,而不像普通单端信号依靠高低两个阈值电压判断,因而受工艺、温度的影响小,能降低时序上的误差，同时也更适合于低幅度信号的电路。

PADS Router 可以对重要的信号实现差分布线。在进行差分布线之前应该设置差分对，然后对所设置的差分对网络进行布线，从而生成差分布线。

1）定义差分对

（1）单击标准工具栏上的项目浏览器图标🔲，在打开的项目浏览器【项目类】窗口中选择【器件查看】页面，单击展开窗口中的"网络对象"。

（2）将里面的"网络"项展开，选中网络"$$$7651"，该网络在工作区域标白（系统设置选中色为白色）。

（3）按下〈Ctrl〉键，用鼠标左键选中网络"$$$7652"，使用复制〈Ctrl+C〉组合键和粘贴〈Ctrl+V〉组合键操作，将这两个网络复制到"差分对"分支中，这时展开差分对分支就可以看到已经添加了一对差分线对，如图 12-36 所示。

2）指定差分对规则

（1）在项目浏览器【项目】类中选中差分对"$$$7651<->$$$7652"。

（2）单击鼠标右键，执行菜单命令【特性】，弹出【差分对特性】对话框，如图 12-37 所示。通过该对话框可以设置差分对布线的规则和属性。

图 12-36　生成的差分对　　　　　　　图 12-37　【差分对特性】对话框

（3）单击"添加"按钮，可以添加不同层的差分布线宽度和进行间距的设置。编辑栏中可以设置差分布线的宽度；在【间隙】栏中可以设置差分布线的距离，图 12-37 中设置为 12mil。

（4）在【线长】区域，可以设置差分布线的最小值和最大值。图 12-37 中最小值为 0mil，最大值为 448 000mil。

（5）在【障碍】区域可以设置最大绕过障碍值。

（6）单击"确定"按钮，完成差分布线规则的设置。

3）差分线布线

（1）在未选择任何对象的状态下，单击鼠标右键，执行菜单命令【选择导线/管脚/未布的线】。

（2）在项目浏览器的层目录中选择电气层的"Primary Component Side"层为当前操作层，然后在项目浏览器的差分对分支中选中"$$$7651<->$$$7652"，标白这两个网络，在工作区域单击这两个网络中的任意一个的引脚。

（3）单击鼠标右键，执行菜单命令【交互布线】，此时在布线区域显示两根差分线，拖动鼠标就可以对差分线实现自动并行布线。如果不单击鼠标左键，只移动光标，则可以看到一对差分线的布线状态，如图 12-38 所示。

（4）从源引脚拉出布线，在合适的位置单击鼠标左键，确定第一段布线和拐角位置。

（5）沿着设计的目标引脚方向继续布线，当布线接近目标引脚时，单击鼠标右键，执行菜单命令【完成】。此时就完成了该差分线的布线，如图 12-39 所示。

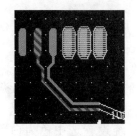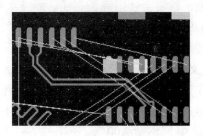

图 12-38　差分线的布线状态　　　　　　图 12-39　差分线的布线

在差分布线过程中，有时为了从连接器或 BGA 引脚处引出差分布线，必须将差分线暂时分离或互相之间切换以便进行布线，使用 PADS Router 提供的分离布线功能可以达到此目的。

4）分离差分布线

（1）在项目浏览器的差分对分支中选中前面建立的"$$$7651<->$$$7652"差分线对，标白这两个网络后，单击鼠标右键，执行菜单命令【取消布线】，将刚才的布线删除。

（2）单击"$$$7651"或"$$$7652"网络中的任意一个引脚，单击鼠标右键，执行菜单命令【交互布线】，开始对该差分对网络进行布线。

（3）从源引脚拉出布线，在合适的位置单击鼠标左键，确定第一段布线和拐角位置。当布到接近目标引脚附近时，单击鼠标右键，选择分离布线【交换布线】，其中一个布线被单独选中进行布线，如图 12-40 所示。

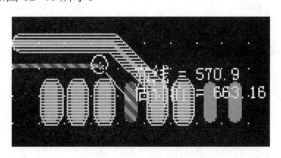

图 12-40　分离差分布线

在布线过程中，如果使用了分离布线，但设计过程中又需要切换到另一网络进行布线时，可以单击鼠标右键，执行菜单命令【切换布线】。

5）差分布线添加过孔　在差分布线时也可以添加过孔。添加过孔的操作与普通布线类似，即布线时在需要添加过孔处，按〈Shift〉键并单击鼠标左键，或者执行右键快捷菜单中的【添加过孔】命令。在差分布线添加过孔时，可以移动光标以便获得合适的过孔模式。添加了过孔后，就在新的布线层上布线，当布线接近目标引脚时，需要再添加一对过孔，从而返回到源布线层进行布线。

4．等长布线

当一组重要网络的布线比较长时，容易产生信号的延迟和衰减，从而使信号不稳定。特别是高速信号布线，等长布线具有重要的作用：高速信号布线对线路的长度十分敏感，如差分高速时钟信号，不等长的布线会引起信号的不同步，从而造成系统不稳定。因此对于高速信号布线，常常会使用等长布线。

PADS Router 可以进行等长布线。为了进行等长布线，首先需要设置将要进行等长布线的网络，然后设置等长布线网络的属性命令，实现等长布线。

1）定义一组等长布线网络

（1）单击标准工具栏上的项目浏览器图标，在打开的项目浏览器【项目类】窗口中选择【网络对象】页面，单击展开窗口中的"网络"项。

（2）选中网络"A00"，该网络在工作区域标白（系统设置选中色为白色）；利用"Shift+鼠标左键"再选中"A07"，此时"A00"～"A07"将全部被选中。

（3）将选中的所有网络复制到"匹配长度的网络组"分支中，然后展开该目录，就可以看到产生一组新的等长布线网络，如图 12-41 所示。PADS Router 默认将其命名为"MLNetGroup1"，此时可以根据需要修改等长布线网络组名。

（4）将这组网络名称改为"AddressBus"，按回车键确定新名称，完成等长布线网络定义，如图 12-42 所示。

图 12-41　生成的等长网络组　　　　图 12-42　重命名后的等长网络组

2）定义等长布线规则　定义了等长布线的网络组后，在进行等长布线之前，还应该设置等长布线的参数。

（1）在项目浏览器窗口中，选中等长布线网络组"AddressBus"，单击鼠标右键，执行菜单命令【特性】，系统会弹出等长布线属性对话框，如图 12-43 所示。

图 12-43　等长布线属性对话框

（2）在特性窗口中的【容差】栏中输入"200"，设置该组网络布线中最短布线和最长布线的相差范围允许为 200mil。

（3）选中【限制长度】，打开长度约束栏。在【最小长度】栏中输入"2500"，则布线最小值设定为 2.5in；在【最大长度】栏中输入"448000"，则布线最大值设定为 44.8in。

（4）单击"确定"按钮，完成等长布线规则设置。

3）执行等长布线　当设置完等长布线参数后，选中等长布线的网络组"AddressBus"，在工作区单击鼠标右键，执行菜单命令【布线】，系统就会自动生成等长的布线。对已经定义的等长布线的网络组进行布线，也可以选择网络组中的一个引脚，然后单击鼠标右键，执行菜单命令【交互布线】，进行交互等长布线操作。在进行交互等长布线操作时，还可以插入过孔，这些操作和差分布线的操作基本一致，请参考前面的讲解。

12.7　自动布线

在 PADS Router 设计环境下，直接对 PCB 进行布局、设置设计规则和设计参数后，也可以调用自动布线命令，对 PCB 进行自动布线。下面仍以 PADS9.5 系统自带文件"previewpreroute.pcb"为例，讲述如何在 PADS Router 设计环境中进行自动布线。

1．设置设计规则和布线参数

在进行自动布线前，应该设置好设计规则和布线参数。如果在 PADS Layout 中已经设置了设计规则和布线参数，可以直接使用从 PADS Layout 中导入的相关设置。但是，一般还是应该设置 PADS Router 环境下的设计规则和布线参数，而且有些参数只能在 PADS Router 环境下设置，如布线推挤、自动布线策略等。

为了在 PADS Router 环境下设置布线参数和设计规则，需要分别单击标准工具栏上的"选项"图标 和"特性"图标 ，打开【选项】对话框和【设计特性】对话框。

在【选项】对话框中可以设置布线参数，包括设计单位、显示、颜色属性，以及布线时的布线策略、设计和显示栅格等。

在【特性】对话框中可以设置默认的设计规则。如果需要设置网络、网络类、条件规则、差分对等设计规则，可以在项目浏览器中进行操作。

关于布线参数和设计规则设置的详细操作前面已经叙述，此处不再介绍。

2．定义自动布线策略

在对整个设计进行自动布线前，要先对布线策略进行设置，可以设置 8 个"过孔"中的一个或者几个类型。在策略表格中，也可以设置元器件或网络目标的布线顺序。用户可以根据自己的布线要求设置自动布线策略。对于大部分 PCB 设计来说，使用"布线"和"优化"策略就可以了。下面介绍如何设置自动布线策略，以及自动布线策略设置参数的意义。

（1）设置"过孔"类型。单击标准工具栏上的"选项"图标 ，打开【选项】对话框，选择【策略】选项卡，如图 12-44 所示。

（2）在策略表格中勾选需要的"通过"类型。表格中有 8 种"通过"类型，每种"通过"类型执行不同的自动布线功能；每种"通过"包含了一个或几个"子通过"。

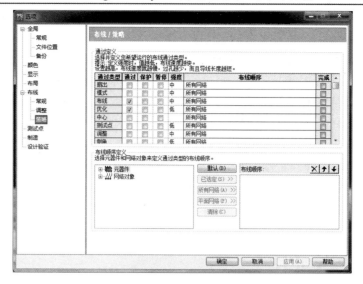

图 12-44 【策略】选项卡

☺ 扇出：对 SMD 元器件，自动在元器件外通过一小段布线添加过孔与元器件引脚相连接。

☺ 模式：找到未布线的模式将其按 Z 或 C 的模式完成。

☺ 布线：完成布线。

☺ 优化：对完成的布线图形进行优化，减小过孔和布线长度，使布线更平滑美观。

☺ 中心：在元器件引脚和过孔之间的布线自动进行对中操作。

☺ 倒角：所有布线拐角按设置好的角度倾斜，以及对拐角增加导角。

☺ 测试点：对每个网络进行可测试性分析，按预先设置自动增加和指派测试点，目标是达到 100% 的可测试性。

☺ 调整：利用最小、最大和匹配长度约束调节网络的布线长度。

（3）在【布线顺序】区域中设置指定的布线顺序，或者对指定的目标进行"通过"类型的应用。例如，若想对示例中的 U3～U6 设置"扇出通过"策略，可以用鼠标左键单击【扇出】栏的【布线顺序】区域，按如下操作进行设置。

① 在【布线顺序定义】区域，展开"元器件"元器件树，选择 U3～U6 四个元器件。

② 单击中间的【已选定】按钮，将这些元器件增加到右边的【布线顺序】列表中。

③ 在右边的【布线顺序】列表中选择"所有网络"，单击【清除】按钮，将"所有网络"从【布线顺序】列表中删除。这样就排除了其他元器件进行"扇出"的操作。

④ 在"通过定义"下选择"扇出"下的"通过"并进行勾选，单击"确定"按钮，结束设置并关闭对话框。

3．自动布线

完成了布线参数和设计规则的设置后，就可以进行自动布线操作了。以 PADS9.5 系统自带文件"previewpreroute.pcb"为例执行自动布线，操作步骤如下所述。

（1）单击标准工具栏上的"布线"图标，打开布线工具栏。

（2）单击布线工具栏中的"启动自动布线"图标。执行该命令后，系统就会开始自动布线。也可以使用〈F9〉功能键进行自动布线。在设计的最下方状态栏中会显示自动布线的进度。自动布线的 PCB 图如图 12-45 所示。

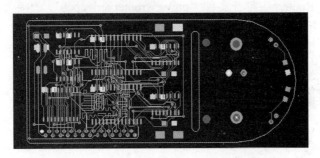

图 12-45　自动布线的 PCB 图

（3）如果布线完成，在输出窗口中将产生一个布线报告的链接，如图 12-46 所示。

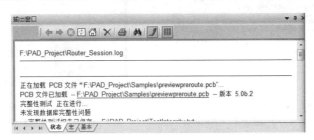

图 12-46　自动布线的输出窗口

> **注意**：在自动布线的任何时刻，均可以暂停或停止自动布线。这样可以预览布线过程或停止布线，进行布线策略的调整。单击"暂停自动布线"图标■，可以暂时停止布线；单击"恢复自动布线"图标■，可以恢复自动布线，并从刚才暂停的地方继续开始布线；单击"停止自动布线"图标■，可以停止目前的布线操作。

布线完成后，保存所布线的 PCB 文件，可以进行后续的报表输出、设计验证等操作；也可以返回 PADS Layout，打开 PADS Router 已经布线的 PCB 文件，进行报表输出等操作。

12.8　PADS Router 设计规则检查

PADS Router 提供了设计检查的功能，用来提升 PADS Router 和 PADS Layout 的功能。设计检查命令可以检查安全间距、连通性、高速和平面层错误。检查的速度很快，并且可以达到 0.000 01in 的精度。

PADS Router 包括许多在高速布线规则设置方面的高级功能，如元器件规则、SMD 上的过孔、差分布线和长度匹配规则等。这样，在检查这些高级规则时，就不需要切换到 PADS Layout 中进行检查了。

下面以 PADS Router9.5 自带文件"previewrouterverify.pcb"为例，简要说明 PADS Router 设计规则检查的操作方法。

1. 执行完整的安全间距检查

（1）在 PADS Router 中打开文件"previewrouterverify.pcb"，然后单击标准工具栏上的"选项"图标，打开【选项】对话框，选择【设计验证】选项卡，如图12-47所示。

（2）使用这个选项卡进行设计检查的配置。单击【设计验证方案名称】栏的下拉菜单，选择【全部检查】的设计检查方案，如图12-48所示。

图 12-47　【设计验证】选项卡　　　　　　　　图 12-48　选择设计检查方案

☺ 全部检查：选择所有验证选项。

☺ 安全间距：只选择与安全间距相关的验证选项。

☺ 制造：选择所有关于可制造的验证选项。

☺ 高速：验证高速信号的相关设计结果，如网络和引脚对长度、差分对等高速信号参数。

☺ 最大过孔数：验证PCB布线后的最大过孔数。

☺ 可测试性：选择对话框下方区域中的【自动测试违规】选项，从而会自动测试是否存在规则违反。

（3）如果检查整个设计或只检查工作窗口中的可视部分，可以在【执行检查】区域进行设置。在此区域中，若选中【只检查可视对象和层】选项，则将只检查可视的目标和层；若取消对【只检查可视对象和层】选项的选择，则检查所有的目标和层，而不管其是否被显示出来。如果选中【仅位于可见的工作区中】选项，则只检查目前工作窗口中的可视部分；如果取消对【仅位于可见的工作区中】选项的选择，则将检查整个设计。

（4）在【检查设计】区域选中【对象安全距离】、【所有对象的网络】、【禁止区域限制】和【对象相对板框】检查框，清除其他的检查框，单击"确定"按钮，退出对话框。

（5）单击标准工具栏上的"设计验证"图标，在弹出的工具栏上选择"设计验证"图标；另外，也可以执行菜单命令【工具】|【设计验证】。启动设计检查，对已经布线的PCB进行验证。

2. 查看报错信息

验证结束后，如果存在错误，PCB图上发生错误的地方会以一个圆形的标志表示（通常会以设置的错误颜色来显示）。另外，PADS Router 会在输出窗口中报告错误信息，可以使用输出窗口产生的错误报告查看出错信息，如图 12-49 所示。

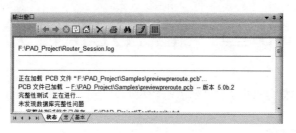

图 12-49　错误报告信息表

另一种方法是单击标准工具栏上的过滤器图标 ，打开选择过滤器工具栏，在上面单击"错误"图标 ，然后到设计图中单击错误标志处，单击鼠标右键，执行菜单命令【特性】，在弹出的【错误特征】对话框中查看出错信息，如图 12-50 所示。

图 12-50　【错误特性】对话框

若要忽略错误，可在选择错误标志后单击鼠标右键，执行菜单命令【忽略】，或者在图 12-50 所示【错误特性】窗口中将【验证操作时忽略错误】前的检查框勾选即可。

12.9　习题

（1）试将 PADS9.5 自带文件夹"Samples"中的"pwrdemoa.pcb"复制到其他位置，并在 PADS Router 中利用交互式布线功能进行布线。

（2）试将 PADS9.5 自带文件夹"Samples"中的"pwrdemoa.pcb"复制到其他位置，并在 PADS Router 中利用自动布线功能进行布线。

（3）试将 PADS9.5 自带文件夹"Samples"中的"pwrdemoe.pcb"复制到其他位置，并在 PADS Router 中利用交互式布线功能进行布线。

（4）试将 PADS9.5 自带文件夹"Samples"中的"pwrdemoe.pcb"复制到其他位置，并在 PADS Router 中利用自动布线功能进行布线。

第 13 章 信号完整性分析

本章主要介绍信号完整性概念、集成电路模型及电磁兼容性设计方法。

 ## 13.1 信号完整性概述

信号完整性是指信号在信号线上的质量，即信号在电路中以正确的时序和电压做出响应的能力。如果电路中的信号能够以要求的时序、持续时间和电压幅度到达接收器，则可确定该电路具有较好的信号完整性。反之，当信号不能正常响应时，就出现了信号的完整性问题。

随着集成电路输出开关速度提高及 PCB 密度增加，信号完整性已经成为高速数字 PCB 设计必须关心的问题之一。元器件和 PCB 的参数、元器件在 PCB 上的布局、高速信号的布线等因素，都会引起信号完整性问题，导致系统工作不稳定，甚至完全不工作。

信号完整性问题主要包括信号窜扰、反射、信号延迟和时序错误、地电平面反弹噪声和回流噪声、IC 的高低电平切换门限、电磁兼容等方面。

1）窜扰　窜扰是指当信号在传输线上传播时，因电磁能量通过互容和互感耦合对相邻的传输线产生的不期望的噪声干扰，它是由不同结构引起的电磁场在同一区域里的相互作用而产生的。产生窜扰的称为入侵者，而另一个受到干扰的称为受害者。通常，一个网络既是入侵者，又是受害者。容性耦合引发耦合电流，而感性耦合引发耦合电压。PCB 板层的参数、信号线间距、驱动端和接收端的电气特性及线的端接方式对窜扰都有一定的影响。

2）反射　信号在传输线上传输时，当高速 PCB 上传输线的特征阻抗与信号的源端阻抗或负载阻抗不匹配时，信号会发生反射，使信号波形出现过冲、下冲和由此导致的振铃现象。过冲就是第一个峰值或谷值超过设定电压（对于上升沿是指最高电压，而对于下降沿是指最低电压），下冲是第二个峰值或谷值超过设定电压（对于上升沿过大的谷值或对于下降沿过大的峰值）。振铃是反复出现过冲和下冲。信号的振铃和环绕振荡由线上过度的电感和电容引起，振铃属于欠阻尼状态，而环绕振荡属于过阻尼状态。

布线的几何形状、不正确的线端接、经过连接器的传输及电源平面的不连续等因素的变化均会导致反射现象出现。

3）信号延迟和时序错误　信号在 PCB 的导线上以有限的速度传输，信号从驱动端发出、到达接收端，其间存在一个传输延迟。过多的信号延迟或信号延迟不匹配可能导致时序错误和逻辑器件功能混乱。

4）地电平面反弹噪声和回流噪声　在电路中有大的电流涌动时，会引起地电平面反弹噪声，如大量芯片的输出同时开启时，将有一个较大的瞬态电流在芯片与 PCB 的电源平面流过，芯片封装与电源平面的电感和电阻会引发电源噪声，这样会在真正的地平面上产生电压的波动和变化，这个噪声会影响其他元器件的动作。负载电容的增大、负载电阻的减小、地电感的增大、同时开关元器件数目的增加，均会导致地平面反弹噪声的增大。由于地电平面（包括电源和地）分割，如地层被分割为数字地、模拟地、屏蔽地等，当数字信号走到模拟地线区域时，就会产生地平面回流噪声。所以在多电压 PCB 设计中，需要特别关心地电平面的反弹噪声和回流噪声。

5）IC 的高低电平切换门限 IC 的高低电平切换门限指的是信号从一个状态向另一个状态转换所需的电压值。当发生阻尼现象时，信号电平可能会超过输入脚的切换门限，从而将 IC 输入信号变为不确定状态，这会导致时钟出错或数据的错误接收。

6）电磁兼容 电磁兼容是指设备或系统在电磁环境中能正常工作，且不对该环境中的任何事物构成不能承受的电磁骚扰的能力。设备或系统的电磁兼容性包含了两方面的含义。首先，设备要有一定的抗电磁干扰能力，使其在电磁环境中能够正常工作；其次，设备工作中自身产生的电磁干扰应在一定水平下，不能对同处于一个电磁环境中的任何事物构成不能承受的电磁干扰。

总之，信号完整性问题是目前高速数字系统设计领域面临的研究课题。在设计方法、设计工具，乃至设计队伍的构成和协作上，以及设计人员的思路，都需要不断地改进。确保系统正常工作是所有工程技术人员所要达到的最终目的。

13.2 集成电路的模型

1．关于信号完整性仿真模型

信号完整性仿真模型与普通数字仿真模型最大的区别在于，在做信号完整性仿真时，仿真器所需要的只是驱动器的输出特性及接收器的输入特性，而不需要整个集成电路的逻辑功能。也就是说，在仿真中，只需对特定的缓冲器类型进行建模，而不需要对整个 IC 的功能进行建模。信号完整性仿真模型的这一特性，使得信号完整性仿真工具的建模过程大大简化，尤其是对标准逻辑器件的建模。

例如，74AC04、74AC74 和 74AC161 这 3 个器件具有相同的输出级，所以在信号完整性仿真过程中，这 3 个器件也具有相同的输出特性。因此，在信号完整性仿真中，这 3 个器件可以用一个信号完整性仿真模型来描述。而对于 74AC240 来说，它具有与前面 3 个器件不同的大电流输出级，因此，它需要用一个不同的模型来描述。甚至在 Pentium 处理器上也有许多 I/O 缓冲器在共用同一个器件模型，无论它们的逻辑功能是否相同。

对于信号完整性驱动模型来说，它的关键参数包括上升/下降时间、导通阻抗、U-I 特性、元器件从关断到导通时的阻抗变化、输出电容等。对于接收模型来说，其主要特性有钳位二极管特性、输入阻抗及输入电容。此外，在信号完整性仿真模型中，必须详细地描述元器件的模拟特性，而不仅仅是它的逻辑特性。

2．IC 模型的格式

Mentor Graphics 公司的 HyperLynx 软件是业界应用最为普遍的高速 PCB 仿真工具。它可以帮助设计者对 PCB 上频率低至几十兆赫兹，高达千兆赫兹（GHz）以上的网络进行信号完整性与电磁兼容性仿真分析，消除设计隐患，提高设计一版成功率。

在 Hyperlynx 8.0 中，支持以下格式的元器件模型。

☺ ".IBS" 格式及 ".EBD" 格式：许多仿真器和 IC 生产商都支持的工业标准格式。IC 生产商可以在不泄露专利信息的前提下，建立详细的、精确的 ".IBS" 模型和 ".EBD" 模型。

☺ "SPICE" 格式：由加州大学伯克利分校开发的 IC 模型格式。Hyperlynx 只有在 Eldo 仿真及 HSPICE 仿真中才支持 "SPICE" 模型。为保护产品的专利信息，IC 生产商可能会对 "SPICE" 模型加密，只有在特定的仿真器中才可以使用加密的 "SPICE" 模型。

☺ "Touchstone®" 格式：用于对连接器及封装建模的一系列模型，这些文件可以描述器件的 S-参数（散射）、Y-参数（电导）、Z-参数（阻抗），以及一些其他参数。与 SPICE 模型一样，Hyperlynx 只有在 Eldo 仿真及 HSPICE 仿真中才支持 "Touchstone®" 模型。

☺ "MOD" 格式：Hyperlynx 特有的基于 Databook 参数的模型格式。许多 Hyperlynx 标准逻辑模型都是 "MOD" 格式。

☺ "PML" 格式：对 "MOD" 格式模型的扩展，增加了元器件引脚及封装的寄生效应。

 # 13.3　电磁兼容性设计

电磁兼容问题在产品设计中往往会被忽视，因为设计者们会把注意力放在如何完成系统功能的实现上，而对电磁兼容这种潜在的问题不会过多考虑，当成品在调试甚至到进行电磁兼容测试验证时才发现问题。

在产品的设计过程中应仔细预测各种可能发生的电磁兼容问题（可用电磁兼容预测软件进行辅助分析），并从设计之初就采取各种措施，避免出现电磁兼容问题。由于在设计阶段采取了电磁兼容措施，即电路与结构相结合的技术措施，因而通常能在正式产品完成之前解决 90% 的电磁兼容问题，这就是所谓的系统设计法。

一般而言，要使 PCB 获得最佳性能，需要考虑的方面包括元器件选择、元器件布局、布线、地线设计等。

1. 元器件的选择

元器件的选择是影响板级电磁兼容性能的主要因素之一。每种电子元器件都有其各自的特性，因此在设计时必须仔细考虑。下面就讨论一些常见的用来减小或抑制电磁干扰的电子元器件选择技术。

1）元器件组　一般来说，PCB 中含有两种基本的电子元器件组，分别是有引脚的元器件和无引脚的元器件。对于有引脚的元器件，它在高频时会形成一个小电感，电感值大概是 1nH/mm/引脚。另外，引脚的末端也能产生一个小电容性的效应，其值大约为 4pF。因此，设计时应尽可能地减小引脚的长度。

与有引脚的元器件相比，无引脚且表面贴装的元器件的寄生效果要小一些，其寄生参数的典型数值为 0.5nH 的寄生电感和约 0.3pF 的引脚末端电容。从电磁兼容的角度来说，表面贴装元器件的效果最好，放射状引脚元器件（如球栅阵列封装技术）次之，轴向平行引脚的元器件（如双列直插封装元器件）最差。

（1）电阻：由于表面贴装元器件具有低寄生参数的特点，因此表面贴装电阻总是优于有引脚电阻。对于有引脚的电阻，应该首选碳膜电阻，其次是金属膜电阻，最后是绕线电阻。由于在相对低的工作频率下（约兆赫兹数量级），金属膜电阻是主要的寄生元件，因此其适合用于高功率密度或高精确度的电路中。绕线电阻有很强的电感特性，因此在对频率敏感的应用中不能用它，它最适合用在大功率处理的电路中。

在高频环境下，电阻的阻抗会因为电阻的电感效应而增加，因此增益控制电阻的位置应该尽量靠近放大器电路以减小 PCB 的电感。在上拉/下拉电阻的电路中，晶体管或集成电路状态的快速切换会导致振铃。为了减小这个影响，所有的偏置电阻必须尽可能靠近有源元器件及其电源和地，从而减小 PCB 连线的电感。在校准电路或参考电路中，直流偏置电阻应尽可能地靠近有源元器件以减小耦合效应。在 RC 滤波网络中，绕线电阻的寄生电感很容易引起本机振荡，所以必须考虑由电阻引起的电感效应。

（2）电容：在 PCB 上安装的电容以贴片的居多，当然也有插脚式的，电容形式一般是铝、钽电解电容和陶瓷电容。铝电解电容由在绝缘层之间以螺旋状缠绕的金属箔构成，其特点是单位体积内容值较大，但是也使得该部分的内部感抗增加。钽电解电容由一块带直板和引脚的连接点的绝缘体制成，其内部感抗低于铝电解电容。陶瓷电容的结构是在陶瓷绝缘体中包含多个平行的金属片。陶瓷电容的主要寄生是片结构的感抗，这会在频率低于 1MHz 的区域造成阻抗。绝缘材料的不同频响特性意味着一种类型的电容会比另一种更适合于某种应用场合。铝电解电容和钽电解电容适用于低频终端，主要是存储器和低频滤波器领域。在中频范围内（从兆赫兹到千赫兹），陶瓷电容比较适合，常用于去耦电路和高频滤波。特殊的低损耗陶瓷电容和云母电容适合于甚高频电路和微波电路的应用。为得到最好的 EMC 特性，电容具有低的 ESR（等效串联电阻）值是很重要的，因为它会对信号造成很大的衰减，特别是在应用频率接近电容谐振频率时。

（3）电感：电感是一种可以将磁场和电场联系起来的元件，它固有的可以与磁场相互作用的能力使其比其他元件更为敏感。和电容类似，巧妙地使用电感也能解决许多电磁干扰问题。电感比起电容和电阻而言的一个优点是它没有寄生感抗，因而表贴电感和带引线电感没有什么差别。

（4）二极管：二极管是最简单的半导体器件之一，它有助于解决并防止与电磁干扰相关的一些问题。例如，在电动机控制应用中，无论电动机有无电刷，当电动机运行时都将产生电刷噪声或换向噪声，这时可以采用噪声抑制二极管来改进噪声抑制效果，通常二极管应尽量靠近电动机触点。

在电源输入电路中，设计人员需要采用瞬态电压抑制二极管（TVS）或高压变阻器进行噪声抑制。静电放电（ESD）是信号连接接口的电磁干扰问题之一，屏蔽电缆和连接器可以用来保护内部电路不受外部静电的干扰，使用 TVS 或变阻器同样也能保护内部电路。

2）集成电路　现代数字集成电路（IC）主要使用 CMOS 工艺制造。CMOS 器件的静态功耗很低，但是在高速开关的情况下，CMOS 器件需要电源提供瞬时功率，高速 CMOS 器件的动态功率要求超过了同类的双极性器件。因此必须对这些器件加去耦电容，以满足瞬时功率的要求。

现在的 IC 有多种封装结构，对于分立元器件来说，引脚越短，电磁干扰问题越小。因为表贴元器件有更小的安装面积和更靠近地平面的安装位置，因此有更好的 EMC 性能，所以应首选表贴元器件，甚至直接在 PCB 上安装裸片。IC 的引脚排列也会影响 EMC 性能，从电源模块连接到 IC 引脚的电源线越短越好，这样其等效电感越小。

无论是 IC 或 PCB，还是整个系统，时钟电路都是影响 EMC 性能的主要因素：IC 的大部分噪声都与时钟频率及其高次谐波有关。因此电路设计中要考虑时钟电路以降低噪声。合理的地线、适当的去耦电容和旁路电容能够减小辐射。用于时钟分配的高阻抗缓冲器也有助于减小时钟信号的反射和振铃。

3）线路终端　对于高速电路来说，源和负载的阻抗匹配非常重要，因为阻抗失配会导致信号的反射和振铃。过量的高频能量会辐射或耦合到电路的其他部分，这样将会引起相应的电磁干扰问题。通常，信号的端接有助于减少这些非预计的结果。信号端接能够匹配源和负载间的阻抗，这样不仅能够减少信号的反射和振铃，同时也能降低信号快速的上升沿和下降沿。

2．元器件的布局

在电路设计中，布局是一个重要的环节，除了要考虑整体的美观性，还必须符合 PCB 的可制造性。元器件在 PCB 进行排列的位置要充分考虑抗电磁干扰问题，需要注意以下 4 点。

（1）在布局上，要把模拟信号部分、高速数字电路部分和噪声源部分（如继电器、大电流开关等）这 3 个部分合理地分开，使其相互间的信号耦合为最小。

（2）应该尽可能地缩短高频元器件之间的连线，同时设法减少分布参数和相互间的电磁干扰。另外，易受干扰的元器件之间不能离得太近，I/O 元器件应该尽量远离。

（3）时钟发生器、晶振和 CPU 的时钟输入端都易产生噪声，要相互靠近些。易产生噪声的元器件、小电流电路、大电流电路等应尽量远离逻辑电路。

（4）保证相邻板之间、同一板层相邻层面之间、同一层面相邻布线之间不能有过长的平行信号线。

3．布线

除了元器件的选择和电路设计外，良好的 PCB 布线在电磁兼容中也是一个十分重要的因素。

1）布线分布参数对 PCB 的影响　在高频情况下，PCB 上的导线、过孔、电阻、电容、接插件的分布电感与电容等不可忽略。电容的分布电感不可忽略，电感的分布电容也不可忽略。电阻会产生对高频信号的反射和吸收。导线的分布电容也会起作用，当导线长度大于噪声频率相应波长的 1/20 时，就会产生天线效应，噪声通过导线向外发射。

PCB 的过孔大约引起 0.5pF 的电容，一个集成电路本身的封装材料能引入 2～6pF 的电容，一个 PCB 上的接插件有 520nH 的分布电感，一个双列直插的 24 引脚集成电路插座可以引入 4～18nH 的分布电感。这些小的分布参数对于运行在较低频率下的微控制器系统是可以忽略不计的，而对于高速系统则必须予以特别注意。

要避免 PCB 布线分布参数的影响，可以参考以下建议：

☺ 增大导线的间距，以减少电容耦合的窜扰；

☺ 平行地布电源层和地层，以使 PCB 电容达到最大；

☺ 将敏感导线和高频导线布在远离高噪声电源线的位置；

☺ 加宽电源线和地线，以减小电源线和地线的阻抗。

2）PCB 布线的一般原则　在进行 PCB 布线的过程中，设计人员需要遵循一些基本的原则，以符合抗干扰设计的要求，使得电路获得最佳的性能。通常，PCB 布线的通用规则如下所述。

☺ 从减小辐射干扰的角度出发，应尽量选用多层板形式，内层分别作为电源层和地层，这样可以降低供电线路阻抗，抑制公共阻抗噪声，对信号线形成均匀的接地面，加大信号线和接地面间的分布电容，抑制其向空间辐射的能力。

☺ 同一元器件的各条地址线或数据线应尽可能保持相等的长度；印制导线的拐弯处应尽量呈圆角，因为直角或尖角在高频电路和布线密度高的情况下会影响电气性能；当双面板布线时，两面的导线应相互垂直、斜交或弯曲布线，避免相互平行，最好在这些导线之间加地线。

☺ 电源线、地线、PCB 导线对高频信号应保持低阻抗。在频率很高的情况下，电源线、地线或 PCB 导线都会成为接收与发射干扰的小天线，降低这种干扰的方法除了加滤波电容外，更值得重视的是减小电源线、地线及其他 PCB 导线本身的高频阻抗。因此，各种 PCB 导线要短而粗，同时线条要均匀。

☺ 相邻印制导线的间距必须能满足电气安全要求，而且为了便于操作和生产，间距也应尽量宽些。最小间距至少要能适合承受的电压，这个电压一般包括工作电压、附加波动电压及其他原因引起的峰值电压。在布线密度较低时，信号线的间距可适当加大，对高、低电平悬殊的信号线应尽可能地缩短长度并加大距离。

☺ PCB 中不允许有交叉线路，对于可能交叉的导线，可以用"钻"、"绕"两种办法解决。让某引线从其他的电阻、电容、三极管引脚下的空隙处钻过去，或者从可能的某条导线的一端绕过去。在特殊情况下，如果电路很复杂，为了简化设计，也允许使用导线跨接，解决交叉电路问题。

☺ 印制导线的屏蔽与接地：印制导线的公共地线，应尽量布置在 PCB 的边缘部分。在PCB 上应尽可能多地保留铜箔做地线，这样得到的屏蔽效果比一长条地线要好，传输线特性和屏蔽作用也将得到改善，另外还起到了减小分布电容的作用。印制导线的公共地线最好形成环路或网状，这是因为当在同一块 PCB 上有许多集成电路时，由于图形上的限制产生了接地电位差，从而引起噪声容限的降低。将公共地线做成回路时，接地电位差减小。

4. 地线的设计

地线设计是 PCB 中不可忽略的问题。在电子设备中，接地是控制干扰的重要方法。但是，若电路中接地设计不当，也会带来电磁兼容的问题。

接地所带来的电磁兼容问题主要是地线干扰和地环路干扰。如果在 PCB 设计中地线设计不当，就会在地线上产生电压。杂乱的地线噪声电压对电路系统具有严重的影响作用，造成电磁干扰，使得设计电路产生一些莫名其妙的问题。同样，地环路干扰现象常常发生在相距较远的设备之间，设备间往往通过较长的电缆相连。其产生的内在原因是地环路电流的存在。由于地环路干扰是由地环路电流导致的，因此在工程中常常会发现，当将一个设备的安全接地线断开时，干扰现象消失，这是因为地线断开时切断了地环路。这种现象往往发生在干扰频率较低的场合，当干扰频率高时，和断开地线与否关系不大。

在设计电路时，有多种接地策略可以解决接地给电路带来的各种电磁兼容问题。常用的接地方法有单点接地法、多点接地法和混合接地法。另外，在地线设计中应该注意以下 4 点。

1）正确选择单点接地与多点接地　低频电路中，信号的工作频率一般小于 1MHz，影响布线和元器件间的电感较小，而影响较大的是接地电路形成的环流干扰，这样应采用单点接地；当工作频率为 1～10MHz 时采用单点接地，其地线长度不应超过波长的 1/20，否则应采用多点接地法；当信号工作频率大于 10MHz 时，地线阻抗变得很大，此时应尽量降低地线阻抗，采用就近多点接地。

2）将数字电路与模拟电路分开　PCB 同时存在高速逻辑电路和线性电路时，应尽量把它们分开，可以让两者分别与各自的电源端地线相连，以确保地线不会相混。另外，要尽量加大线性电路的接地面积。

3）将接地线构成闭环路　这种设计仅限于由数字电路组成 PCB 的地线系统时提高抗噪声能力。

4）尽量加粗接地线　若接地线很细，会使电子设备的定时信号电平不稳，抗噪声性能很差。所以应将接地线加粗，使它能通过 3 倍于 PCB 允许电流的电流。一般接地线的直径应大于 3mm。

13.4　习题

（1）信号完整性的定义是什么？简述影响信号完整性的几个主要的因素。

（2）简述 HyperLynx 8.0 中支持的几种格式的器件模型。

（3）简述在设计阶段为避免出现电磁兼容问题所采取的几种措施。

（4）为解决接地给电路带来的电磁兼容问题，常用的接地方法有哪些？在地线设计中应该注意哪些方面？

第14章 HyperLynx 布线前仿真

Mentor Graphics 公司的 HyperLynx 软件是业界应用最为普遍的高速 PCB 仿真工具，它包含布线前仿真（LineSim）环境、布线后仿真（BoardSim）环境及多板分析功能，可以帮助用户对 PCB 上几十兆赫兹至几千兆赫兹频率范围的网络进行信号完整性与电磁兼容性仿真分析，消除设计隐患，提高设计的成功率。

14.1 LineSim 进行仿真工作的基本方法

本章以 HyperLynx -LineSim v8.2.1 作为使用工具，介绍 LineSim 仿真方法。使用 LineSim 仿真信号完整性原理图的步骤如下所述。

（1）启动 HyperLynx 软件，新建一个 LineSim 原理图。

（2）设置叠层。

（3）激活原本为暗色的各段传输线，输入传输线的各项参数。

（4）激活输出端和接收端的 IC 元器件，并为 IC 元器件选择仿真模型。

（5）激活无源器件，输入参数值。

（6）打开仿真示波器窗口，设置仿真参数。

（7）在 LineSim 中设置探针。

（8）观察仿真结果，并测量时序和电压。

（9）将仿真结果以不同的形式输出。

1. 新建一个 LineSim 文件

信号完整性原理图与通常提到的逻辑原理图或 PCB 原理图不同，它既包含电学信息，又包含物理结构信息。为方便起见，在无特殊说明时，本章中称呼的原理图都是信号完整性原理图。在 Windows 中启动 HyperLynx 后，可以通过下面两种方法建立一个新的原理图文件。

☺ 单击按钮 🔛，新建一个原理图文件。

☺ 执行菜单命令【File】|【New Cell-Based Schematic】新建一个原理图，如图 14-1 所示。

当然，用户也可以建立一个 Free-Form 格式的原理图文件。其建立过程相似，读者可以自己尝试一下。

2. 设置叠层

所谓叠层，就是要确定传输线在 PCB 多个板层的哪个层、层和层之间的参数，以及每一层的参数。在 LineSim 和 BoardSim 中均包括一个功能强大的叠层编辑器，使用它可以很简单地对 PCB 进行叠层设计和修改，以及对每个信号层进行特性阻抗的计算，方便了对信号反射和信号完整性的控制。

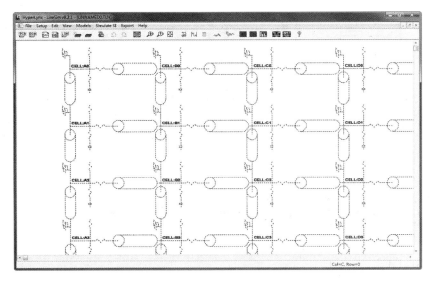

图 14-1　新建 LineSim 原理图

执行菜单命令【Setup】|【Stackup】|【Edit...】，或者单击工具栏中的按钮 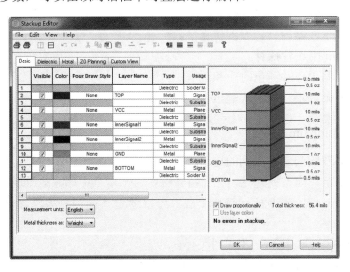，系统弹出【Stackup Editor】对话框，如图 14-2 所示。用户将看到一个 6 层板的叠层结构图，以及各层和介质层的参数，可以在该对话框中对叠层进行编辑。

图 14-2　【Stackup Editor】对话框

双击需要编辑的项目表格，如介质层厚度、线宽等，根据需要编辑顶层、底层和各个布线层、参考层及介质层的参数。可以分别选择"Basic"、"Dielectric"、"Metal"、"Z0 Planning"、"Custom View"进行各个项目的编辑。另外，可以在左边的叠层参数窗口中通过鼠标拖动的方式对叠层的结构进行调整，也可以在右边的叠层示意图中进行鼠标拖动的操作。关于叠层的详细设置操作，读者可以参见 14.4 节。

3．激活传输线

新建原理图文件后，将看到一个纵横交错的矩阵结构，如图 14-1 所示。图中包括上拉和下拉阻容元件、串联的分立元器件和传输线模型，传输线两端则是驱动和接收器 IC。

在该原理图中，所有的元器件都是由虚线构成的。用鼠标左键单击任何一个元器件，元器件的线条将变为实线，表示这个元器件已经加入到原理图中。当将鼠标放置在一根传输线上时，传输线上将出现一个红色外框。用鼠标左键单击该传输线，传输线将加入到原理图中；再单击一次，这段线段就被取消了。

下面介绍如何设置传输线的特性参数。

（1）用鼠标左键单击选中传输线段，然后单击鼠标右键，系统弹出如图 14-3 所示的传输线参数编辑对话框。

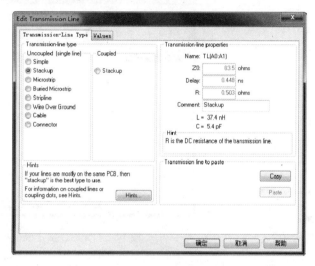

图 14-3　传输线参数编辑对话框

（2）在图 14-3 所示对话框中选择要仿真传输线的类型。传输线分为两种类型：一种是非耦合线（Uncoupled），也就是单根的传输线；另一种是耦合线（Coupled），通常用于差分信号仿真。

（3）在【Transmission-Line Type】选项卡中选择不同的传输线类型，在【Values】选项卡中设置传输线的电气参数或物理参数。用户选择不同的传输线类型，需要设置不同的参数。传输线常用的物理和电气参数包括以下内容。

☺ Length：表示铜皮导线、电缆或飞线的长度，用来计算传输线延迟和传输线中的 L、C、R 的值。

☺ Plating Thickness：电镀涂层的厚度。

☺ Conductor Thickness：导体的厚度。

☺ Width：线的宽度。

☺ Dielectric Height：绝缘层的高度。

☺ Dielectric Constant：介电常数。

（4）单击 确定 按钮，就可以在图中看到传输线的传输类型、延时、阻抗及线长等参数了。

4. 添加 IC 元器件并选择仿真模型

在仿真时除了添加传输线外，还需要添加 IC 元器件。这里所说的 IC 元器件，并不是真实的元器件模型，而是被称为 IBIS（Input/Output Buffer Information Specification）模型的 I/O 特性模型。对于一个 IC 来说，选择的是一个模型；对于一个电阻、电容来说，选择的是具体数值。

添加 IC 元器件的步骤和添加传输线的步骤一样，用鼠标左键单击即可激活元器件，再次单击使其恢复到未激活状态。刚激活的元器件没有指定特定的 IC，因此旁边有红色的问号，如图 14-4 所示。

用鼠标右键单击要添加的元器件，系统弹出如图 14-5 所示的指定模型对话框。

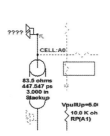

图 14-4　添加 IC 元器件

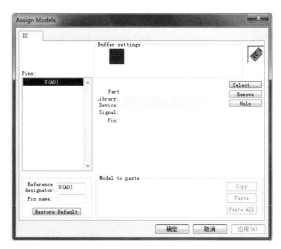

图 14-5　元器件指定模型对话框

单击图 14-5 中的 Select... 按钮，系统弹出如图 14-6 所示的选择 IC 模型对话框，用户可以在该对话框中选择 IC 模型。

LineSim 支持 6 种模型格式，即 .SPICE、S-Parameter、.MOD、.IBS、.EBD 和 .PML（HyperLynx 自定义的格式）模型。其中，".MOD"模型为 HyperLynx 的自有格式，包含了很多标准逻辑模型。".MOD"模型中不包括封装影响，如果需要加入封装参数，则需要使用其他 3 种模型。然而，".MOD"模型却包括最优/最坏分析，这是其他模型库所不具备的。

如果要改变".MOD"模型的公共扫描参数，可按照以下步骤操作。

（1）执行菜单命令【Setup】|【Options】|【General...】，在弹出的对话框中选择【General】选项卡，如图 14-7 所示。

（2）在【.MOD IC-model best/worst scale factors】标度区域输入希望的扫描参数。

".PML"为封装模型库，延伸到".MOD"数据库说明引脚特征和封装引起的效应。".PML"模型要求两个模型库：".MOD"和".PML"。在".PML"库中定义了引脚引入的电参数效应，它是".MOD"模型的扩展库。

当前版本的 IBIS 库规范包括两种模型格式：".IBS"和".EBD"。前者用于为 IC 建模，后者用于建立 IC 的构成。IBIS 库规范是共用的。".EBD"格式是 IBIS 的扩充，允许复杂的网络连接，可以代替描述不太充分的标准 IC 封装和简单的 RLC 描述。当这些电气描述被写

进 ".EBD" 模型后，线宽、长、层叠等特性将失去作用。".EBD" 模型可以指向一个或多个 IBIS 模型。

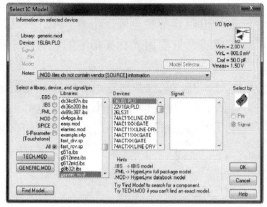

图 14-6　选择 IC 模型对话框　　　　图 14-7　.MOD 模型扫描参数设置对话框

图 14-6 所示为选择 IC 模型对话框，其中主要包括以下 3 个区域。

☺ Information on selected device：信息域，它显示引脚驱动器选择的元器件类型、名称，以及信号名和引脚号。

☺ I/O type：I/O 类型，表示该引脚的电平，包括高电平（Vinh）和低电平（Vinl）。

☺ Select a library，device，and signal/pin：选择库、元器件和信号引脚，在这个域中可以选择芯片的模型。用户在【Libraries】列表框中选择元器件的库，在【Devices】列表框中选择元器件，在【Signal】列表框中选择信号名或者引脚号，在【Select by】中设置按照信号还是按照引脚的方式来选择模型。

按照上面介绍的内容选择需要仿真的模型，如图 14-6 所示完成设置，然后单击【OK】按钮，退回【Assign Models】对话框，如图 14-8 所示。

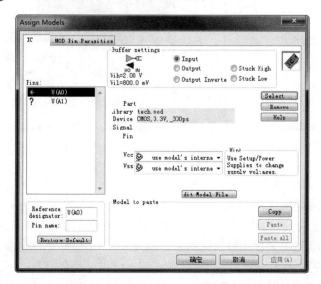

图 14-8　【Assign Models】对话框

用户可以在【Buffer settings】中设置缓冲的状态是 "Input" 还是 "Output"。另外，用户还可以单击 dit Model File... 按钮打开当前模型的 ".MOD" 库进行编辑。

5. 激活无源元器件并输入参数值

在 LineSim 中能够添加下列无源元器件：上拉电阻、下拉电阻、电容、AC 终端匹配（电阻-电容联合）、串联电阻、串联电容、串联电感等。只要用光标在相应的位置单击便可以将这些无源元器件加入原理图中。

将无源元器件激活后，用鼠标右键在元器件上单击，就会弹出电阻、电感或电容的编辑对话框，这时可以在对话框中输入元器件的具体数值。图 14-9 所示为输入电容值的例子，在图示界面的文本框中输入电容值，可以在【Parasitics】界面中输入该电容的寄生参数，包括电阻、电容和电感等。

6. 打开示波器并设置仿真参数

在 HyperLynx 中的示波器和实验室里的示波器一样，可以看到原理图上每一点的信号波形图，并可以修改显示的栅格，是较为方便直观的工具。可以用两种方法来打开示波器：执行菜单命令【Simulate SI】|【Run Interactive Simulation（SI Oscilloscope）...】，或者单击工具栏中的按钮 ▦ 打开示波器，示波器界面如图 14-10 所示。

图 14-9　输入电容值

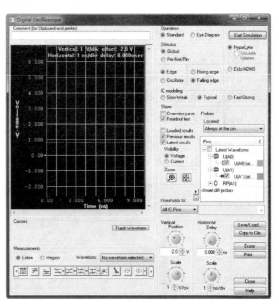

图 14-10　仿真数字示波器

下面介绍关于示波器参数的详细设置。

1）信号沿仿真和周期时钟仿真　示波器提供两种不同的信号作为仿真的驱动信号，一种是沿信号（上升沿/下降沿），另一种是周期时钟信号（频率可调）。在示波器的【Stimulus】区域选中【Edge】，则可选择采用上升沿（Rising edge）或下降沿（Falling edge）来进行仿真；如果选中【Oscillator】，则出现频率和占空比的框格，可根据需要输入相应的数值。

2）设置 IC 的工作参数　在【IC modeling】区域中有 3 个选项：Slow-Weak（弱/慢速）、Typical（典型值）和 Fast-Strong（强/快速）。可以在此设置模型仿真时采用的参数是强/快速、典型值还是弱/慢速。

3）水平方向设置　在【Horizontal Delay】区域中可以设置仿真波形显示的起点。例如，假定将其设为 25ns，那么仿真后波形的起点就是 25ns 处。一般来说，用户将此项设置为 0ns。

在水平方向还可以调整时间的栅格，可以仔细地观察一个信号沿，也可以观察连续的信号。

4）垂直方向设置　在【Vertical Position】区域可以设置仿真波形的起始电压，也就是对仿真波形进行垂直方向的移动，同时也可以对垂直方向的电压栅格进行设置。

5）显示方式设置　正如示波器有余辉显示一样，在 HyperLynx 里也可以同时观察一个测量点不同的波形，方便了用户对波形进行对比。

7. 在 LineSim 中设置探针

在图 14-10 右侧中部的显示（Show）区域，可以手动定义探针（Probe），如图 14-11 所示。

单击图 14-11 中的按钮，可以选择【Enable all probes】（启用所有探针）或【Disable all probes】（取消所有探针）；单击按钮，弹出探针设置对话框，用户可以根据自己的需要进行手动设置。

8. 观察仿真结果并测量电压

单击图 14-10 中的按钮 Start Simulation 进行仿真，仿真完成后，波形就会显示在示波器上，如图 14-12 所示。观察仿真的结果时，可以调节示波器的大小，也可以调节波形显示区域的比例。

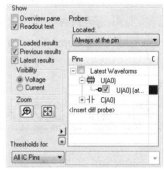

图 14-11　示波器探针定义区域

在图 14-12 中，【Vertical Scale】和【Horizontal Scale】用于调节显示区域中每一格的单位，从而调节波形的缩放；【Vertical Position】用于调节波形的垂直位置，并没有缩放的功能。

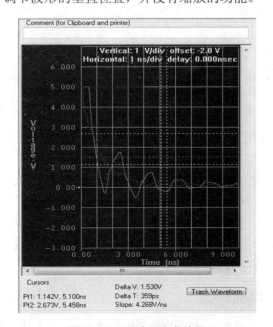

图 14-12　示波器仿真结果

测量波形中某一点的电压和时间，只需要用鼠标左键在被测点单击，便会出现黄色的十字线，交叉点位于被测点，而此时示波器左下角的【Cursors】区域中便显示该点的横纵坐标，即电压与时间。

如果要测量两个点或测量两点之间的电压差或时间差，可在波形上分别用鼠标左键单击选中这两个被测点，测量结果就会出现在光标区域中，如图 14-12 所示。其中，"Ptl"、"Pt2"表示的是两个被测点的坐标，"Delta V"和"Delta T"是两点间的电压差和时间差，"Slope"为波形的上升或下降速度。

9. 将仿真结果输出到文档

仿真工作基本结束后，若还需要根据仿真结果制作报告，就需要把仿真结果输出到文档。

（1）添加注释行。在示波器的左上角有一个【Comment】区域，可以把有关仿真的信息写在这里，如仿真的信号名称、选用的频率等。添加的信息会作为波形的一部分输出。

（2）在示波器的右下部有一个【Copy to Clip】按钮，单击该按钮可以把用户仿真得到的波形图复制到剪贴板上，可在文本编辑器或画图等工具中直接粘贴使用。

（3）在【Copy to Clip】按钮的下方有一个【Print...】按钮，单击该按钮可以直接将仿真得到的波形图打印输出。

14.2 进入信号完整性原理图

LineSim 的信号完整性原理图和传统意义上的原理图有很多不同。传统的原理图需要包含一定的电气特性、元器件、IC 的逻辑功能信息，并给出元器件之间的连接（不给出电气连接特性）。一个信号完整性原理图则包括分段的传输线、IC 元器件（包括驱动器和接收器），以及无源元器件（电阻、电容、电感、磁珠）。

1. 仿真文件的管理

在 LineSim 中，原理图文件以 ASCII 格式保存，它的后缀名为".TLN"，包含了所有原理图中的内容，以及与仿真设置有关的内容，但不保存仿真得到的波形。对仿真文件进行管理的相关操作如下所述。

（1）新建一个原理图后，由于并未对其进行命名，因此新的原理图名称默认为"UNNAMED0.TLN"。

（2）保存原理图。对于新建的原理图，执行菜单命令【File】|【Save As...】，出现【Save As】对话框。可以为原理图输入名称，并选择想保存的位置。对于已经命名过的原理图，执行菜单命令【File】|【Save】，当前的原理图就会覆盖已保存过的文件。

（3）读入原理图。执行菜单命令【File】|【Open Schematic...】，或者在工具栏中单击按钮，到相应的目录下打开所需 LineSim 文件。

2. LineSim 原理图界面的使用

（1）调节显示区域。在【View】下拉菜单中有【Zoom In】、【Zoom Out】等选项，可以对原理图进行缩放。

（2）调节原理图背景颜色。执行菜单命令【Setup】|【Options】|【General...】，在弹出的对话框中选择【Appearance】选项卡，可以对原理图的背景颜色进行设置。此选项卡中也包含其他的颜色参数设置，读者可以自己尝试一下。

（3）将原理图输出到图形文件。执行菜单命令【Edit】|【Copy Picture...】，弹出【Copy Schematic To Clipboard】对话框，如图 14-13 所示。

在此对话框中可以设置原理图复制的起点和终点、原理图的颜色是黑白的还是彩色的，以及是否添加边界和注释等具体参数。设置完成后，单击按钮 OK 便将原理图复制到了 Windows 的剪贴板上。

（4）单位的设置。可以根据需要改变原理图中用到的几何尺寸的单位。执行菜单命令【Setup】|【Options】|【Units...】，弹出如图 14-14 所示的对话框。在此对话框中，在【Measurement units】区域可以选择采用英制单位还是米制单位，在【Metal-thickness units】区域可以选择铜皮的计量单位是采用重量单位还是厚度单位。

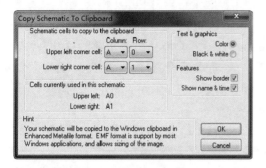

图 14-13　复制原理图对话框

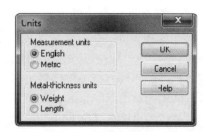

图 14-14　编辑项目选择类型

 ## 14.3　在 LineSim 中对传输线进行设置

在开始仿真之前，必须为传输线选择恰当的电气模型。在信号完整性原理图中，传输线可以代表很多电气连接，如 PCB 的布线、接插件、铜缆等。传输线的物理和电气参数在 14.1 节已经介绍过，这里不再重复。

在 LineSim 中添加了一段传输线后，需要在【Edit Transmission Line】对话框（参见图 14-3）中对其进行参数设置，主要是为了得到适当的特征阻抗（Z0）和传输延时（Delay）。

☺ 选择传输线类型为"Simple"：直接在【Edit Transmission Line】对话框中右边的参数设置区域输入所需的"Z0"和"Delay"数值，但不能定义传输线的线长和线宽。

☺ 选择传输线类型为"Stackup"：在【Edit Transmission Line】对话框的【Values】选项卡中选择传输线所在的层，再输入线长和线宽等参数，就完成了传输线类型的设置。

☺ 选择传输线类型为"Microstrip"、"Buried Microstrip"或"Stripline"：在【Edit Transmission Line】对话框的【Values】选项卡中，对传输线的各种参数进行编辑，LineSim 会自动计算得出相应的"Z0"。"Microstrip"是 PCB 的表层布线，是只有一个参考平面的布线层的布线，其一面与空气接触，另一面与电介质接触。"Buried

Microstrip" 是内层布线, 但是有一个交流地平面层在它的一面, 如在平面层是第 3 层和第 4 层的 6 层板中, 第 2 层和第 5 层就是 "Buried Microstrip"。"Stripline" 是内层布线, 它的两面都有交流地平面层。在对话框中选择不同的传输线, 可以看到相应的传输线模型图。

☺ 复制传输线模型: 如果需要输入多段相同属性的传输线, 可以不用每一段都进行编辑。在已设置好的传输线编辑对话框中单击按钮 Copy , 然后在另一段传输线的编辑对话框中单击按钮 Paste , 这样就可以将已设置好的所有参数复制到另一段传输线上。

14.4 叠层编辑器

关于叠层的设置, 在 14.1 节中已经做了简略的介绍。在 LineSim 中, 叠层仅用于对传输线进行模拟。下面介绍 LineSim 中对叠层(Stackup)的设置操作。

☺ 设定层的参数: 执行菜单命令【Setup】|【Stackup】|【Edit...】, 或者单击工具栏中的按钮 , 弹出图 14-2 所示的【Stackup Editor】对话框。叠层的设置主要会影响到 PCB 的两个关键参数——特征阻抗和传输速率。双击需要编辑的项目表格, 根据需要编辑顶层、底层和各个布线层、参考层及介质层的参数。可以分别选择 "Basic"、"Dielectric"、"Metal"、"Z0 Planning"、"Custom View" 进行各个项目的编辑, 直到得到所需的特征阻抗和传输速率。

☺ 改变叠层的默认设置: 执行菜单命令【Setup】|【Options】|【General...】, 在弹出的对话框中选择【Default Stackup】选项卡, 可以改变默认的叠层设置。

☺ 将 LineSim 中的叠层输出到文档。如果需要将设置好的叠层方案输出到文档中, 可以在【Stackup Editor】对话框中执行菜单命令【Edit】|【Copy Special】, 在弹出的子菜单中执行菜单命令【Pictures】, 输出叠层图形; 执行菜单命令【Manufacturing Documentation】, 则输出制造文档文件。

☺ 增加新的层: 在【Stackup Editor】对话框左边的叠层参数编辑窗口中单击需要增加层的位置, 单击鼠标右键弹出菜单, 选择在当前位置的上面或者下面增加层。增加层后再根据需要对各层的参数进行设定, 以满足特性阻抗需要。

14.5 在 LineSim 中进行窜扰仿真

窜扰是 PCB 设计中最为常见的一种干扰现象。窜扰是两条信号线之间的耦合, 信号线之间的互感和互容引起线上的噪声。容性耦合引发耦合电流, 而感性耦合引发耦合电压。一般来说, 窜扰可以被许多因素所影响, 如驱动 IC 的技术、线间距、线宽、线长、端接(窜扰需要比单端线更复杂的端接)和 PCB 叠层(叠层顺序和介质的厚度)等。在 LineSim 中进行窜扰仿真, 可以快速地分析和找到解决方法, 以满足设计要求。

假设设计一个总线, 若想保证在每一根总线上的互相窜扰不超过 200mV, 现在来看 LineSim 的窜扰仿真功能如何建立合适的布线约束条件规则, 以达到设计目标。

1．设置仿真模型

1）建立一组相邻的布线

（1）单击工具栏上的新建 LineSim 原理图图标，建立一个新的 LineSim 原理图。

（2）用鼠标左键单击"CELL:A0"和"CELL:B0"，然后用鼠标左键单击这两个 IC 符号之间的一段传输线，将 IC 和传输线激活。

（3）在传输线符号上单击鼠标右键，打开传输线编辑对话框，如图 14-3 所示。在【Coupled】区域中选中"Stackup"，进入【Add to Coupling Regions】对话框，"New Coupling"将出现在左边的窗口中。

（4）在【Trace】对话框中，单击"Layer"下拉菜单，在这里可以浏览建立的耦合区域的截面图。此外，单击【Layer】对话框中的下拉菜单，从中选择"3,Signal, InnerSignal1"。

（5）"Layer"设置完后，单击传输线类型"Transmission-Line Type"选项卡，在【Comment】区域输入"Aggressor 1"，单击 确定 按钮退出。

（6）重复以上 5 个步骤，用同样的方法建立第 2 根和第 3 根传输线网络，注意必须保证 3 根传输线处于同一个耦合区域"Coupling0001"中，命名第 2 根位于中间的传输线为"Victim"［TL（A1,B1）］，第 3 根位于右边的传输线为"Aggressor 2"［TL（A2,B2）］。它们之间的左右位置可以通过窗口底部的左右方向箭头移动。按照需要调整 3 根传输线的位置，设置完毕后如图 14-15 所示。

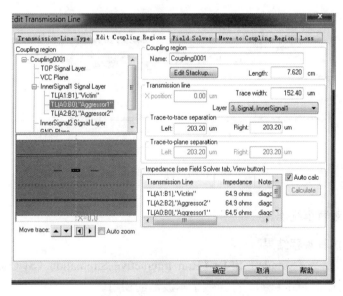

图 14-15　相邻布线模型设置

2）指派 IC 模型

（1）将光标移动到原理图左端的任何一个驱动 IC 符号上，将看到 IC 符号周围出现一个红色的方框。用鼠标右键单击"CELL:A0"位置的 IC 符号，将出现一个【Assign Models】对话框，如图 14-5 所示。

（2）单击 Select... 按钮，打开【Select IC Model】对话框，如图 14-6 所示。在对话框左边的【Libraries】下拉列表中，查找"easy.mode"，在【Devices】列表中选择"CMOS,3.3V,FAST"，单击 OK 按钮。

（3）单击【Assign Models】对话框中的按钮 Copy 和 Paste All，快速地指派所有的 IC 模型都为"CMOS,3.3V,FAST"。系统默认 IC 符号的【Assign Models】对话框中指派的模型为"Input"类型。

（4）通过选择对话框中的"Buffer setting"改变 U（A0）和 U（A2）的类型为"Output"类型。3 根传输线代表了总线中并行的 3 根布线。左端 3 个三角形的 IC 驱动符号代表 3 根传输线左端的输出驱动器。每根线的右端都有一个 IC 的接收端。在仿真这个设计之前，将驱动端 U（A0）更改为更快的元器件，以便在示波器仿真时与 U（A2）的波形不至于重叠。

（5）在【Assign Models】对话框中单击 U（A0）。再单击 Select... 按钮，将其模型改变为"CMOS 3.3V ultra-fast"，以便将 Aggressor 1 和 Aggressor 2 区别开。

（6）在【Assign Models】对话框的【Pins】列表中选择 U（A1），在对话框右上方的【Buffer settings】项目中选择"Stuck Low"，表示在仿真中这个信号是保持在不变的低电平。设置完毕后，关闭对话框。

（7）返回原理图编辑器，请注意，中间布线驱动器旁边的"0"代表这个驱动是"Stuck Low"的。最后得到的原理图如图 14-16 所示。

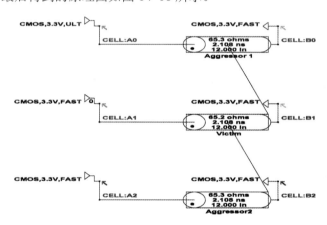

图 14-16　仿真原理图

2．运行仿真观察窜扰现象

1）初步运行仿真观察结果

（1）执行菜单命令【Simulate SI】|【Run Interactive Simulation（SI Oscilloscope）...】，也可以单击工具栏中的按钮 ，打开数字示波器的窗口。

（2）确认【Stimulus】区域的选项设置为"Edge"和"Falling Edge"，以及【IC modeling】区域的 IC 模型设置为"Typical"。

（3）在【Pins】列表中为驱动端 U（A0）、U（A1）、U（A2）、U（B1）添加探针，单击开始仿真按钮 Start Simulation 。

（4）仿真完成后，单击按钮 Copy to Clip ，将仿真波形输出，如图 14-17 所示。

仿真时，LineSim 通过运行"boundary-element field solver"将已输入的几何数据转换为电磁域参数。图 14-17 中，绿色和橙色的波形分别显示中间 Victim 布线的接收端和驱动端的窜扰波形。橙色发射端的波形基本上没有大的窜扰，因为这一端通过低阻抗的 CMOS

驱动器钳制于低电平。但是绿色接收端波形的情况就很不同了，其电压幅值超过了600mV，而设计的要求是窜扰低于 200mV。

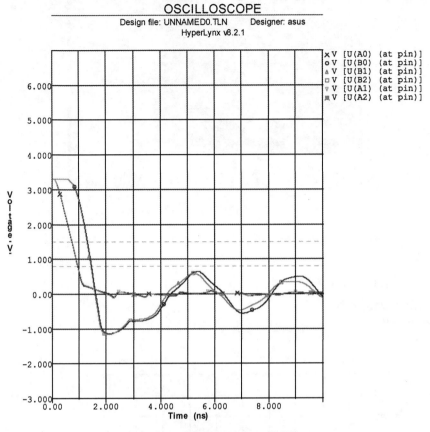

图 14-17　窜扰分析结果

最小化示波器窗口，返回原理图，然后在原理图上用鼠标右键单击中间的 "Victim" 网络，弹出【Edit Transmission Line】对话框，选择【Field Solver】选项卡，单击按钮 ▭Start▭，运行场分析，分析结果如图 14-18 所示。图中蓝色的线代表耦合域之间的电力线，红色的线表示磁力线。

减小窜扰的一个显著的方法就是增加布线之间的间距。下面通过编辑耦合域，将线间距从 8mil 增加到 16mil，重新仿真一遍，看看窜扰减小了多少。

2）增加线距减小窜扰

（1）最小化示波器窗口，将光标指向原理图中的任意一根传输线，单击鼠标右键重新打开【Edit Transmission Line】对话框。

（2）单击【Edit Coupling Regions】选项卡，在【Coupling Region】列表中选择传输线 "TL（A1:B1），'Victim'"，或者将光标移动到图形显示中的中间线位置，单击鼠标左键将其选中。

（3）在【Trace-to-Trace Separation】区域，在【Left】和【Right】栏中分别输入 250，以增加线间的间距。同时在图形显示中的间距也变得更大了。

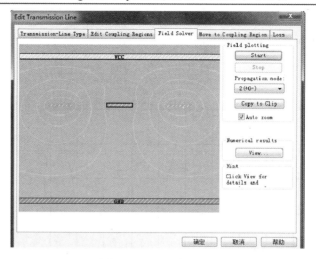

图 14-18　场分析结果

（4）单击 确定 按钮关闭对话框，然后单击工具栏上的示波器图标，打开示波器仿真窗口。

（5）在【Pins】列表中为驱动端 U（A0）、U（A1）、U（A2）、U（B1）添加探针，单击开始仿真按钮 Start Simulation 。

（6）仿真完成后，单击按钮 Copy to Clip ，将仿真波形输出，如图 14-19 所示。

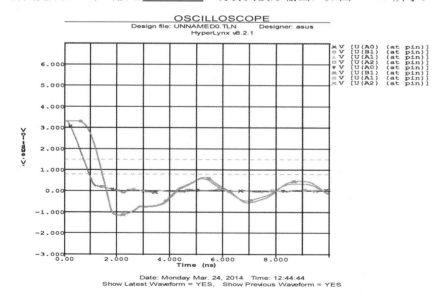

图 14-19　增加线间距后的窜扰分析结果

此时再观察示波器最大窜扰值（绿色波形），发现比原来的窜扰减小了，但还是超过了设计允许范围，还可以通过减小介质层厚度和净化 Aggressor 信号来减小窜扰。最小化示波器窗口，返回原理图，然后在原理图上用鼠标右键单击中间的"Victim"网络，弹出【Edit Transmission Line】对话框，选择【Field Solver】选项卡，单击 Start 按钮，再次运行场分析，分析结果如图 14-20 所示。

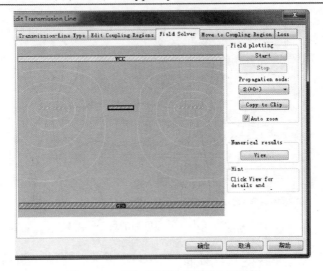

图 14-20　增加线间距后的场分析结果

3）减小介质层厚度

（1）最小化示波器窗口，执行菜单命令【Setup】|【Stackup】|【Edit...】，或者单击工具栏上的按钮 ▓，打开叠层编辑器【Stackup Editor】。

（2）单击位于 "VCC" 和 "Inner Signal1" 之间的介质层，双击其 "Thickness" 处的输入栏，将 254 改为 150。同样，单击位于 "GND" 和 "Inner Signal2" 之间的介质层，双击其 "Thickness" 处的输入栏，将 254 改为 150，如图 14-21 所示。

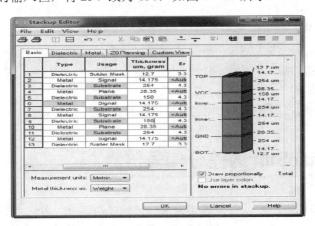

图 14-21　在叠层编辑器中设置介质层

（3）通过右边的图形显示确认两个改为 5mil 的地方，然后单击 OK 按钮关闭对话框。

（4）重新打开示波器窗口，单击开始仿真按钮 Start Simulation ，通过选择和取消示波器窗口右边的【Previous Result】复选框，将修改参数后的结果与刚才的结果进行对比。

现在 Victim 线接收端的最大窜扰值已经大大地降低了，并且小于 200mV（如果需要看到更精确的数值，可在示波器右边【Vertical】的【Scale】区域用鼠标左键单击两次向下箭头，将其垂直刻度调节为 200mV/div）。减小介质厚度后的场分析结果如图 14-22 所示。

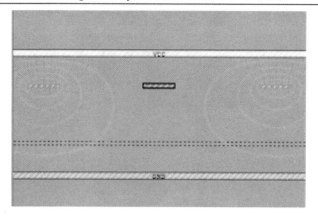

图 14-22　减小介质厚度后的场分析结果

目前的设置基本上可以达到设计目标。如果此时想再减小窜扰的影响，可以从 Aggressor 信号上入手。请注意 Aggressor 1 和 Aggressor 2 上蓝色和橙色波形上的过冲，如果能够端接这两根传输线，将会大大减小窜扰。

4）净化 Aggressor 信号

（1）单击工具栏上的"Run Terminator Wizard"图标 ，打开【Select Net for Terminator Wizard】对话框。

（2）选择 U（A0），然后单击 OK 按钮。

（3）如果在【Apply Tolerance】下拉列表中选择了"10 percent"，端接后向导将会建议在 Aggressor 1 传输线上增加一个 39Ω 的串联端接电阻，单击 OK 按钮。

（4）单击 U（A0）右边的电阻符号（传输线左边），从下拉列表中选择"Resistor"。用鼠标右键单击电阻符号，在【Resistance】栏中输入 60。

（5）很明显，Aggressor 2 也是同样的拓扑结构，所以对 U（A2）重复以上的步骤。

（6）返回示波器窗口，重新仿真。

现在蓝色和橙色的波形看起来就相当好了，波形有了很大的改善，窜扰值约为 60mV。

14.6　LineSim 的差分信号仿真

在 LineSim 电路图中，可以根据需要为某些传输线对建立差分对属性。从原则上讲，传输线的差分对特性与驱动信号没有必然联系，但设计人员总是希望得到确定的仿真结果。所以，差分线对的设置与差分驱动信号（芯片）设置是密不可分的，而且实际的差分信号驱动和接收都有专门的芯片，所以差分线对的建立一般都由设置差分驱动/接收芯片开始。具体的操作步骤如下所述。

1．指定差分对驱动/接收模型

（1）单击工具栏上的新建 LineSim 原理图图标 ，建立一个新的 LineSim 原理图。

（2）单击"CELL:A0"和"CELL:B0"，然后单击这两个 IC 符号之间的一段传输线，将 IC 和传输线激活。

（3）重复步骤（2），单击"CELL:A1"和"CELL:B1"，激活两个 IC 符号之间的一段传输线。新建原理图如图 14-23 所示。

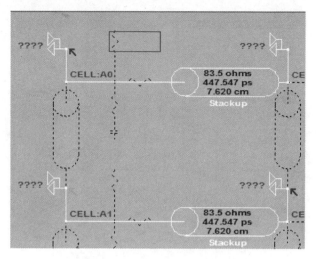

图 14-23　新建原理图

（4）在图 14-23 中，将光标移动到原理图左端的任何一个驱动 IC 符号上，将看到 IC 符号周围出现一个红色的方框。用鼠标右键单击"CELL:A0"位置的 IC 符号，将出现一个【Assign Models】对话框。

（5）单击对话框右边的 Select... 按钮，打开【Select IC Model】对话框，选中【.IBS】项，在【Libraries】下拉列表中查找"Lv031atm.ibs"，在【Devices】列表中指定器件"DS90LV031ATM"（专用差分驱动器），然后在【Signal】栏指定输出类型为"DOUT1+"，如图 14-24 所示。

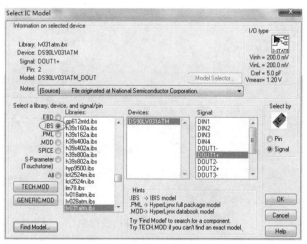

图 14-24　设置差分驱动器模型

（6）设置差分驱动器模型后，单击 OK 按钮，返回【Assign Models】对话框。在【Buffer settings】栏中设置 I/O 类型为"Output"。

（7）在【Pins】栏中选择引脚 U（A1），单击 Select... 按钮，在【Select IC Model】对话框中选择与 U（A0）相同的器件（DS90LV031ATM），在【Signal】栏中指定输出类型为"DOUT1-"，单击 OK 按钮，返回【Assign Models】对话框，在【Buffer settings】栏中设

置 U（A1）的 I/O 类型为"Output Inverted"，如图 14-25 所示。

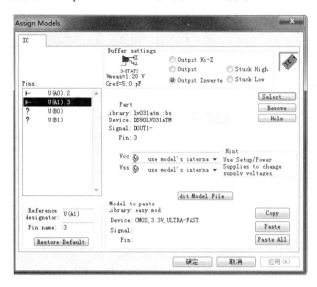

图 14-25　将 U（A1）设置为反方向输出

（8）在【Assign Models】对话框中选择引脚 U（B0），在【Select IC Model】对话框中为其指定器件"DS90LV031ATM"，在【Signal】栏中指定输出类型为"DIN1"；选择引脚 U（B1），为其指定器件"DS90LV031ATM"，在【Signal】栏中指定输出类型为"DIN2"，单击 OK 按钮，返回【Assign Models】对话框。此时在对话框的【Buffer settings】栏中自动将这两个引脚设置为"Input"类型。设置完差分对的驱动和接收模型后的原理图如图 14-26 所示。

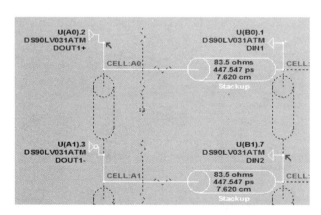

图 14-26　指定驱动/接收模型

2. 定义差分对属性

（1）在图 14-26 中，用鼠标右键单击任意一根传输线，打开传输线编辑对话框，如图 14-3 所示。

（2）选中【Coupled】区域的【Stackup】选项，然后在弹出的对话框中双击【Coupling Regions】栏中的"New Coupling"，退出该对话框。

（3）在图 14-26 中，用鼠标右键单击另一根传输线，打开传输线编辑对话框。在

【Coupled】区域选中"Stackup",进入【Add to Coupling Regions】对话框,在【Coupling Regions】栏中选择"Coupling0001",单击 确定 按钮退出。此时原理图如图 14-27 所示。

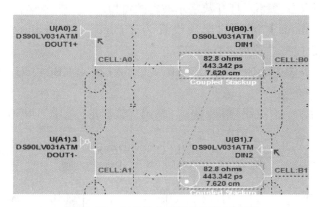

图 14-27　定义差分对属性后的原理图

3．设置差分阻抗

(1)执行菜单命令【Setup】|【Stackup】|【Edit...】,或者单击工具栏上的按钮,打开叠层编辑器【Stackup Editor】。

(2)Hyperlynx 中默认的叠层结构为 6 层。将叠层改为 4 层板结构,删除两个内信号层,并按图 14-28 所示设置叠层参数。

(3)在原理图中,用鼠标右键单击任意一条传输线,打开【Edit Transmission Line】对话框,选择【Edit Coupling Regions】选项卡,可见这时的差分阻抗为"130.0ohms"。

(4)现欲将差分阻抗设置为"100ohms",可减小线间距来降低阻抗。在【Trace-to-trace separation】栏中将线间距从"8mil"改为"5mil",这时的差分阻抗变为"114.5ohms"。

(5)在【Coupling Regions】区域中,单击按钮 Edit Stackup...,打开层叠编辑器,将"TOP"与"VCC"层之间的厚度从"10mil"改为"5.16mil",此时的差分阻抗变为"100ohms",如图 14-29 所示。

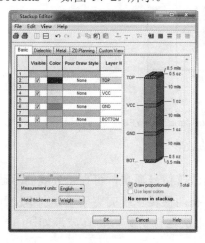

图 14-28　设置叠层

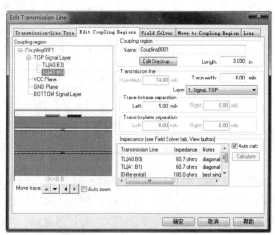

图 14-29　设置线间距离

4. 差分信号仿真

（1）执行菜单命令【Simulate SI】|【Run Interactive Simulation（SI Oscilloscope）...】，或者单击工具栏中的按钮　　，打开数字示波器的窗口。

（2）确认【Stimulus】区域的选项设置为"Edge"和"Falling Edge"，以及【IC modeling】区域的 IC 模型设置为"Typical"。

（3）在【Pins】列表中为驱动端 U（A0）、U（A1）、U（B0）、U（B1）添加探针，单击开始仿真按钮 Start Simulation 。

（4）仿真完成后，单击按钮 Copy to Clip ，输出仿真波形，如图 14-30 所示。

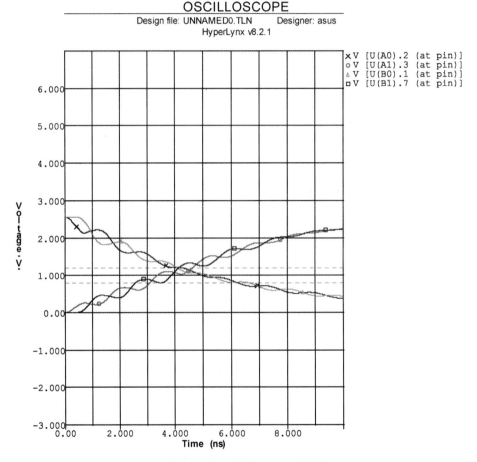

图 14-30　差分信号的仿真波形

由图 14-30 可见，此时的差分信号质量极差。为改善信号质量，可在差分线的驱动端串接电阻，并在接收端增加负载。如图 14-31 所示，在两根传输线的驱动端分别串接一个100Ω的电阻，在接收端分别并联一个 50Ω的电阻。再次运行仿真，仿真波形如图 14-32 所示。

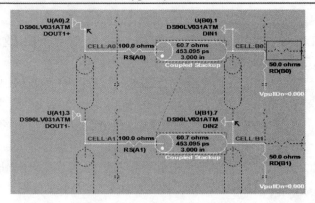

图 14-31　差分对端接原理图

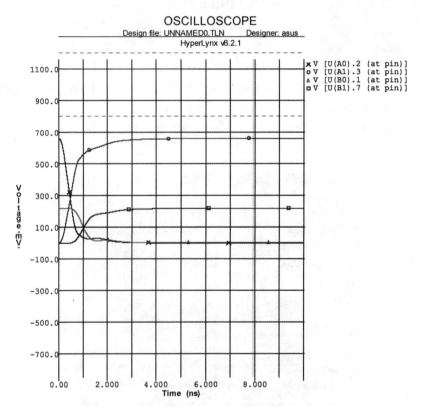

图 14-32　端接后的差分信号仿真波形

由此可见，采用端接技术可以有效改善差分信号的质量。

14.7　对网络的 LineSim 仿真

1．建立网络模型

（1）单击工具栏上的新建 LineSim 原理图图标，建立一个新的 LineSim 原理图。

（2）单击"CELL:A0"、"CELL:A1"和"CELL:A2"，然后再单击这 3 个 IC 符号之间的一段传输线，将 IC 和传输线激活。

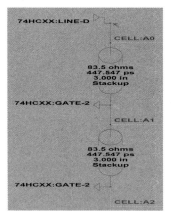

图 14-33　新建原理图

（3）将光标移动到原理图中"CELL:A0"位置的驱动 IC 符号上，将看到 IC 符号周围出现一个红色的方框。用鼠标右键单击"CELL:A0"位置的 IC 符号，将出现一个【Assign Models】对话框，如图 14-5 所示。

（4）单击对话框右边的 Select... 按钮，打开【Select IC Model】对话框，选中【.MOD】复选框，在【Libraries】下拉列表中查找"generic.mode"，在【Devices】列表中选择"74HCXX:LINE-DRV"。

（5）同步骤（3）和步骤（4）的操作一样，将"CELL:A1"和"CELL:A2"位置的 IC 均设置为".MOD>Generic.mode>74HCXX:GATE-2"，得到如图 14-33 所示的原理图。

（6）执行菜单命令【Setup】|【Stackup】|【Edit...】，或者单击工具栏中的按钮 ，打开叠层编辑器"Stackup Editor"。Hyperlynx 中默认的叠层结构为 6 层。将叠层改为 4 层板结构，删除两个内信号层，并按图 14-34 所示设置叠层参数。

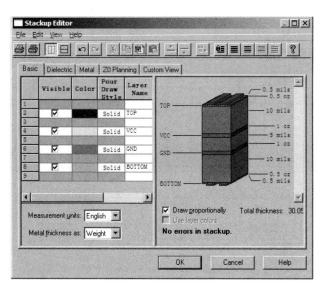

图 14-34　设置层叠参数

2．初步运行仿真、观察结果

（1）执行菜单命令【Simulate SI】|【Run Interactive Simulation（SI Oscilloscope）...】，或者单击工具栏中的按钮 ，打开数字示波器的窗口。

（2）将【Stimulus】区域的选项设置为"Oscillate"（振荡），设置振荡频率为 25MHz，占空比为 49.0%，IC 模型设置为"Typical"。

（3）在【Pins】列表中为驱动端 U（A0）、U（A1）、U（A2）添加探针，单击开始仿真按钮 `Start Simulation`。

（4）仿真完成后，单击按钮 `Copy to Clip`，将仿真波形输出，如图 14-35 所示。

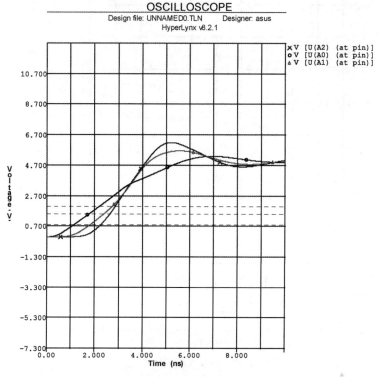

图 14-35　仿真波形

　　显然，与驱动信号相比，接收端的信号质量太差，过冲明显，这样的信号在实际中是不能使用的。为改善接收信号的质量，可以为网络增加负载，以此来改善网络的传输特性。

3．为网络增加负载

（1）在接收端用虚线显示的电阻和电容上单击鼠标左键，将其激活。

（2）在已激活的电阻上单击鼠标右键，弹出【Edition Resistor Value】对话框，在【Value】选项卡中修改端接电阻的阻值为"50ohms"。

（3）用同样的操作方法将电容值修改为"150pF"，修改后的原理图如图 14-36 所示。

（4）单击工具栏中的按钮 `▦`，打开数字示波器，再次运行仿真，仿真结果如图 14-37 所示。显然，此时的激励信号与接收信号之间的差别大大缩小了。

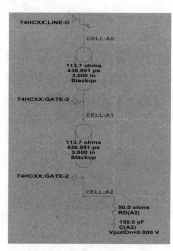

图 14-36　增加负载后的原理图

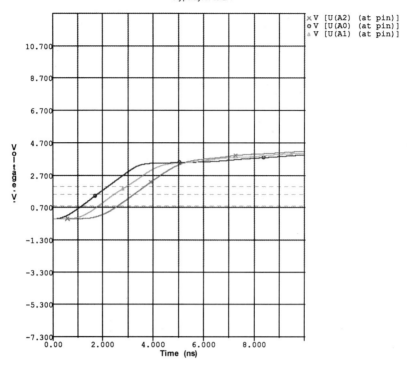

图 14-37　增加负载后的仿真结果

14.8　习题

（1）简述在 HyperLynx 软件中运用 LineSim 仿真信号完整性原理图的基本方法和步骤。

（2）简述在 LineSim 中对差分信号进行仿真的操作步骤和方法。

（3）运用 LineSim 仿真时如何添加 IC 元器件？如何选择仿真模型？

（4）以设计总线为例，在 LineSim 中练习进行窜扰仿真的操作步骤和方法。

第15章 HyperLynx 布线后仿真

使用 LineSim 仿真是通过建立信号完整性原理图来进行的，所以这种仿真是一种 "What-if" 的仿真，也就是布线前的仿真。LineSim 工具不能从一个布线工具中读出数据来进行仿真，如果需要做布线后仿真，可以使用 BoardSim 工具。HyperLynx 软件中的 BoardSim 配置分为中低频段（EXT 模块：300MHz 以下）和高频段（GHz 模块：300MHz 以上）两种。可以导入 PCB 设计文件，提取叠层结构与叠层物理参数，计算传输线特征阻抗，进行信号完整性与电磁兼容性测试。

BoardSim 提供批处理仿真（Batch Simulation）功能，对 PCB 进行整板快速扫描，发现过冲、延迟、窜扰及 EMI 辐射超出设计要求的网络，并给出详细的结果报告；BoardSim 也可以对单个网络进行交互式仿真分析，输出精确的信号传输波形、EMI 辐射频谱或眼图，设计者可以修改布线参数后再仿真，从而发现并改善不合理的布线；还可以在 BoardSim 中直接修改网络中的匹配、无源元器件参数等信息，然后通过设计反向标注来更新原理图及 PCB，快速实现数据同步，而且避免了人为修改的错误与疏漏。

15.1 BoardSim 进行仿真工作的基本方法

1. 在 BoardSim 中编辑层和线宽

BoardSim 能够识别后缀为 ".HYP" 的 ASCII 格式的仿真文件。在 ".HYP" 文件中包含了用户需要仿真 PCB 的布局和布线信息，这样才能进行信号完整性的仿真。

在 HyperLynx 软件环境下，单击标准工具栏中的按钮 ，可以打开 ".HYP" 格式的文件（在 PADS Layout 环境下，可以通过执行菜单命令【File 】|【Export…】将 PCB 文件转换成 ".HYP" 格式文件）。

当 BoardSim 读入一块 PCB 的 ".HYP" 文件时，它会自动检查 ".HYP" 文件中是否有关于叠层的数据，如果存在叠层数据，BoardSim 会据此建立一个叠层设置方案。同时，BoardSim 会检查叠层在电气上是否有效，如果有错误或不完整，BoardSim 会运行 StackupWizard 来修正叠层设置，修正的结果会列表显示出来。但是，要保证 PCB 设计的可靠性，不能完全依靠 BoardSim 自动修正叠层，在开始对一块 PCB 进行仿真之前还是应该手动调整叠层。具体的叠层设置方法和在 LineSim 中设置叠层一样，这里不再赘述。

线宽决定了 PCB 上布线的阻抗特性，也直接影响了 PCB 上布线的信号完整性。例如，若选用的时钟网络的线宽是 10mil，而驱动输出又无法给出一个有效的电平高度，这时就需要提高时钟网络的特性阻抗，来达到提高输出电压的目的。根据这个思路，可以将时钟网络的线宽调小，如 6mil。修改线宽需要执行菜单命令【Edit】|【Trace Widths…】，弹出改变线

宽对话框，如图 15-1 所示。

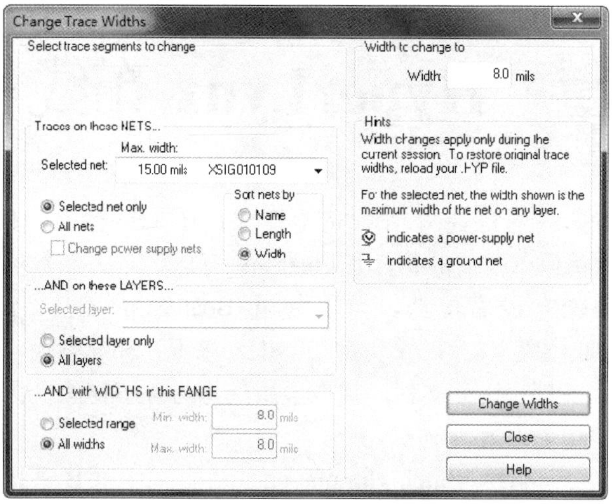

图 15-1　改变线宽对话框

在【Select trace segments to change】区域选择要修改的网络、层等参数；在【AND on these LAYERS...】区域可以设置按照网络的层的属性来修改线宽；在【AND with WIDTHS in this RANGE】区域可以设置按照网络的宽度属性来进行修改；在【Width to change to】区域输入修改值，单击按钮 Change Widths 即可完成修改。

改变线宽只在 BoardSim 中有效，如果想恢复在 PCB 布线时的线宽设置，用户必须重新调入".HYP"文件。改变线宽一般不会影响布线的电气功能，但并不是绝对安全的。加宽线宽有可能导致 PCB 上的连线发生短接，以致出现连接错误。

2. 编辑元器件的标志映射

当在 BoardSim 中加载 PCB 时，它会检查".HYP"文件的【DEVICES】列表中的元器件，以确定它们的元器件类型，BoardSim 是通过判断元器件的参考标号前缀来确定元器件类型的。"前缀"是元器件标号的第 1 个部分。例如，把 PCB 上的 IC 元器件的参考标号都命名为 U**（UI、U2、U1A、U1B 等），那么"U"就是所有 IC 的前缀。电阻的前缀通常是"R"。BoardSim 有一个自己关于元器件类型的前缀定义，如果用户在 PowerPCB 中的元器件参考标号命名规则与其相同，则在 BoardSim 中不必修改。

如果设计者希望改变目前的元器件前缀定义，就要编辑 BoardSim 的标志映射规则，具体操作如下所述。

（1）执行菜单命令【Setup】|【Options】|【Reference Designator Mapping...】，弹出编辑标志映射对话框，如图 15-2 所示。

（2）对话框的【Mappings】区域中对默认的映射规则进行了列表，其中"="左侧表示参考标号前缀，"="右侧代表元器件类型，可从中选择希望改变的映射。

（3）在【Edit/add selected mapping】区域选择不同的元器件类型，然后单击按钮 Add / Apply，【Mappings】区域的列表会发生改变。例如，在图 15-2 中选择【Mappings】栏中的"U=IC"，在【Edit/add selected mapping】区域中选中【Test point】，单击按钮 Add / Apply，则 U 对应的类型变为"Test point"。

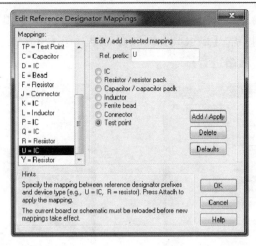

图 15-2　编辑元器件参考标志映射规则对话框

（4）如果希望添加新的映射规则，在【Ref. prefix】栏中输入新的前缀名称，并选择元器件类型，然后单击按钮 Add / Apply ，就可以添加新的映射规则。

（5）删除映射规则时，只需在【Mappings】区域选中想删除的映射，单击按钮 Delete 即可。单击按钮 Defaults ，可以恢复原来的默认设置。

定义好的标志映射规则作为全局设置保存，调入的任何 PCB 都会应用这一规则。由于 BoardSim 是在调入 “.HYP” 文件时检查其中的元器件，所以如果调入了 PCB 后对标志映射规则做了改变，那么如果想使改变的规则即刻生效，就必须重新调入 PCB。

3．设置电源网络

为了正确地进行仿真，BoardSim 首先要区分出两种网络：信号网络和电源网络。信号网络在 HyperLynx 里定义为跳变的信号，信号网络需要进行仿真；电源网络则是非跳变网络，保持一个值，这样的网络作为直流电源处理。所以在第一次调入 PCB 后，仿真之前一定要观察和修改电源网络。如果 BoardSim 不能将所有的电源网络和信号网络分开，那么仿真的结果将是出乎意料的，这时就需要人工设置和修改。

（1）执行菜单命令【Setup】|【Power Supplies....】，出现【Edit Power-Supply Nets】对话框，如图 15-3 所示。如果调入的是多板仿真项目，则在【Design file】列表中选择要编辑电源的 PCB 名称。

（2）在【Select supply nets】列表中可以勾选要编辑的电源网络，在【Edit supply voltages】列表中将列出勾选的电源网络。

（3）要改变某一电源网络的电压值，可在【Edit supply voltages】列表区域选中要编辑的电源网络，然后在 “voltage, V” 处输入新的电压值，单击 “OK” 按钮，就完成了修改。

4．选择网络

在仿真之前，要先选择一个信号网络，除了电源网络外的网络都能被选择，并对其进行仿真。有以下两种方法来选择一个网络。

1）通过信号名选择网络　执行菜单命令【Select】|【Net by Name for SI Analysis...】，或者单击标准工具栏中的图标 ，弹出【Select Net by Name】对话框，如图 15-4 所示。在

此对话框中可以看到网络和其长度的列表，可以从中选择要仿真的网络。电源网络前有图形作为标志，标志图形在图中的【Legend】区域有对照。在【Sort nets by】区域中可以选择采用何种规则来对列表中的网络进行排序。

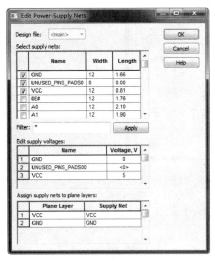

图 15-3　编辑电源网络

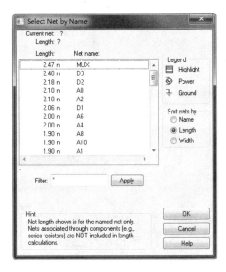

图 15-4　通过网络名选择网络

2）通过标志名选择网络　执行菜单命令【Select】|【Net by Reference Designator for SI Analysis...】，弹出【Select Net by Reference Designator】对话框，如图 15-5 所示。在左边的【Reference designators】区域选择需要仿真的网络所连接的元器件，在右边的【Pin names】区域出现此元器件的引脚列表。可以根据引脚来选择要仿真的网络。

选择网络是选择要仿真的网络，所以只能选中一个网络，但若要同时观察多个网络而无须对其进行仿真时，则可以采用让网络高亮的方法。

3）使要观察的网络高亮　执行菜单命令【View】|【Highlight Net....】，弹出【Highlight Net】对话框，如图 15-6 所示。此对话框的风格与【Select Net by Name】对话框类似。在网

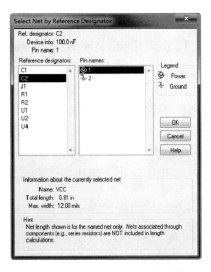

图 15-5　通过参考标号选择网络

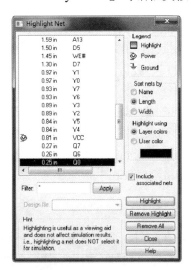

图 15-6　高亮网络

络列表区域列出了所有的网络，其中网络名称前有符号的表示是已经高亮的网络。选中需要高亮的网络，单击按钮 Highlight ，可以使选中的网络高亮显示。要删除已经高亮的网络，只需选中该网络后，单击按钮 Remove Highlight 即可。

5．选择 IC 元器件模型

在进行仿真之前，必须为选中的网络中的每一个 IC 元器件选择模型。BoardSim 支持两种选择模型的方式：交互式选择模型和利用".REF"或".QPL"格式文件自动选择模型。本节只介绍交互式选择模型的基本操作。

（1）选中要仿真的网络后，执行菜单命令【Models】|【Assign Models/Values by Net…】，或者单击标准工具栏中的按钮 ，弹出如图 15-7 所示的【Assign Models】对话框。

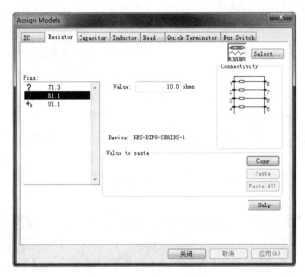

图 15-7　为元器件指定模型

（2）图 15-7 中的【Pins】区域列出了待仿真网络及其相关网络上所有的 IC 元器件和无源元器件。其中，"U1.1"表示是器件 U1 的第 1 个引脚，"R1.1"表示元器件 R1 的 1 号引脚，每个无源元器件在【Pins】区域中只列出一个引脚。IC 元器件前的问号表示还没有加载仿真模型；如果是无源元器件，则表示这个元器件没有指定正确的值。

（3）双击要加载模型的引脚，弹出【Select IC Model】对话框，在其中选择适当的模型。具体操作与 LineSim 中给元器件选择模型类似，这里不再赘述。

6．设置无源元器件的数值和封装

在要仿真的网络或它的相关网络中，如果包含无源元器件，如电阻、电容、电感等，则在 BoardSim 中包含了这些无源元器件的模型，但需要在仿真前设置它们的数值和封装。

1）定义无源元器件的数值　无源元器件的数值可以在".REF"或".QPL"文件中自动定义，也可以在仿真选定网络之前进行交互式定义。如果进行交互式定义，仍然会在为元器件选择模型的【Assign Models】对话框的【Pins】区域列出待定义的无源元器件，如图 15-7 所示。例如，假设要编辑电阻 R1，只需要选中 R1，在右侧的【Value】栏中输入要修改的值即可。

2）无源元器件封装的类型　电阻或者电容在 PCB 上既可以被封装成独立的元器件，也可以封装成排阻或排容，而排阻也分为多个电阻集成的或共端的用于上拉或下拉的电阻。为了保证仿真的正确性，BoardSim 必须知道元器件的封装类型，以及在排封装内部的具体连接方法。例如，对于同样是 8 引脚的 DIP 封装器件，内部有 4 个电阻的封装和内部有 7 个上拉电阻的封装，BoardSim 在仿真时会有很大的区别。

BoardSim 在 BSW.PAK 文件中提供一个普通的排封装库，它会自动调用这个文件来判断排元器件的封装，并按照库中存在的封装类型为 PCB 上的排元器件进行定义。每个封装的定义都包含以下几方面内容：封装类型、元器件形状、引脚总数及内部引脚的连接方式。当调入 PCB 时，BoardSim 会探测 PCB 上是否存在相关网络，其中的一个步骤就是试着判断 PCB 上的每个排阻或排容。

首先，BoardSim 根据元器件上引脚的数目来判断一个无源元器件是否是排元件，如果元器件上有 3 个以上的引脚，就被认为是排封装元器件。排元器件有两种形状：双列（DIP）和单列（SIP），BoardSim 根据它们在 PCB 上的位置来判断是哪种形状。如果元器件的引脚落在一排上，则被认为是 SIP 器件，否则为 DIP 器件。另外，排元器件类型是根据它与电源的连接方式来判断的。不与电源相连是串联型，与一个电源网络相连是上拉型，与两个电源网络相连是上拉/下拉型。

在上面这些步骤完成后，BoardSim 会在 BSW.PAK 文件中寻找与之符合的封装类型，对排元器件进行定义。如果 BoardSim 不能正确地分辨排元器件类型，或者在 BSW.PAK 文件中找不到合适的封装类型，那么就会在仿真时忽略所有的排元器件，这样就会产生错误。这种情况下就要建立自己的排封装库了。

3）手动设置封装类型　手动设置封装类型的操作很简单，首先选中要仿真的网络，然后执行菜单命令【Models】|【Assign Models/Values by Net...】，或者直接单击标准工具栏中的按钮 `COMP`，弹出如图 15-7 所示的【Assign Models】对话框，在【Pins】区域选中排元器件（器件上有 3 个以上引脚的元器件）。如果要修改封装类型，只需单击 `Select...` 按钮，进入【Select IC Model】对话框，从中可以选择正确的封装类型。

7．仿真并处理仿真结果

在完成了所有的设置后，就可以开始仿真选定的网络了。对示波器的设置和对仿真结果的处理方法，在 LineSim 中已经介绍过了，此处不再赘述。

15.2　整板的信号完整性

1．利用板级向导进行批处理仿真

BoardSim 提供了一个强大的批处理工具"Board Wizard"（板级向导），可以用于对整个 PCB 进行批处理模式的处理，高效地分析整个 PCB 的信号完整性和 EMC 方面的问题。当设计人员不知道或不确定哪些网络需要仿真，或者什么地方会出现信号完整性问题时，可以考虑使用"Board Wizard"作为找到问题的工具，此时的"Board Wizard"就像是一个建议者。

使用"Board Wizard"作为最初的扫描工具时，首先需要注意工具并不知道哪个网络是关键的，所以 PCB 向导会给出网络告警，这时就需要设计者来指定哪个是关键的网络。其次，需要给关键网络连接的元器件添加正确的模型，因为在 PCB 向导中还有一个端接的向导，如果希望得到正确的端接建议，就一定要将模型添加正确。

下面举例说明使用板级向导进行整板分析的步骤。

（1）在 HyperLynx 中执行菜单命令【File】|【Open Board....】，或者单击标准工具栏中的图标 ，打开文件"...\hyperlynx\HypFiles\DEMO.HYP"，如图 15-8 所示。

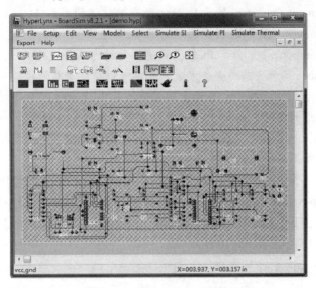

图 15-8　打开"DEMO.HYP"文件

（2）执行菜单命令【Simulate SI】|【Run Generic Batch Simulation（Batch-Mode Wizard）....】，打开【Batch Mode Setup-Overview】对话框，如图 15-9 所示。

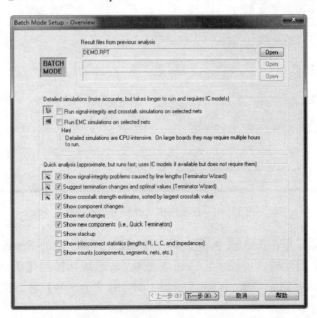

图 15-9　【Batch Mode Setup-Overview】对话框

在【Quick analysis】区域中设置希望包含在报告中的选项。

☺ Show signal-integrity problems caused by line lengths：信号完整性问题，选中该项将运行终端向导来分析相关的信号完整性问题，如太长的导线、太长的分支等。

☺ Suggest termination changes and optimal values：终端匹配问题，选中该项将运行终端向导，为太长的网络提出添加匹配负载的建议，或者为已经存在的终端匹配建议适当的值。

☺ Show crosstalk strength estimates，sorted by largest crosstalk value：审扰设置。

☺ Show component changes：显示 PCB 上所有编辑过的元器件。

☺ Show net changes：显示 PCB 上变动的网络。

☺ Show new components：显示 PCB 上快速添加的终端负载。

☺ Show stackup：显示当前的叠层方案，并记录以前对叠层的修改和叠层的参数。

☺ Show interconnect statistics：显示金属互连。选中后会对 PCB 上所有的金属连线列表显示，包括总的延时、最大/最小阻抗及电容、电阻和电感等，一般不选择该项。

☺ Show counts：选中后会列出 PCB 上每个网络的统计数字，如元器件数量、线段数量及过孔数量等，一般不选择该项。

（3）在本例中，采用系统的默认值，如图 15-9 所示。单击按钮 下一步(N) > ，切换到【Batch Mode Setup-Select Net and Constraints for Quick Analysis】对话框，单击按钮 Quick Analysis Nets Spreadsheet... ，打开【Batch Mode Setup-Net-Selection Spreadsheet】对话框，在表格区域中选择要分析的网络，如图 15-10 所示。

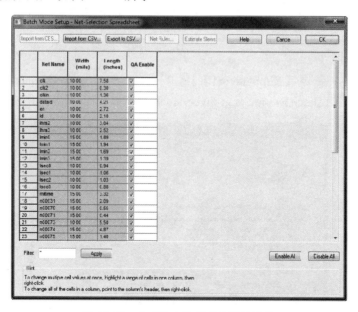

图 15-10　在表格中选择要分析的网络

（4）选择网络后，单击按钮 OK ，返回【Batch Mode Setup-Select Net and Constraints for Quick Analysis】对话框，继续单击按钮 下一步(N) > ，系统切换到【Batch Mode Setup -Set Delay and Transmission-Line Options for Signal-Integrity Analysis】对话框，设置耦合电压阈值，如图 15-11 所示。

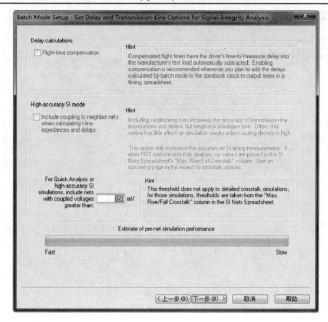

图 15-11　设置耦合电压阈值对话框

（5）单击按钮 下一步(N) >，进入【Batch Mode Setup-Default IC Model Settings】对话框，在此处设置默认的 IC 模型参数，如图 15-12 所示。

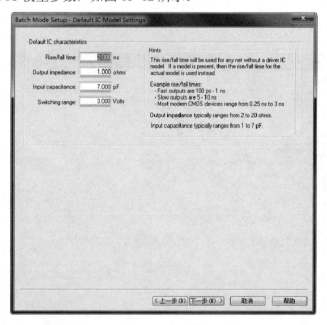

图 15-12　设置默认的 IC 模型参数对话框

（6）单击按钮 下一步(N) >，打开【Batch Mode Setup-Set Option for Crosstalk Analysis】对话框，在【Net in the Quick Analysis crosstalk-strength report】栏中系统默认选择"Only net whose crosstalk exceeds the electrical threshold"选项，即只报告窜扰强度超过电气阈值的网络。然后再单击按钮 下一步(N) >，进入【Batch Mode Setup-Terminator Wizard】对话框，在此对话框中设置端接向导的相关选项，如图 15-13 所示。

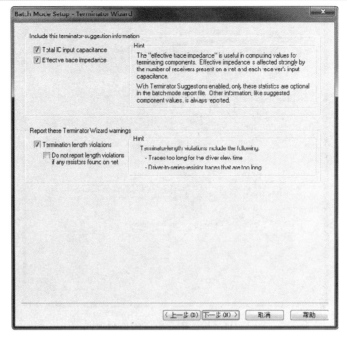

图 15-13　设置端接向导的相关选项对话框

（7）单击按钮 下一步(N) >，转向【Batch Mode Setup-Select Audit and Reporting Options】对话框，在此处设置相关的报告选项，包括输出文件名、批处理运行后的操作等，如图 15-14 所示。

图 15-14　设置报告选项对话框

（8）单击按钮 下一步(N) >，在【Batch Mode Setup-Run Simulation and Show Results】对话框中单击按钮 完成，开始运行批处理分析，如图 15-15 所示。

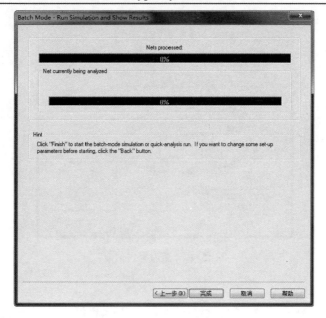

图 15-15　运行批处理分析

2. 查看报告文件

在图 15-14 所示界面若选中了【After completion，automatically open...】区域的【...summary report file】选项，则在批处理仿真运行结束后，会自动弹出【HyperLynx File Editor】窗口，显示批处理仿真后的报告文件，如图 15-16 所示。

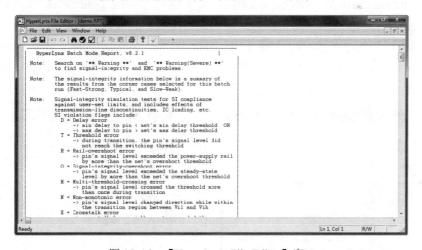

图 15-16　【HyperLynx File Editor】窗口

在【HyperLynx File Editor】窗口中，设计者可以单击工具栏中的图标和，系统将在报告文件中搜索违反信号完整性的地方。报告中会指出该网络没有端接电阻、没有驱动定义、网络太长等问题。如图 15-17 所示，警告信息提示 CLK 网络的端接电阻 R9 阻值太小（0.0ohms），建议值为 49.1ohms。

利用报告文档中给出的这些信息，便可有目的地对某些网络进行交互式仿真，达到优化设计的目的。

图 15-17　查看警告信息

 ## 15.3　在 BoardSim 中运行交互式仿真

（1）在 HyperLynx 中执行菜单命令【File】|【Open Board...】，或者单击标准工具栏中的图标，打开文件"C:\MentorGraphics\9.5PADS\SDD_HOME\hyperlynx\HypFiles"。执行菜单命令【Simulate SI】|【Run Generic Batch Simulation（Batch-Mode Wizard）...】，打开【Batch Mode Setup-Overview】对话框，在【Detailed simulations】栏中选中【Run signal-integrity and crosstalk simulations on selected nets】选项，关闭【Quick analysis】区域中的所有选项，如图 15-18 所示。此设置只允许仿真指定网络的信号完整性和审扰。

（2）单击按钮，切换到【Batch Mode Setup-Select Nets and Constraints for Signal-Integrity Simulation】对话框，如图 15-19 所示。在此对话框中的【Time limit】栏中设置分配给每个网络的最长仿真时间。

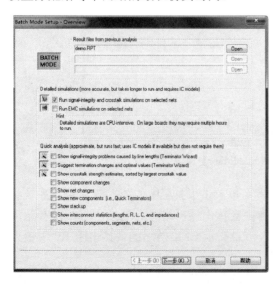

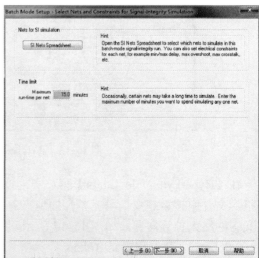

图 15-18　【Batch Mode Setup-Overview】对话框　　　图 15-19　设置网络仿真时间对话框

（3）在【Nets for Simulation】区域中单击按钮 SI Nets Spreadsheet... ，打开【Batch Mode Setup-Net Selection Spreadsheet】对话框，选中网络 "clk" 与 "clk2" 的【SI Enable】复选框，对这两个网络进行 SI 分析，如图 15-20 所示。单击按钮 OK ，弹出新的对话框，如图 15-21 所示。

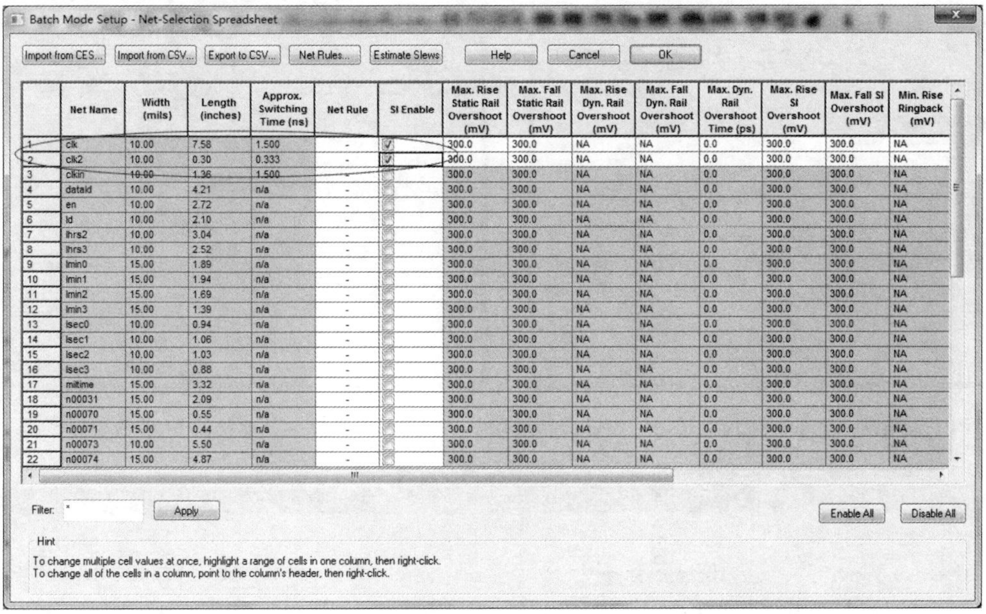

图 15-20　【Batch Mode Setup-Net Selection Spreadsheet】对话框

在该对话框中，选中【IC-model corners】中的 3 项，进行信号分析。此 3 项表明信号沿陡峭的不同程度，【Fast-strong】为最陡，【Slow-weak】为最缓。在此对话框中还需选择【IC-model voltage references】区域中的【Always use model's internal values】选项。图 15-21 中的下方有一个表示仿真所需时间的状态条，选中的仿真选项越多，仿真所花的时间越长，状态条就会向 Slow 的方向移动。

（4）单击按钮 下一步(N) > ，在【Batch Mode Setup-Set Delay and Transmission-Line Options for Signal-Integrity Analysis】对话框中设置是否补偿信号的飞行时间（Flight-Time），以及是否使用高精度的 SI 模型。

（5）单击按钮 下一步(N) > ，系统弹出如图 15-22 所示的【Batch Mode Setup-Default IC Model Settings】对话框。用户可以在该对话框中设置信号的上升/下降时间、输出阻抗、输入电容及开关速率等内容。其中最重要的参数是上升/下降时间，这个参数决定着驱动 IC 的平均最坏情况，也就是确定最快转换时间。此对话框中可以采用默认设置。

（6）单击按钮 下一步(N) > ，进入【Batch Mode Setup-Set Options for Crosstalk Analysis】对话框，如图 15-23 所示。可以在该对话框中设置是否进行窜扰仿真。

（7）单击按钮 下一步(N) > ，进入【Batch Mode Setup-Set Options for Signal-Integrity and Crosstalk Analysis】对话框，如图 15-24 所示。设计者可以设置在进行仿真时是否采用损耗模型。在频率较低时，损耗模型对结果的影响很小，但在频率较高时，应当考虑损耗模型。除了损耗模型，还可以设置在仿真时是否考虑过孔的寄生电容和电感。

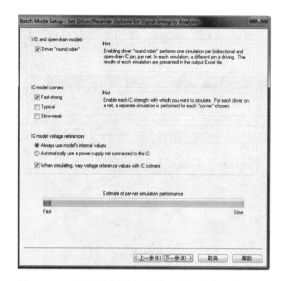

图 15-21   设置接收器和发射器的信号完整性分析选项

图 15-22   设置默认的 IC 模型对话框

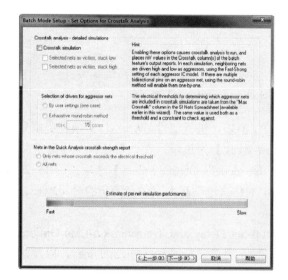

图 15-23   设置窜扰分析参数

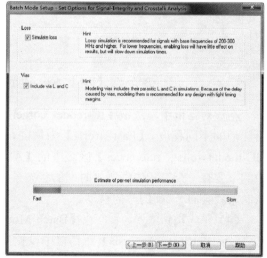

图 15-24   设置信号完整性分析和窜扰参数

（8）单击按钮 下一步(N) > ，进入【Batch Mode Setup-Select Audit and Reporting Options】对话框，在此处设置相关的报告选项，包括输出文件名、批处理运行后的操作等，如图 15-14 所示。

（9）单击按钮 下一步(N) > ，在【Batch Mode Setup-Run Simulation and Show Results】对话框中单击按钮 完成 ，开始运行批处理分析，如图 15-15 所示。仿真结束后，系统弹出如图 15-25 所示的【HyperLynx File Editor】报告窗口。

（10）报告文件的内容包括元器件引脚、过冲、窜扰、出错标志，以及上升沿和下降沿的最大、最小时延等信息。由于仿真时关闭了窜扰项，因此 "crosstalk section" 项全部显示为 "NA"。另外，报告中还显示了上升沿和下降沿的最大/最小值时延。

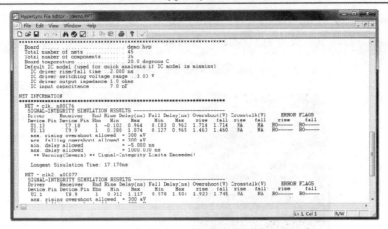

图 15-25　仿真报告窗口

15.4　使用示波器进行交互式仿真

（1）在 HyperLynx 中执行菜单命令【File】|【Open Board...】，或者单击标准工具栏中的图标 BSIM，打开文件 "…\hyperlynx\HypFiles\DEMO.HYP"，如图 15-8 所示。执行菜单命令【Select】|【Net by Name for SI Analysis...】，或者直接单击标准工具栏中的图标 NET，弹出【Select Net by Name】对话框，如图 15-4 所示。在【Sort nets by】区域选择【Name】选项，并在列表中选择网络 "clk"，单击按钮 OK，这时在 PCB 上将只显示网络 "clk"，如图 15-26 所示。

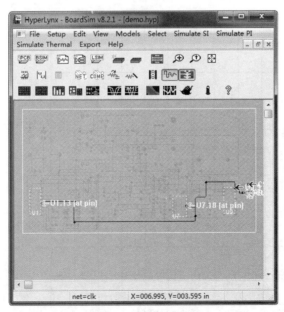

图 15-26　选择网络 "clk"

（2）执行菜单命令【Simulate SI】|【Run Interactive Simulation（SI Oscilloscope）…】，或者单击工具栏中的 "Run Interactive Simulation（SI Oscilloscope）" 图标，打开示波器

窗口，在【Operation】区域中选择【Standard】模式；在【Stimulus】区域选择驱动波形为【Oscillator】，并将振荡频率设置为 50MHz；设置水平标度为"2ns/div"，如图 15-27 所示。

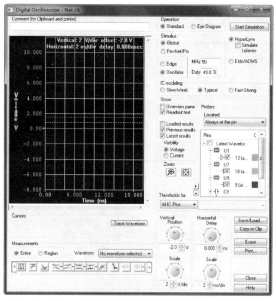

图 15-27　设置示波器

（3）单击按钮 Start Simulation ，运行仿真。仿真完成后，单击按钮 Copy to Clip ，输出仿真波形，如图 15-28 所示。

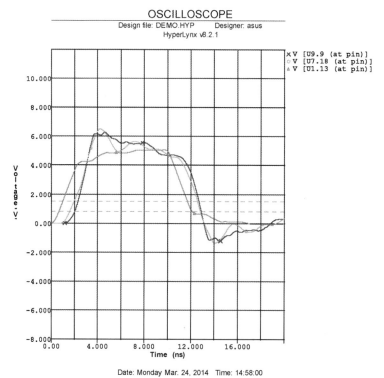

图 15-28　网络"clk"仿真结果

（4）在示波器窗口的左下角【Measurements】栏的【Waveform】下拉列表中选择波形"Latest：V[U7.18（at pin）]"，设置为只显示"U7.18"引脚上的波形，单击"Positive Overshoot"图标 ⏛ ，测量波形的过冲，可以测出 U7.18（黄色波形）的过冲为 1.44V。这样的信号在实际中是不能直接使用的，必须对网络进行修正。

（5）关闭示波器，单击工具栏中的"Run Terminator Wizard"图标 ⚡ ，运行端接向导，结果如图 15-29 所示。图中所示信息指出，端接电阻 R9 的阻值太大，电容 C9 的值太小，并都给出了建议值（R9=62.8ohms，C9=189.6pF）。

（6）单击按钮 ▢Apply Values ，自动将 PCB 中的 R9 和 C9 修改为建议值。打开示波器，单

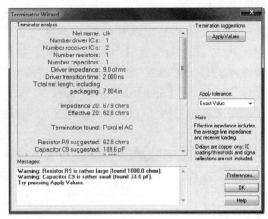

图 15-29 【Terminator Wizard】对话框

击示波器窗口中的按钮 ▢Erase ，擦除原有的波形。单击按钮 ▢Start Simulation ，再次运行仿真。仿真完成后，单击按钮 ▢Copy to Clip ，输出仿真波形，如图 15-30 所示。

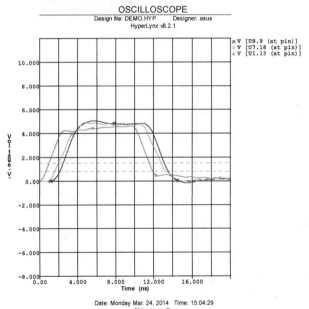

图 15-30 自动终端匹配后的仿真结果

可见，修正终端匹配后的仿真波形有了很大的改善。

15.5 使用频谱分析仪进行 EMC 仿真

（1）在 15.4 节中运行自动终端匹配之前，在 HyperLynx 中执行菜单命令【Simulate SI】|【Attach Spectrum Analyzer Probe】，打开【Set Spectrum Analyzer Probing（EMC）】对

话框，如图 15-31 所示。

（2）在图 15-31 所示界面的【Probe type】区域中，BoardSim 运行 EMC 分析时可以选择两种探针，即"Antenna"和"Current"，此处选择"Antenna"，并在【Antenna and board position】区域中将"PCB rotation angle"的值设置为"90.0 degrees"。

执行菜单命令【Simulate SI】|【Run Interactive EMC Simulation（Spectrum Analyzer）...】，或者单击工具栏中的"Run Interactive EMC Simulation Spectrum Analyzer"图标，打开【Spectrum Analyzer】对话框，如图 15-32 所示。图中的【Stimulus】区域中将激励源频率设为"100MHz"，在【IC modeling】区域中选中"Typical"，将垂直标度设置为"+50dBuV/m"。

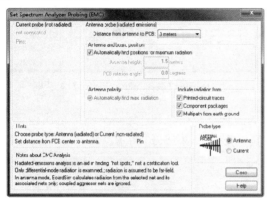

图 15-31　选择频谱分析探针对话框

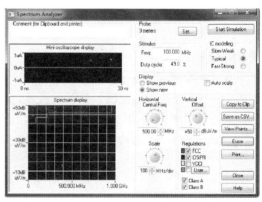

图 15-32　设置频谱分析仪

（3）单击按钮 Start Simulation ，运行 EMC 仿真。仿真完成后，单击按钮 Copy to Clip ，输出仿真波形，如图 15-33 所示。图中下半部分中，红色线表示 FCC 标准，蓝色线表示 CISPR 标准。"clk"网络在 100MHz 频率处已经超过了 FCC 标准和 CISPR 标准。

（4）对网络"clk"运行自动终端匹配向导，并采用建议值，然后运行"Run Interactive EMC Simulation Spectrum Analyzer"，打开【Spectrum Analyzer】窗口。运行仿真，结果如图 15-34 所示。可见，对网络进行端接优化后可以大大降低高次谐波的电磁辐射。

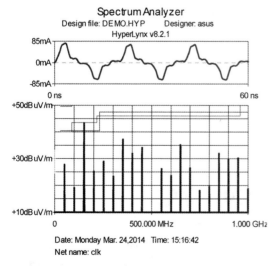

图 15-33　自动终端匹配前的 EMC 仿真结果

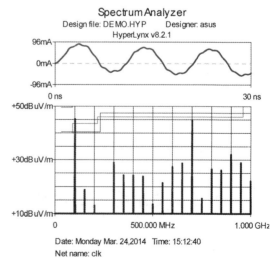

图 15-34　自动终端匹配后的 EMC 仿真结果

15.6　习题

（1）利用 BoardSim 工具进行布线后仿真一般需要做哪些设置？简述设置过程。

（2）以 HyperLynx 中自带文件"DEMO.HYP"为例，说明使用板级向导进行整板分析的步骤。

（3）以 HyperLynx 中的自带文件"DEMO.HYP"为例，练习使用 BoardSim 工具进行交互式批处理仿真的操作步骤和方法。

（4）利用 BoardSim 工具对 HyperLynx 中的自带文件"DEMO.HYP"，使用示波器进行交互式仿真设计，并给出适当的设置参数，以使仿真波形达到最佳。

参 考 文 献

[1] 王俞允. PADS Logic 高速电路设计：电路图篇[M]. 北京：中国电力出版社，2007.

[2] 王俞允. PADS PCB 高速电路设计：电路板篇[M]. 北京：中国电力出版社，2008.

[3] 周树新，何勇. 视频精讲：PADS2007 原理图与布板设计典型实例[M]. 北京：电子工业出版社，2009.

[4] 唐赣. PADS2007 原理图与 PCB 设计[M]. 北京：电子工业出版社，2009.

[5] 周润景，景晓松，任冠中. PADS2007 高速电路板设计与仿真[M]. 北京：电子工业出版社，2009.

[6] 张海风，等. HyperLynx 仿真与 PCB 设计[M]. 北京：机械工业出版社，2005.

[7] 江思敏，姚鹏翼. PADS 电路原理图和 PCB 设计[M]. 北京：机械工业出版社，2007.

[8] 王仁波，魏雄，李跃忠. PADS Layout 2007 印制电路板设计与实例[M]. 北京：电子工业出版社，2009.

[9] 田广锟，范如东，等. 高速电路 PCB 设计与 EMC 技术分析[M]. 北京：电子工业出版社，2008.

[10] 周润景，景晓松，刘宏飞. Mentor WG 高速电路板设计[M]. 北京：电子工业出版社，2006.